伊香俊哉著

近代日本と戦争違法化体制

――第一次世界大戦から日中戦争へ――

吉川弘文館

目　次

凡例

1 旧字体は、引用にあたって新字体に改めた。なお「聯」は別字体の「連」に統一した。
2 原文のカタカナ表記の部分は、引用にあたっては固有名詞などのカタカナを適当とする部分以外は基本的にひらがなに改めた。また促音・促音便のような箇所は現代的な表記に改めた。
3 引用文中の、〔 〕は引用者による補足、……は引用者による省略、／は原文での改行を示す。
4 本書で扱う時期において日本側で使用されていた、今日では不適切な呼称（「支那」「満州」「満州事変」など）については、当時の歴史的用語としてそのまま表記し、原則的に「 」なしに用いた。
5 本書で比較的使用頻度の高い資料類はそれぞれ以下のように略称し、註では略称のみ表記した。

外務省『日本外交年表並主要文書 上下巻』（原書房、一九六五、六六年）→『外交主要文書・上下』
稲葉正夫ほか編『太平洋戦争への道 別巻 資料編』（朝日新聞社、一九六三年）→『太平洋戦争への道 資料編』
小林龍夫ほか編『現代史資料7 満州事変』（みすず書房、一九六四年）→『現代史資料7』
外務省『日本外交文書』については『外文』と略称し、巻数と冊数を○－○のように示し、大正はT、昭和はS、別冊は別と略した。たとえば大正八年第三冊上巻ならばT8－3上、昭和期一期第二部第一巻ならばS1－2－1のように表記した。

6 主要参考文献は巻末の一覧で詳しい出典を示し、註では基本的に著者（執筆者）と書名（論文名）のみを示し、＊を付した。

序章　視座としての戦争違法化

はじめに

戦後のマルクス主義史学（あるいはその流れを汲む実証史学）が近代における日本のアジア侵略、十五年戦争への反省・批判的認識を前提に、それらを生み出した経済・政治・社会・文化など諸構造の解明に多大な労力を注ぎ、その結果、多大な成果を蓄積してきたことは改めて指摘するまでもないであろう。とりわけ、一九八〇年代以降には侵略戦争観否定論、南京大虐殺否定論などを内容とする修正主義的潮流が歴史教科書の記述をめぐって台頭し、それに対する批判として戦争責任研究は東京裁判、南京大虐殺、七三一部隊（生体実験・細菌戦）、日本軍性奴隷（「慰安婦」）、三光作戦、強制連行・労働、捕虜虐待等々のテーマにおいて深化を見せてきた。この間、世界的には冷戦体制の崩壊によるアジア各国での民主化の進行が、それまで独裁的権力のもとで抑圧されてきた戦争被害者の声を表面化させ、右の研究を触発することになった(1)。

このような研究の進展に比した場合、日本が行った戦争自体の違法性をどのように考えるのかという面での実証的な研究はあまりなされてきていなかったように思われる。それは、日本の十五年戦争は実態として侵略戦争であったという認識に立つならば、違法性という問題はさほど考慮される必要がないこと、日本人の戦争認識を形成するうえで、また今日、戦後補償裁判で被害者の救済を図るうえで、戦争犯罪の詳細な実態を解明することがより直接的な意義をもつことなどからすれば当然ではある。

戦後、日本が行った侵略戦争の違法性という問題をクローズアップしたのは極東国際軍事裁判、いわゆる東京裁判であっただろう。一九四六年六月四日、検察側冒頭陳述においてキーナン主席検察官は、「第一次世界戦争の終結の時より始め、世界の主要国家は相継ぐ協約及び条約に依り『侵略戦争は国際的犯罪を構成する』と明確に宣言して国際法の進歩に更に確固たる一歩を進めました。……千九百二十八年（昭和三年）迄に世界の全文明国家は厳粛な契約並に協定に依り侵略戦争は国際的犯罪なりと認め且つ公言しました。そして斯くすることに依り国際法の実定法則として戦争の違法性を確立したのであります」と述べた。検察側は日本の十五年戦争開始以前に侵略戦争の違法化と、その犯罪性が「実定法」として確定されていたとの立場に基づいてA級戦犯を訴追したのである。(2)

しかし一九八三年に開かれた「東京裁判」国際シンポジウムにおいて、西ドイツから参加したクヌート・イプセンは「東京裁判の条例が布告された時点では、国際法上侵略の明確な定義は存在していなかった」との評価を述べ、一方、大沼保昭は「戦争違法観は、第二次大戦までに確かに確立して」いたと述べたように、侵略戦争の違法性をめぐる評価は今日国際法学者の間においても必ずしも画一的ではない。(3)このようなある種の不確定性が、東京裁判を不当な「勝者の裁き」として非難する見解が一定の影響力をもちうる素地を形成しているといえよう。日本の指導者が裁かれたのは日本が行った戦争の違法性などとは関係なく、「戦争の勝者は正義の徒で、敗者は道徳的に劣った犯罪者」(4)だとされたからにほかならない、というのが「勝者の裁き」論なのである。

こうした侵略戦争の違法性をめぐる認識状況を見るとき、法律の解釈という問題としてではなく、一九四五年に日本が敗戦に至る以前の状況において、国際社会また日本自身が、一般的な意味での侵略戦争、そして日本が三一年に開始した戦争をどのように認識していたのかということを歴史的に解明する必要があるように思われるのである。(5) そして、この問題を考察するうえでいきあたるのが戦争違法化という状況である。

一　戦争違法化と戦争違法化体制

戦争違法化とは、国際法上戦争を禁止する、あるいは違法なものとすることを意味し、直接的な語源は第一次世界大戦中の一九一八年三月九日に、シカゴの弁護士ソルモン・レーヴィンソンが『ニュー・リパブリック』紙上に発表した小論文において用いた「outlawing of war」という言葉に由来するようである。レーヴィンソンは右小論文で、侵略戦争と自衛（防衛）戦争を区別することなく、すべての戦争を違法化することを主張し、大戦後の二一年一二月には「戦争違法化アメリカ委員会　American Committee for the Outlawry of War」を組織し、「戦争の違法化」運動を開始するに至った。ここに見られる「outlawry of war」が「戦争の違法化（戦争違法化）」という日本語にあたる。(6)

このように「戦争違法化」という観念は当初すべての戦争を違法化する意味で登場したのだが、一九二六年に坂本瑞男（外務省条約局第一課勤務）が、連盟規約は「国家の戦争権を初めて一般的に制限したものであって、戦争違法化の第一歩として国際法上の一大進歩」であると評したように、(7) すでに二〇年代には国際連盟成立以後における戦争の禁止についての国際法状況を指す用語として使用されるようになり、今日の国際法学においても同様の使い方がなされている。本書での意味もこれにならうものである。なお国際法学においては「戦争の違法化」という表現を使う場

合も多いが、本書では基本的に「戦争違法化」と表現する。(8)

レーヴィンソンが唱えた「戦争違法化」と国際連盟規約による「戦争違法化」の最大の相違は、前者が侵略戦争と自衛戦争とを区別することなくすべての戦争を禁止することを意味していたのに対し、後者は自衛戦争や連盟規約上一定の手続きを経た後の合法的な戦争の存在を許容していた点にある。では連盟規約による戦争の禁止はいかなるものだったのだろうか。

一九一九年四月二八日に確定され、一九二〇年一月一〇日に発効した連盟規約における戦争禁止に関連する条項は以下のようになっている。なお（　）内は二一年一〇月の規約改正により挿入されたものである。

前文「締約国は戦争に訴へさるの義務を受諾し、……」

第一〇条「連盟国は、連盟各国の領土保全及現在の政治的独立を尊重し、且外部の侵略に対し之を擁護することを約す。右侵略の場合は其の脅威若は危険ある場合に於ては、連盟理事会は、本条の義務を履行すへき手段を具申すへし。」

第一一条「一　戦争又は戦争の脅威は、連盟国の何れかに直接の影響あると否とを問はす、総て連盟全体の利害関係事項たることを茲に声明す。仍て連盟は、国際の平和を擁護する為適当且有効と認むる措置を執るへきものとす。……」

第一二条「一　連盟国は、連盟国間に国交断絶に至るの虞ある紛争発生するときは、当該事件を仲裁裁判（若は司法的解決）又は連盟理事会の審査に付すへく、且仲裁裁判官の判決（若は司法裁判の判決）後又は連盟理事会の報告後三月を経過する迄、如何なる場合に於ても、戦争に訴へさることを約す。」

第一三条「一　連盟国は、連盟国間に仲裁裁判（又は司法的解決）に付し得と認むる紛争を生し、其の紛争か外交手段に依りて満足なる解決を得ること能はさるときは、当該事件全部を仲裁裁判（又は司法的解決）に付すへきことを約す」「二　条約の解釈、国際法上の問題、国際義務の違反と為るへき事実の存否並該違反に対する賠償の範囲及性質に関する紛争は、一般に仲裁裁判（又は司法的解決）に付し得る事項に属するものなることを声明す。」「四　連盟国は、一切の判決を誠実に履行すへく、且判決に服する連盟国に対しては戦争に訴へさることを約す。……」

第一五条「一　連盟国間に国交断絶に至るの虞ある紛争発生し、第十三条に依る仲裁裁判（又は司法的解決）に付せられさるときは、連盟国は、当該事件を連盟理事会に付託すへきことを約す。……」

第一六条「一　第十二条、第十三条又は第十五条に依る約束を無視して戦争に訴へたる連盟国は、当然他の総ての連盟国に対し戦争行為を為したるものと看做す。他の総ての連盟国は、之に対し直に一切の通商上又は金融上の関係を断絶し、自国民と違約国国民との一切の交通を禁止し、且連盟国たると否とを問はす他の総ての国の国民と違約国国民との間の一切の金融上、通商上又は個人的交通を防遏すへきことを約す。」「二　連盟理事会は、前項の場合に於て連盟の約束擁護の為使用すへき兵力に対する連盟各国の陸海又は空軍の分担程度を関係各国政府に提案するの義務あるものとす。(9)」

第一〇条によって領土侵略戦争は当然禁止されたことになり、第一二条によって国際紛争を連盟理事会・国際仲裁裁判・国際司法裁判のいずれかに諮ることなく、その解決のために戦争に訴えることは禁止されたことになる。また国際裁判判決に服さない側が、それに服した連盟国に対して戦争をすることも禁止された（第一三条）。

しかし連盟規約が定めた「国際紛争の平和的解決」システムは完全なものではなく、今日の国際法学者がほぼ一様に指摘するように、論理的に一定の戦争が合法的なものとして残されたのである（自衛戦争以外では、たとえば両紛争当事国が国際裁判の判決に服することを拒否し、その判決後三ヵ月を経た後に開始される戦争は合法とされた)。その点から連盟規約により「国際紛争を解決するための戦争が次第に非合法化される傾向が現れ」たと、その違法化の不十分さに重点をおいたやや消極的な評価も存在する。(10)

しかし一方では連盟成立により「戦争の違法化が確立された」との積極的な評価も存在しており、(11)筆者の立場はこの後者の立場に近いものである。それは、①論理的に一定の戦争が合法的なものとして残されたとはいえ、連盟規約が一定の戦争を国際法上違法なものとし、禁止したことは間違いないこと、②そこで禁止された戦争は現実的には満州事変のような侵略戦争を包含しうること（逆にいえば連盟規約を遵守するならば侵略戦争は開始しえない法的状態が存在するようになったこと）、③連盟規約に違反する戦争を開始した国に対して、連盟国が経済的制裁と軍事的制裁を発動しうると定めていたことによる。(12)つまり連盟規約は、ある国家によって実質的な侵略戦争が開始された場合、その戦争を違法なものと認定し、侵略国に対する経済的・軍事的制裁を発動しうる国際的な体制を成立させたということができる。この体制が実際に侵略戦争の抑止機能を十分果たしうるものであったかは別の問題であり、とにかく右のような国際体制が存在することになったのは事実である。本書ではその体制を戦争違法化体制と呼ぶことにする。

さて延べ六三ヵ国の加盟を得ることになる国際連盟の成立により戦争違法化体制が成立したのであるが、(13)その後、一九二二年には中国に関する九ヵ国条約が締結され、一九二八年には有名な不戦条約が締結された。

一九二二年にワシントン会議において調印された九ヵ国条約は、戦争違法化の動向から直接もたらされたものではないが、そこには以下の規定がある。

第一条「支那国以外の締約国は左の通約定す」

「(一)支那の主権、独立並其の領土的及行政的保全を尊重すること」

「(二)支那か自ら有力且安固なる政府を確立維持する為最完全にして且最障碍なき機会を之に供与すること(14)」

第一項が中国に対する領土侵略を禁止したのは明瞭であるし、第二項が政治的分裂を図る謀略をも禁止したのも明瞭であろう。こうした内容は実態的に連盟規約の第一〇条と重なるものであり、九ヵ国条約は戦争違法化体制と連動する性格をもっていたといえる。

第一次世界大戦後に形成された国際秩序はヴェルサイユ条約を核としたヴェルサイユ体制であり、極東(および太平洋地域)に関してはそれを補完するワシントン体制が二二年に成立した。戦争違法化を国際法のレベルで最初に成立させた国際連盟規約はヴェルサイユ条約の第一編として成立したものであり、中国への武力侵略の禁止を含む九ヵ国条約はワシントン諸条約の一つとして成立したものである。筆者はこの点から、これらの諸条約を内包した戦争違法化体制は、極東における国際秩序としてのヴェルサイユ＝ワシントン体制の一つの法的側面であったと位置づけている。

また不戦条約の主要な条項は以下のようになっている(原調印国は一五ヵ国)。

第一条「締約国は国際紛争解決の為戦争に訴ふることを非とし且其の相互関係に於て国家の政策の手段としての戦争を抛棄することを其の各自の人民の名に於て厳粛に宣言す」

第二条「締約国は相互間に起ることあるへき一切の紛争又は紛議は其の性質又は起因の如何を問はす平和的手段に依るの外之か処理又は解決を求めさることを約す(15)」

この第一条は有名な戦争放棄条項であるが、国際紛争が生じた場合、より重要な意味をもったのは、連盟規約第一二条の国際紛争の平和的解決という趣旨を徹底した内容となった第二条であった。

こうして戦争違法化体制は、中国に対する日本の侵略戦争との関係でいえば、連盟規約と九ヵ国条約、不戦条約を内包するものとなった（これは、右の国際法が制度的に連動するという意味ではなく、日本の対中侵略戦争の違法性が多面的に問題とされる状況が生じたという意味である）。そして延べ六三ヵ国の加盟を得た国際連盟規約とほぼ同数の加盟を得ることになった不戦条約は、当時の独立国（英連邦各自治領含む）の大半が加入したまさにグローバルな国際法となったのであり、この面からも戦争違法化体制が国際的体制として成立したと見ることができる。

二　本書の意図と構成

従来の近代日本の対外関係を扱った研究においては、戦争違法化体制が存在したことの意味を十分にふまえて、一九二〇年代から一九四五年の過程を通観的に分析したものはないといえる。第一次世界大戦後の講和会議において連盟創設が決まり、日本がその常任理事国となり、委任統治領を獲得したことは一般に言及されるところであり、連盟における日本の活動についてもいくつかの研究蓄積はある。しかし連盟体制を戦争違法化体制として捉え、それとの関係において二〇年代以降の対中武力行使・戦争を位置づける作業はほとんどなされてこなかった(16)。

大まかに整理するならば、一九二〇年代の対中政策は、日本帝国主義の動態において捉えられるか、国際的にはワシントン体制という枠のなかで論じられてきたのである(17)。そうした枠組みの研究の意義をいささかたりとも否定する意図はないが、日本が満州事変に至らない道、日本が平和的発展を遂げる道があったとすれば、それはワシントン体制への順応ということ以上に戦争違法化体制への順応に求められなければならないであろう。それはなによりも侵略戦争を禁止するという面で、より詳細でより普遍的であったのは連盟規約であり、ワシントン諸条約ではなかったからである。

前述したような戦争違法化体制が存在したうえ、連盟の常任理事国という地位にあった日本が、満州事変という侵略戦争を政党内閣の下で拡大しえたのはなぜなのかということが、従来の研究では十分説得的に説明されていないように思われる。

満州事変が関東軍参謀らの帝国主義的侵略欲求に根ざす計画によって開始されたことはいうまでもない。しかしもし当時の文官たちが戦争違法化体制に対してより誠実な認識をもっていたとするならば、けっして満州事変はあのような展開を見せなかったのではないだろうか。

筆者は、日本が満州事変に至る一つの流れは、第一次大戦後の戦争違法化への日本の適応拒否の蓄積という側面であったと考える。それを具体的に解明するのが第一章である。ここでは単に満州事変期に実際に効力を発揮していた連盟規約・不戦条約への態度を検証するにとどまらず、国際紛争の平和的処理に関するジュネーヴ議定書（平和議定書）・一般議定書・戦争防止の手段を助長するための条約（戦争防止条約）の成立、連盟規約改正問題など戦争違法化体制の強化にかかわる動向全般に対する日本の態度を検証する。なぜならば、戦争違法化体制は連盟の成立によって完成されたものではなく、二〇年代からまさに日本が満州事変を開始した時期までその強化の試みが繰り返されていたのであり、大国としての日本の去就はその試みが成功するかに影響を与えていたからである。そこから、政党内閣期の日本は、戦争違法化体制の強化を目指していたにもかかわらず満州事変を迎えたのか、それを目指すことなく満州事変を迎えたのか、幣原外交と田中外交とでは戦争違法化への対応に相違があったのか、軍と外務省では相違があったのかという問題を抽出することができるであろう。こうした戦争違法化体制に対する政党政治の態度は、若槻内閣の満州事変への態度と不可分の関係にあったはずである。

もう一つの満州事変に至る流れは、対中武力行使の積み重ねという側面である。戦争違法化体制下の二〇年代に、周知のように、日本は対中武力行使を繰り返した。ここから、戦争違法化体制成立によって具体的にどのような戦争・武力行使が禁止されたと認識されたのかを検証する必要が出てくる。この課題に答えたのが第二章と第三章である。すなわち、第二章では戦争違法観が登場する以前のいわゆる無差別戦争観の時期を対象とし、また第三章では二〇年代における対中武力行使を対象とし、日本の戦争や対外武力行使がいかなる論拠により正当化され、いかなる状況のもとで容認されたのかを検証する。こうした問題を検討するのは、国際法・戦争違法化体制が存在する以上、自国の対外武力行使を国際法の許容するものであると主張する必要があったのであり、戦争違法化体制の出現は対外武力行使に際してそうしたテクニカルなハードルをより高めたと考えられるからである。つまりそのテクニカルな問題を「克服」することなしに満州事変の開始や拡大があのような形でなされることは、ありえなかったのではないかということである。さらに第三章では、該時期における日本の対中態度の基本的方針とされた内政不干渉方針と対中武力行使の関係の検討にも重点をおく。というのは、該時期に日本が山東出兵に至るまで一貫して内政不干渉方針を表明していることは、該方針が単に建前化しているというにとどまらない、内政不干渉方針の下で武力行使が拡大していくメカニズムがあることを意味し、それを解明する必要があると思われるからである。

そしてこれらの検討を経て満州事変に話が至るのであり、満州事変における第二次幣原外交の態度は、二〇年代における日本の戦争違法化への対応と対中武力行使拡大のメカニズムの交錯の結果として把握される。そして満州事変に際して、どの時点で日本が連盟規約・不戦条約・九ヵ国条約に違反する方針を国家レベルで決定するに至ったのかということ、日本の政府・軍さらに国際法学者は日本の対中武力行使・謀略の違法性についてどのような認識をもったのかといった点を検証する。これが第四章である。

満州事変は連盟にとって、集団安全保障という点では見事な失敗であったというほかないであろう。しかしこれをもって侵略戦争を違法と捉える戦争違法観が修正されたり否認されていったわけではなかった。ところが三五年にイタリアが開始したエチオピア侵略は満州事変以上に連盟の集団安全保障に大きな打撃を与えることになる。そして具体的には連盟規約第一六条の制裁発動の義務性をめぐり、連盟諸国内に深い分裂が生じていった。

日中戦争はそうしたなかで一九三七年七月に開始された。集団安全保障体制がほとんど死に体の状態にあるなか、中国は連盟に日本を侵略国と認定すること（以下、このことを「日本の侵略認定」と呼ぶ）、対日制裁の実施を要求していく。そして三八年九月三〇日の連盟理事会議長報告は実質的に日本を侵略国と認定し、連盟国は「個別」に制裁を発動しうると述べるに至った。日本は何を根拠に侵略国と認定されたのか、なぜ理事会決議でなく議長報告なのか、なぜ「個別」にとうたわれたのか、こうした点を検証し、日中戦争期における戦争違法化体制の存在意義について考察を加えるのが、第五章である。

先に筆者は戦争違法化体制をヴェルサイユ＝ワシントン体制の法的側面として位置づけたが、中国侵略を拡大する日本に対する英米の態度には、戦争違法化体制により規定される側面と、ワシントン体制に規定される側面があり、それはある種の矛盾を含むものであったと考えられる。その点に焦点をあてて、一九二〇年代から三〇年代における極東をめぐる国際関係の動態を考察したのが第六章である。

一九三九年の第二次大戦の勃発により連盟の活動は実質的に休止状態に陥っていく。日本のアジア太平洋戦争は満州事変・日中戦争と異なり連盟が実質的に存在しない状況のなかで開始されていく。この開戦に際して日本は戦争目的として「自存自衛」を掲げた。二〇年代には論理的には存在の余地を失った自己保存権的自衛権（第二章参照）が宣戦の詔書で高らかにうたわれたのである。満州事変で顕著になった自己保存権的自衛権への回帰がここに極まったといえる。しかし日本の対中侵略が先鞭をつけ、第二次世界大戦によりまさに世界が戦争へ向かうなかで、自衛権解釈を拡大させたのは日本だけではなく、アメリカも同様であった。日本やドイツが開始した戦争は世界的に自衛権解釈の拡大という現象を招いたのである。世界は結局、交戦国が互いに自己の正当性を主張しあい、戦争での勝利のみが最終的に正当性を保証するかのような、無差別戦争観の時代に単純に逆行したのであろうか。侵略戦争は違法であるという考え方が完全に喪失された状態が出現したのであろうか。こうした点を検証しつつ二〇年代に戦争違法化体制が出現したことの歴史的意味を考えるのが終章である。

註

（1）こうした日本の戦争犯罪に関する動向と冷戦崩壊後の内戦などに対応する動向において、国際人道法に関する進展は注目すべきである。この点について最近の代表的な研究として、藤田久一『国際人道法（新版）』（有信堂高文社、一九九三年）、同『戦争犯罪とは何か』（岩波書店、一九九五年）、前田朗『戦争犯罪論』（青木書店、二〇〇〇年）をあげておく。

（2）「極東国際軍事裁判速記録第九号附録」（『極東国際軍事裁判速記録・1』雄松堂、一九六八年一月）四七頁。なお、第一次大戦でのドイツに対する侵略認定については、荒井信一『戦争責任論』（岩波書店、一九九五年）参照のこと。

（3）細谷千博ほか編『東京裁判を問う』（講談社、一九八四年）三五頁、四八頁。ただし、より厳密にいえば、イプセンの発言は「侵略の定義」の問題に言及したもので、その点では一般的な評価ではある。

（4）西尾幹二「沈黙する歴史　④限定戦争と全体戦争」（『サンサーラ』一九九七年四月）三二～三三頁。

（5）連盟規約、不戦条約などとの関係から日本の十五年戦争が侵略戦争であったことを論じたものとして、岡部牧夫「侵略戦争とは何か」（『十五年戦争史論　原因と結果と責任と』青木書店、一九九八年）がある。

（6）大沼保昭『戦争責任論序説』七〇頁。端を発する「ようである」としたのは、大沼はこの小論文が「戦争の違法化」を「歴史の舞台に登場せしめたのである」と、やや抽象的に表現していることによる。なお「戦争の違法化」運動について、詳しくは同書第一章第二節参照のこと。

（7）坂本瑞男「戦争の違法化の一考察」（『外交時報』第五〇八号、一九二六年二月一日）三九頁。

（8）戦争違法化について参照した、戦後国際法学の分野での主な文献などは以下の通りである（他の註で示したものは除く）。横田

喜三郎『戦争犯罪論』、同『自衛権』、同『国際法論集2』（有斐閣、一九七六年）、田岡良一『国際法Ⅲ』（有斐閣、一九五九年）、同『国際法上の自衛権』、宮崎繁樹『戦争と人権』（学陽書房、一九七六年）、落合淳隆『平和の法』（敬文堂、一九八二年）、山本章二『国際法』（有斐閣、一九八五年）、田畑茂二郎『国際法新講　下』（東信堂、一九九一年）、香西茂『国連の平和維持活動』（有斐閣、一九九一年）、城戸正彦『戦争と国際法』（嵯峨野書院、一九九三年）、石本泰雄『国際法の構造転換』（有信堂高文社、一九九八年）、高野雄一『集団安保と自衛権』（東信堂、一九九九年）、藤田久一「戦争観念の転換——不戦条約の光と影」（桐山孝信ほか編『転換期国際法の構造と機能』国際書院、二〇〇〇年）。

(9) 山本章二編『国際条約集　一九九四年版』三九～四〇頁。なお『外交主要文書・上』四九三～四九八頁参照。

(10) 田畑茂二郎『国際法Ⅰ』四五～四七頁。

(11) 広瀬善男『力の行使と国際法』（信山社出版、一九八九年）六七頁。石本泰雄「戦争と現代国際法」（『岩波講座　現代法12』岩波書店、一九六五年）も、「国際連盟規約において将来の戦争についてその違法化をかなりの程度に達成した」と積極的に評価し、国連憲章下での現代の状況について「戦争違法化は今日では普遍的国際法上の現象であるといわねばならないであろう」と評している（八七、九一頁）。

(12) 制裁を定めた第一六条の第二項の軍事条項をどのように捉えるかという点では、明確に軍事制裁を定めたものではないとの評価もある。しかし不戦条約成立に際してのフランスの留保が、連盟規約の義務を果たすための戦争は不戦条約に抵触しないとしたことが示すように、連盟規約上制裁としての戦争が考慮されていたことは疑いえない。

(13) 周知のようにアメリカは連盟に加入しなかった。またドイツは二六年に加入を認められ、同時に常任理事国となる。ソ連はドイツが連盟脱退を表明した後に、三四年に加入したが、三九年にフィンランドに対する侵略国と認定され除名された。なお中国は一九年六月二八日にヴェルサイユ条約への調印を拒否したが、オーストリアとのサン・ジェルマン講和条約（ヴェルサイユ条約同様に連盟規約を含む）への調印を根拠として連盟国となった（中国については、唐啓華『北京政府与国際連盟（一九一九～一九二八）』台湾、東大図書公司、一九九八年、一八頁参照）。

(14) 『外交主要文書・下』一六頁。

(15) 同前一二〇頁。

(16) 国際連盟については、その創設が世界史上の重大な出来事であったわけで、当時、国際法学・国際政治学の分野から注目され、国際連盟に関する解説的な書物や論文がさまざま著された。その後、満州事変に際して国際法（連盟規約・九ヵ国条約、不戦条約）との関係が数多く論じられている。これらの研究には教えられる点も多々あるが、当然、これらは資料的にも当時の社会状況的にも大きな制約のもとでなされたものであり、今日から見ればむしろ資料的な価値を見出す対象であろう。これらの代表的なものをいくつかあげるならば、信夫淳平『国際紛争と国際連盟』（日本評論社、一九二五年）、同『国際政治の綱紀及連鎖』（日本評論社、一九二五年）、沢田謙『国際連盟新論』（厳松堂、一九二七年）、立作太郎『国際連盟規約論』（国際連盟協会、一九三二年）、同『時局国際法論』（日本評論社、一九三四年）、松原一雄『満洲事変と不戦条約・国際連盟』（丸善、一九三二年）、横田喜三郎「満洲事件と国際法」（『国際法外交雑誌』第三一巻四号、一九三二年四月）。

また戦後の国際法学研究などにおいては、戦争違法化と日本の関係を検討した成果はそれほど多くはないが、日本の戦争（開戦）の違法性や犯罪性を論じたものとしては、横田喜三郎*『戦争犯罪論』や田岡良一*『国際法上の自衛権』がある。

戦争違法化への日本の対応あるいは国際法認識という点では、日本の対中政策や満州事変期における国際法論（国際法イデオロギー）を検討し、ナチスの法イデオロギーが「伝統的国際法に対して破壊的」であるのに対して、日本のそれは「伝統的国際法の枠内において反動的」であると特徴づけた松井芳郎*「日本軍国主義の国際法理論」、不戦条約・満州事変・日中戦争についての法学界での議論に焦点をあてて分析した松田竹男*「戦争違法化と日本」がある。また戦間期の日本の国際法観を検討し、第二次幣原外交の「国際協調」性の限界などを指摘した篠原初枝*「日米の国際法観をめぐる相克」がある。

また日本・連盟関係という点では、佐藤尚武監修『日本外交史14　国際連盟における日本』（鹿島研究所出版会、一九七二年）や海野芳郎*『国際連盟と日本』が基本的な動向を明らかにしており、満州事変や日中戦争に際しての連盟の動向についても、右二書や臼井勝美*『満州事変』、同*「日中戦争の政治的展開」、田中直吉「国際連盟における満州事変の審議」（英修道博士還暦記念論文集編集委員会編『外交史及び国際政治の諸問題』慶応通信、一九六二年）などが基本的な経緯を明らかにしている。また最近では臼井勝美*『満洲国と国際連盟』、小林啓治*「国際連盟における規約の普遍性と紛争解決」などに見られるように、国際連盟と満州事変の関係については改めて注目される傾向が見られる。ただこれらは「満州国」樹立やリットン報告書、日本の連盟脱退の過程に焦点をおく傾向が強い。関東軍が柳条湖事件を開始した後に、日本が国家としてどのような経緯をたどって違法な戦争の道を選択するのかという点では、第二次若槻内閣期（第二次幣原外交期）の対応が決定的に重要だったのであり、この点について必ずしも十分な検討がなされてきたとはいえない。

(17) この時期を対象とした政治外交史・国際関係史の関連先行研究については、本論の関係箇所でそれぞれ必要に応じて言及するが、ここでは研究の視角という点で、若干整理をしておきたい（以下の研究者の関連論文は「主要参考文献」で示した）。

一つは対中政策分析的視角であり、満州事変に至らない政策的方向性・可能性を念頭におきつつ、日本の対中政策の動態を主に検討するものである。ここではとりわけ幣原外交と田中外交の評価が焦点とされる。その場合、対中認識・政策・外交理念などのレベルにおける両外相の相違を重視していくのか、その各外交期に実際に展開された日本の政治的・軍事的対応の実態を重視していくのかという違いがある。より具体的な争点は幣原外交の内政不干渉方針を実態的なものとして捉えて肯定的に評価するのか、非実態的なものとして捉えて否定的に評価するのかということであり、前者の評価に立つ場合、第一次幣原外交と田中外交の断絶性を強調することになる。前者の傾向は臼井勝美、池井優、馬場伸也、佐藤元英、イアン・ニッシュといった研究者に見られる。一方、後者の傾向は井上清、今井清一、江口圭一、藤井省三、古屋哲夫といった研究者に見られる。

二つめは対中侵略の構造分析的視角であり、右の後者の研究者に代表される。それらの研究では政策担当者の主観や意図以上にむしろ日本帝国主義の経済的・軍事的構造から日本の侵略が拡大していく点が重視される立場である。

三つには国際関係分析的視角であり、二〇年代の「国際協調」体制であるワシントン体制の動態から日本が満州事変に至る道を考察しようとする立場であり、入江明、細谷千博、有賀貞、佐藤誠三郎といった研究者に代表される。これらの論者に基本的に共通する見方は、この国際的協調体制は一つには中国ナショナリズムの台頭と、もう一つには日本のアウタルキー獲得欲求の台頭を調節しきることができずに、日本の中国侵略という破局を招いたというものであろう。

しかし、そもそも九ヵ国条約は、対中領土侵略を禁止した一方で、中国と列強間の紛争を調整する機能はないに等しいのであり、ワシントン体制に日中の対立の緩和の可能性を認めようとすることには無理があるだろう。またワシントン体制とはあくまで大国間協調の体制であった点に留意するならば、日本の中国侵略が大国間協調のもとで許容されることすら政治的にはありえるのである。こうしたワシントン体制と日本の対中侵略の関係を見た場合、国際連盟規約による国際紛争の解決手続きを内包した戦争違法化体制の方が、日中紛争を緩和する可能性をもつとともに、日本の中国侵略を抑止する可能性をもっていたといえるのではないだろうか。換言すれば「ワシントン体制遵守」以上に「国際連盟規約遵守」の方が日本の対中侵略抑止のうえでは重要な意味をもっていたということである。

またワシントン体制にのみ目を向けた場合、連盟の中心国でもあり、ワシントン体制の主要国でもあるイギリスの、日本の中国侵略に対するアンビバレントな対応を歴史過程のなかに説得的に位置づけることは困難となる。というのはイギリスにおいては国際連盟規約を国際紛争解決の基準として重視する思潮と大国間協調をより重視する思潮が存在し、ワシントン体制にのみ目を向けた場合前者がイギリスの対応を規定していた側面が十分にくみ取られない危険があるからである。

なお上記の各視点のところで名前を示した研究者が他の視点をまったく欠いているという意味ではない。ここではそれらの視点を比較的明瞭に示す研究を発表しているという意味であげている。

第一章　戦争違法化と日本

はじめに

本章では、日本近代史の文脈では従来あまり言及されない戦争違法化の展開を跡づけつつ、それへの日本の対応を明らかにする。戦争違法化は国際連盟規約に始まったが、同規約は国際紛争の平和的解決をうたい、規約に違反して戦争を開始した国を侵略国と認定し制裁を発動するとしながらも、それらが実行される手続きにおいては不十分な点があった。一九二四年に連盟が成立させた平和議定書はその欠点を補正する意味があったが、同議定書は発効するには至らなかった。その後一九二〇年代末から三〇年代初めには、不戦条約が締結され「戦争放棄」「国際紛争の平和的解決」が定められる一方、国際紛争の平和的解決システムを強化することを企図した一般議定書や武力紛争開始後に連盟が停戦を図るための戦争防止条約が成立し、また連盟規約を不戦条約に適合させるための改正が試みられた。こうしてみると連盟規約成立以降も戦争違法化体制をより万全なものにしようとする国際的な取り組みが二〇年代を通じて存在したことがわかる。

アジアの軍事大国であり、第一次世界大戦の戦勝国の一員として連盟創設に関与し、その後は連盟の常任理事国となった日本の対応が、そうした取り組みのなかで一定の影響力をもったであろうことは疑いえない。では日本は、どのような観点から戦争違法化に反応し、右の動向にどのような影響を与えたのか。また二〇年代に拡大する対中武力行使との関係で戦争違法化体制をどのように認識したのだろうか。戦争違法化の展開に対して、「国際協調」的と評される幣原外交と、より「武断」的なイメージで捉えられる田中外交とでは、果たして対照的な対応が見られたのだろうか、あるいは日本の外務省と軍は異なる認識をもって臨んでいたのであろうか。こうした点を検証するのが本章の課題である。

一　国際連盟規約

1　連盟規約審議と日本

一九一八年一月八日、アメリカのウィルソン大統領は演説で、戦後構想に関する一四ヵ条を発表し、そのなかで「大小すべての国の政治的経済的独立と領土保全」を保障するためとして、国際機構（国際連盟）を創設することを提言した。ウィルソンにおいては第一次世界大戦に帰結した「同盟体制」は「リベラル・デモクラシーの無視（小国の権利の無視、民族自決の抑圧）と等置され」て、それが「旧外交」のイメージを形成し、一方「集団安全保障体制」は逆に「リベラル・デモクラシーの確立（小国の権利の尊重、民族自決の優先）と等置され」、それが「新外交」のイメージを形成していた(1)。国際連盟は、戦後の平和を保障する「新外交」の制度的な要として位置づけられていたといえる。

この国際連盟構想を耳にした外務次官幣原喜重郎は、「このやうな大円卓会議が出来て、各国代表がゐならぶ中に幣原ごときが妙な顔をして下手な言葉で議論でもやったら損をするに決まってゐる。利害関係国相互の直接交渉によらず、こんな円卓会議で我が運命を決せられるのは迷惑至極だ。本条項は成べく成立させたくないが、どうもかういふものは採用されがちだから、大勢順応の外ないだらうが充分に研究してかゝらねばならぬ」と述べ、「大いに慎重振りを発揮し」たといわれる。(2)ここには、外交とは「利害関係国相互の直接交渉」であるという幣原の外交理念が窺われるが、それが国際連盟創設に対する至って消極的な反応を生んでいたと考えられる。

ドイツ降伏から一ヵ月ほどした一八年一二月九日、日本政府は講和会議参加に向けて、「講和の三大方針」と「ウィルソン十四箇条に対する帝国政府意見」を決定した。前者は、会議における日本の最大の目標は中国山東省および南洋諸島におけるドイツ権益を獲得することとし、後者は、国際連盟問題を重要な問題と認めつつも、人種的偏見が存在する状況では連盟は日本に不利をもたらす恐れがあるとして、成立に消極的な態度で臨む方針をとった。(3)

しかしアメリカに限らず、平和維持のための国際機構の構想は第一次大戦の進行中に英・仏・伊各国内で検討が進められており、(4)そうした機構の創設自体は英・米・仏・伊四ヵ国にとっては講和会議以前に規定方針となっていたといえる。先の幣原の発言は、日本の政治指導者たちが新時代を築こうとする発想自体を欠落させていたことの端的な表現であったといえるだろう。

講和会議は、一九年一月一八日に連合国の総会議が開かれて開幕した。国際連盟が会議の議題にあがったのは一月二二日の第七次打ち合わせ会のことであり、席上ロイド・ジョージ英首相は決議案を提出し、「世界の争議を解決し其の平和を維持せむと欲するの目的に対し、絶対に必要なるは国際連盟を組織し以て国家間の協同を高め、其の承認せる義務の履行を確保し、其の義務違反に対する保障を設くるに在り」(5)と提案の趣旨を説明した。この提案への各国の賛同を得て、二五日の講和会議総会は国際連盟の創設と、連盟規約を講和条約の一部とすることを決議し、連盟規約起草委員会を設けた。委員会は英・米・仏・伊・日五大国から各二名と、九小国間で選出された中国など五小国代表五名により組織された。日本側委員は牧野伸顕全権と珍田捨巳駐英大使となった。みずから委員長となったウィルソン大統領は、二月三日の国際連盟委員会の第一次会合において規約草案（ウィルソン草案）を提出した。以後一三日まで一〇回にわたる会合が開催され、同委員会全員一致による連盟規約案は一四日の第三回連合与国総会議に提出された。右委員会第一次案は、ウィルソン草案の主旨を基本的に引き継ぐ形となった。

ウィルソン草案において、戦争違法化との関係で重要な箇条の要点は以下の通りである。

前文…連盟国は武力不使用の責務を引き受けること。

第七条…外部からの侵略に対する連盟各国の領土的政治的独立を尊重・保持すること。〔→第一〇条、二月一四日の委員会第一次規約案での条、以下同様〕

第九条…戦争の危険ある場合は直接連盟国への影響の有無にかかわらず連盟の関渉事項たること。〔→第一一条〕

第一〇条…連盟国間の紛争で外交手段で解決できないものは仲裁裁判もしくは執行委員会（のちの理事会）の審査に付し、その判決もしくは勧告後三ヵ月間は兵力に訴えないこと。〔→第一二条〕

第一三条…連盟国間で仲裁裁判に付せられない紛争が発生し交渉断絶にいたる恐れがある場合は連盟国は該事件を執行委員会に付議すること。〔→第一五条〕

第一四条…第一〇条違反国へは制裁を加えること。〔→第一六条〕

これらの骨子は後の連盟規約に実際に反映されることになる。

では右のような内容を含んだ連盟規約案のどんな点に日本側は関心を払ったのであろうか。一九年二月七日に全権随員の竹下勇海軍中将は海軍中央（軍令部・海軍省）に対して、ウィルソン草案第一三条と第一四条への注意を喚起した。第一三条に関しては「将来支那の不法に本条を濫用し既成の事態を変換せんと試むることあるへきに対し今日に於て強国間に東洋に於ける日本の特殊地位を更に確認せしめ置くを要すること」とし、また第一四条に関しては「此際少くも日本に就ては東洋に於ける地位を認めしめ東亜は我担当区域とすることを強国間に於て内議し置くこと」と述べたのである。(6)すなわち、中国が日中間の紛争事項を連盟執行委員会に持ち込んだ場合でも、列強が日本の東洋における「特殊地位」を承認し、中国側の主張にとりあわない環境をつくっておくこと、さらに日本が対中武力発動をした場合でも日本の「担当区域」での出来事として連盟の制裁の対象にしないという了解をとりつけておくことが必要だというのである。これは日中関係あるいは日本の対中武力行使を連盟の干渉外におくことを要求しているに等しかった。

またウィルソン草案をふまえた委員会の第一次草案が提出された二月一四日には、全権随員の奈良武次陸軍中将が田中義一陸相に、連盟規約案は「根本主義上世界の輿論を以て総ての国際事項を裁断せんとするものにして小国の為には極めて有利なるも大国殊に将来発展の雄図を有する国家の為には全く手足を縛せらる極めて不利のもの」であると打電した。(7)

要するに日本が中国における権益拡大を図るうえで、国際連盟は日本の行動を束縛する以外の何物でもない一方、中国はそれに依頼することで日本の進出を抑制しようとするとの懸念が陸海軍に共通していたのである。また前述の幣原外務次官の発言をあわせて考えるならば、日本側では外務・軍ともに国際連盟の創設自体を忌避したいというのが本音であったといえよう。第一次大戦中から、戦後において平和維持に関するなんらかの国際機関が必要だとの立場で検討を開始していた米・英・仏・伊四大国と、その認識には根本的な相違があったともいえる。

しかし日本は、前述したような戦争の違法化にかかわる条項については、審議過程では表立った異論を呈さなかった。連盟規約案で日本側がもっとも問題視したのは、委員会第一次草案の第八条と第一二条が天皇大権に抵触するという点であった。すなわち二月二七日に内田康哉外相が松井慶四郎全権に送った指示では、軍備縮小を掲げた第八条が「憲法第十二条陸海軍の編成及常備兵額を定むる天皇の大権行使を制限するの嫌あること」、また規約第一二条にある三ヵ月の開戦禁止が「帝国憲法上天皇宣戦の大権を制限するの嫌あること」が指摘された。(8) そして奈良が牧野全権に対して、第八条は憲法に抵触すると主張したものの、牧野は抵触しないとの立場をとり、また第一二条については奈良も「其根本義に於て已に主権を侵害しある国際連盟を一度承認する以上は特に本条に於て強硬なる主張を為し難き」状態であると判断し、牧野もまた憲法には抵触しないとの見解をとった。(9) さらに陸軍中央でも、規約に「憲法と抵触するの虞あり従って之が削除撤回を要するものありと雖其絶対的主張は帝国の連盟脱退と見做さるる懸念ある」との立場から、第一二条については、天皇大権との関係から開戦禁止期間を設けないようにすることなど部分的な修正を提起するよう指示するにとどまった。(10) これを受けて奈良は全権側に開戦禁止期間の短縮を主張したが、これについて全権側は、この戦争禁止期間は「一時の感情に激成せらるることを妨げ成るべく戦争を思止まらしむるの機会を与へんとするの趣旨に出で戦争防止の見地より止むを得ざるものと認めらる」との立場をとっており、その修正を要求しなかった。第八条についても結局全権団は、同条には列国が賛成しており、平和確保を目的とする連盟案の骨子でもあり、日本委員のみが反対するのは「大局上不利益尠からず」として、問題としない方針をとった。(11)

こうして、日本は規約案に対しては大きな修正を要求することのないまま、連盟規約委員会は四月一一日の最終会合で成案を決定し、二八日の第五回連合与国総会議は右成案をほとんど原案のまま満場一致で可決した。

以上から明らかになるのは、日本政府および陸海軍においては、国際連盟の成立を忌避したいという欲求があったものの、結局、大勢順応でその承認に至ったこと、そして規約案の審議において日本が問題にしたのは天皇大権である兵額量の決定権と開戦権が制限されるかという点であったこと（これらは結局、制限されないとの解釈がとられた）、さらに一定の戦争を禁止することになる第一二条については、日本側内部では開戦禁止期間について陸軍から反対が示されていたものの、紛争の平和的解決を規定したその核心について問題にされたり、異議が唱えられたりしなかったことである。また連盟国の領土保全・政治的独立の尊重をうたった第一〇条については日本政府側でもなんら問題にされていなかった。それはこれに反対することは、露骨な領土取得のための戦争を許容するに等しかったのであり、さすがにこれに異議を唱えることは考えられなかったのであろう。

要するに、国際的な場では日本は連盟規約がもたらす一定の戦争の違法化に疑義や異議を表明することなく、それを承認したのである。二四年に平和議定書の調印が問題となったさい、外務省条約局長の山川端夫は「連盟規約は一切の紛争に付解決手段を与へたるものに非す従て或る場合には紛争の正当なることを認めたり然るに本議定書は殆むと一切の戦争に平和的解決方法を与へたり従て戦争禁止の規定を置くに至れり〔傍点引用者〕」と述べたが[12]、これは裏返せば連盟規約によってすでに一定の戦争が禁止されていると認識されていたことを示したものであった。

では陸軍では連盟による戦争違法化体制をどう捉えたのか。一三年に参謀本部の一大尉が記した「私見」では、「強国間に於ける紛争に関しては将来と雖も断乎たる処置を執りて実行を当事国に強ふること能はさるへし」と連盟の紛争解決能力を軽視していたが、もはや「勝てば官軍」が通じる時代とは異なってきており「今後国際連盟の権威相当の状態に存続せらるゝ限り単に作戦上の便益のみを貴重として過早若くは無理に連盟規約を無視して開戦することは蓋し之を慎まさるへからす」との認識が述べられている[13]。連盟に実力はないが、規約を軽々しく無視はできないという程度の認識は軍部にも浸透していったといえるだろう。

2　連盟規約第一二条をめぐる評価

連盟規約は一定の戦争を間接的または直接的に禁止することとなった。まず間接的な禁止では、規約第一〇条が「連盟国は、連盟各国の領土保全及現在の政治的独立を尊重し、且外部の侵略に対し之を擁護することを約す」としたが、これには当然他国の領土保全や政治的独立などを侵害する戦争の禁止が含意されている。また第一二条が「連盟国は、連盟国間に国交断絶に至るの虞ある紛争発生するときは、当該事件を仲裁裁判（若は司法的解決）又は連盟理事会の審査に付す」（一九二一年一〇月の改正で（　）内が挿入された）としたが、これは国際紛争の解決のためにただちに戦争に訴えることを禁止したものである。次に直接的な禁止では、やはり第一二条で、仲裁裁判および理事会（のち国際司法裁判含む）に付託された紛争についての判決や理事会報告が出されてから三ヵ月間は戦争を禁止した。また第一三条では仲裁裁判判決に服した当事国に他の当事国が戦争に訴えることを禁止した。さらに第一五条では紛争当事国を除いた全理事国の同意した理事会勧告に応じた当事国に対して他の当事国が戦争に訴えることと、当事国を除いた全理事国と他の連盟国の過半数の同意した総会勧告に応じた当事国に対して他方の当事国が戦争に訴えることを禁止した。[14]

日本の満州事変以後の対中武力発動の違法性を考えるうえで重要なのは第一二条である。というのは満州事変開始後、日本は満州事変の原因は中国側の条約不履行や排日運動にこそあるとの論理を展開し始めるが、この論理は政治的・法律的紛争を武力によって解決することを正当化するものであり、この点が第一二条にかかわってくるからである。では、この第一二条は満州事変以前において国際法学者の間でどのように解されていたのだろうか。

第一二条の解釈上まず問題となるのは、仲裁裁判等の審査に付すべき「国交断絶に至るの虞ある紛争」とはどういうものかという点である。この点について当時日本でもっとも権威ある国際法学者の一人である立作太郎（東京帝国大学教授）は一九二四年に次のように述べている。(15)

「連盟規約の大体の趣意も国際関係に於ける強力の跋扈を出来得る丈け防止せんとするに在りて、連盟規約議定の際の経過を見るも第十二条の目的が国際に於ける強力の行使を防がんとするに在るを察し得べきを以て吾輩は第十二条に所謂破裂は国際に於ける強力の行使と直接の関係ある国際和親関係の終止と解れ《（マヽ）》たのである。而して破裂は戦争状態の成立に因る国際和親関係の終止をも含み又強力的なる平時復仇行為に因る国際和親関係の終止をも含むものと為したのである」。

「宣戦なくして戦争行為行はるるときは之に依り当然戦争状態が開始さるべきであるから、……当然破裂を致すものと見るべく、宣戦又は戦闘行為其のものも第十二条前段の規定により禁止さるるものと見ねばならぬ」。

「和親的紛争処理方法（仲裁裁判、裁判的解決、又は連盟理事会の審査）に全然依頼せざるか、又は之に依頼するも該処理方法の進行中（例へば仲裁裁判の進行中又は連盟理事会に依る審査の進行中）に於て当然破裂を致すべき強力的平時復仇行為若くは戦争行為（戦争行為も破裂を当然致すべきものなることは前述したところである）を行ふことは第十二条第一項前段の規定により当然禁止さるるものと解するのである」。

ここで立のいう「破裂」とは一般には「国交断絶」と呼ばれる事態のことであるが、要するに立は、連盟規約は国家による武力発動の横行を防止することに主眼があるとの立場から、第一二条にある「国交断絶」には、戦争状態（これは宣戦布告・最後通牒による国際法上の明確な戦争のことである）の発生に限らず、より広い武力発動（平時復仇のための武力発動、宣戦なしに行われる戦争行為）が含まれるとしたのである。そして平和的紛争処理方法によらずに（またそれによっている最中に）、武力発動（国際法上の戦争、平時復仇のための武力発動、宣戦なしに行われる戦争行為）

を行うことは第一二条により禁止されているとしたのである。換言すれば、そうした武力発動・戦争が違法であるということを立は述べたのである。立が、第一二条は宣戦なしに行われる戦争行為も禁止したとの見解をとっていたことは重要な点である。

また、やはり著名な国際法学者であった信夫淳平は一九二五年に第一二条について、より端的な言いまわしで次のように述べた。

　一切の国際紛争は仲裁裁判の網にかゝらねば連盟理事会の其れに落ち、其の孰れかの河口を通過するの後に非ざれば戦争といふ激浪怒濤の中に流れ出づるを得ないのである。紛争当事国は其の解決を平和的手段に俟つか干戈に訴ふるかの二者其の一を択ぶのではなく、仲裁裁判を仰ぐか連盟理事会の審査を請ふかの二者其の一を択ぶべきで、即ち干戈に訴ふる前には先づ否でも応でも仲裁裁判か理事会かに依る平和的手段の関門を潜ぐらざる可らざるに於て、茲に従前に比し著大の差異あるを認むべきである。(16)

信夫の解釈は立の解釈に比べて、どのような形態の武力発動が禁止されたのかという点で明確ではないが、要するに、第一二条は国際紛争を平和的手段によって解決することをまず要求しており、その手段を経ないで武力発動に訴えることは禁止されたのであり、そこに従来の国際紛争解決のあり方と非常に大きな違いがあると述べたのである。さらに信夫は、第一二条による開戦禁止期間は、排外熱の冷却に有用であり、これにより「無用の開戦は余程減少する」として、「国際連盟の真価は実に此にある」と、非常に高く評価していた。(17)

立と信夫の解釈に明確なように、規約第一二条が、国際紛争の解決のために仲裁裁判・国際司法裁判・連盟理事会審査を経ずして武力を行使することを禁止したことは、当時の国際法学者の間で十分に認識されていたのである。立や信夫はそれをもって一定の戦争が違法化されたというふうには論じていないが、連盟規約が実質的に一定の戦争を違法化したことを承認していた。

坂本瑞男（外務省条約局第一課）はその点について一九二六年に次のように明確に述べた。すなわち、連盟規約の第一〇、一二、一三、一五条は「従来の国際法に於て認められ来りし国家の戦争権を始めて一般的に制限したものであって、戦争違法化の第一歩として国際法上の一大進歩たるは勿論である」[18]。

また沢田謙は国際連盟の目的は「『帝国主義の排斥』といふ意味の平和にある」と評価し、仲裁裁判は「不正なる『侵略的戦争』を防禦しようといふのが、その精神である」が、従来の仲裁裁判が「国の名誉及重大なる利益に関する問題を除外する」としていたのと異なり、第一二条によって「いやしくも国際紛争にして『国交断絶に至るの虞あるもの』は、すべて仲裁裁判若は司法的解決又は連盟理事会の審査に付さなくてはならぬ」ようになった点を「国際連盟規約が創設した規定のうちで、最も重要なものの一と称すべきである」と高く評価した。沢田も戦争違法化というい方をしていないが、第一二条が侵略的戦争の防止の意義をもつと評価していたといえる[19]。

しかし以上のような国際法学者たちの評価とは異なり、政府レベルでは第一二条により禁止される武力行使の範囲を、より限定的に捉えようとする傾向が窺われた。それは一九二三年にイギリスとギリシャ間で生じたコルフ事件に関する動向のなかで示された[20]。コルフ事件とは、二三年八月二七日にギリシャ・アルバニア国境付近でイタリア人が殺害されたのに対して、イタリアがギリシャ側に謝罪、犯人の死刑、賠償を期限付きで要求し、その要求貫徹のため三一日にコルフ島を占拠した事件である。九月一日にギリシャ政府は連盟規約第一二条と第一五条に基づき理事会の審査を要請し、連盟において小国側やイギリスなどはイタリアを批判し、理事会が問題を取り上げるべきとの態度をとったが、当時理事会議長であった石井菊次郎理事（駐仏大使）は理事会や総会が積極的に関与するのを回避する姿勢をとった。そこには「支那を隣邦とする日本か伊国の行動に近き態度に出つるの已むなき場合に遭遇せさるにも限らさるへきを慮り成る可く伊国攻撃の陣頭に立つを避け[21]」たい、との判断があったからである。結局、事件はヨーロッパ列国の大使（パリ大使会議）が両国の斡旋をする形で処理され、ギリシャ側がイタリアの要求を履行することで九月末にイタリア軍がコルフ島から撤退することとなった。

このように連盟理事会に紛争が付託されながらも、連盟がその解決に十分関与しなかったことが法律上の問題を惹起し、九人の法律家からなる「伊国・ギリシャ紛争事件法律家会議」が二三年一二月に開催される運びとなった。九人のなかには、当時ベルギー大使であった安達峰一郎が名を連ねていた。安達はのち（一九三〇年）に常設国際司法裁判所判事、三一年一月には同裁判所所長となったことが示すように、国際法の専門家でもあった。

右会議で討議される問題は五問あったが、その第四問は「連盟国か他の連盟国に対し規約第十二条乃至第十五条に規定せられたる手続に依ることなくして戦争行為を構成するものと見做されさる強制手段を執りたる場合に於て右手段は前記諸条の規定と両立するものなりや」というものであった[22]。安達は「第四問は支那、西比利亜等の対岸に控ゆる日本としては痛切なる利害を感する次第て最も細心に研究中なるも……第四問の答は純粋の学理としては『no』」との判断を外務省側に示した。すなわち「連盟国間に国交断絶に至るの虞れある紛争発生するときは連盟国は事件を仲裁裁判又は連盟理事会の付すへきものなるか故に苟も紛争か右の如き虞ある以上は其の手続を執らさるへからす故に何等右の手続を執らさるは其の事実のみを以て既に規約違反と謂はさるへからす」、「規約第十二条には国交断絶に至るの虞ある紛争云々とあるか故に右の如き虞なきものに付ては理論上尚報復等の手段を執るの余地ありと解するもの有らんも報復に依るに非されは解決し得られさる紛争の如きは之を以て右の虞なきものとなすことを得さるへく況んや当事国の一方に於て執れる報復手段の如きは他方に於ては之を戦争行為とも見得へきに於てをや更に報復等の関係を離れ単に規約の規定のみにより論するときは規約第十二条末段には『戦争に訴へさることを約す』と規定するか故に戦争行為に非さる強制手段を執るは一見差支なきか如きも既に仲裁裁判にも亦理事会の審査にも付せさること自身か規約違反なるか故に更に強制手段を執ることは第十二条乃至第十五条の精神に反すること勿論なりと解せらる……裁判又は審査に付しつつ強制手段を執るは直接第十二条第一項の明文に反せすとするも其の趣旨に反することは明なるか故に執るへからさる議論なりと謂はさるへからす〔傍点引用者〕[23]」との解釈を示したのである。これは前述の立と同様の解釈であった。

外務省側では安達に対する訓令案としていくつかのパターンを作成したが、それらは、「明に戦争行為を構成するものに非さる以上規約第十二条等の手続を履むことなくして強制手段に訴ふるも右規定に反するものと謂ふことを得さるへき」、あるいは「此等強制手段により相手方の反省を促し以て外交手段に依る紛争の解決を容易ならしむるか如きは右手段か戦争行為を構成するものに非さる以上前記規定の趣旨に反することなしと解せらる[24]」などと、復仇等の強制手段は第一二条違反とならないという解釈を展開していた。

ここには、懸案の武力的解決でも、宣戦布告などを伴う国際法上の戦争の形をとらないのであれば第一二条違反とならない、との立場を外務省がとろうとしていたことが濃厚に示されていた。

二　平和議定書と日本

1　平和議定書の成立と挫折

国際連盟規約は、国際紛争を平和的に解決すべきことを規定し、それに違反して戦争を開始した国を侵略国と認定し、制裁を科すことを定めた。ところが連盟規約は、紛争当事国の一方が仲裁裁判・司法裁判に訴えた場合の相手国の応訴義務を明記しておらず、また連盟理事会勧告・総会勧告を履行する義務（履行義務）も明記していなかった。これらは連盟規約が規定する国際紛争の平和的解決が完全に行われない余地を残すものであった。さらに制裁実施との関連では、いかに侵略国を認定するかの規定が明記されていないという不十分さをもっていた。一九二三年九月の第四回連盟総会では、「締約国は侵略的戦争か国際的罪悪なることを厳に宣言し各自之を犯さざることを約す」（第一条）とうたい、侵略国への制裁を規定した相互援助条約案が過半数をもって採択されたものの、侵略国認定の規定が十全でなく、被侵略国への武力支援が各国の任意とされたことなどから、各国が調印せず、条約として成立するに至らなかった。(25) また規約第八条は軍縮をうたったものの、連盟による軍縮実施は具体的な進展を見せていなかった。

そうしたなか二四年一月にイギリスではマクドナルドを首班とする労働党政権が誕生した。同政権は「旧敵国を国際連盟に加入せしむること、公開外交の方針をとること、協同的努力を促進すること、司法的国際紛争解決方法を拡大すること、軍備縮少（ママ）を実行すること」などを掲げ、二四年二月の議会でマクドナルド首相は連盟の国際紛争解決機関としての権限を拡張するべきだとの意向を明らかにした。また五月にフランスでは急進社会党総裁のエリオを首班とする左翼連合政権が発足した。フランスは第一次大戦後、ドイツの報復的侵略を警戒しており、イギリスがこの時期軍縮・国際裁判強化を重視したのに対して、侵略国への武力制裁実施を確実にする集団安全保障強化をより重要視していた。そして九月に開催された第五回連盟総会では、四日にマクドナルドが軍縮会議開催と仲裁裁判強化を提起し、翌五日にはエリオが仲裁裁判強化、安全保障強化、軍縮の三者を相関的に実施すべきと主張した。(26)

一方、この間アメリカのコロンビア大学歴史学教授ショットウェルらの団体が、安全保障・軍縮などに関する一つの条約案（ショットウェル案）を国際連盟理事会に提出し、それが理事会から連盟の公文書として各国政府に送付されていた。ショットウェル案の第一条は「締約国は侵略的戦争か国際的罪悪なることを厳粛に宣言す締約国は右罪悪を犯さることを固く約諾す」とうたい、第二条は「防禦以外の目的を以て戦争に従事する国は第一条に掲くる国際的罪悪を犯すものとす」とうたい、第三条では常設国際司法裁判所が侵略国の認定を下す権限をもつとうたっていた。(27)

こうして九月の連盟総会では、英仏の意向とショットウェル案の存在があいまって、「国際紛争の平和的処理に関するジュネーヴ議定書」(平和議定書)の作成が進められ、一〇月二日の総会は議定書を全会一致で可決するに至る。

平和議定書成立過程で日本がとりわけ問題としたのは、国際仲裁裁判・国際司法裁判の応訴義務を承認するかという点であった。日本は従来この応訴義務の受諾にきわめて消極的で、一九二〇年の連盟理事会においては、応訴義務を定めた強制裁判制度の成立を挫折させていた。(28)平和議定書の策定が進められるなか、護憲三派内閣の幣原喜重郎外相は九月一三日に連盟の日本代表に対して、日本政府は応訴義務を受諾する意思はないことを伝えた。(29)しかし小国を中心に連盟の大勢は応訴義務の承認に傾いていたため、九月一九日に幣原外相は連盟総会日本代表に、応訴義務の範囲について「政治条約を除外するは勿論其他除外の範囲は成るへく広くする」方針で対処するよう指示したのである。(30)日本にとって利害の大きな問題については実質的に応訴義務が適用されないようにしようとしたのである。

次に日本が問題としたのは連盟規約第一五条第八項のいわゆる「国内問題」条項であった。この問題にはここでは直接立ち入らないが、日本はこの条項による侵略国認定は不当であると強硬に修正を主張し、一時は議定書の成立が危ぶまれる状況が生じた。議定書不成立を恐れた列国は、日本の要求に沿った修正方針を決定し、議定書は成立へ向かっていった。(31)修正が実現したことについて日本の連盟代表は「我か主張は万全を得た」と満足し、(32)一〇月一日の連盟総会で石井菊次郎帝国連盟代表(駐仏大使)は「茲に仲裁及安全に依る平和を世界に齎し人類を軍備の重荷より解放せむとする我大事業を基礎を築くに至れり」と議定書成立を賞賛した。(33)翌一〇月二日、連盟総会は議定書案を可決した。

成立した議定書は、前文で「侵略的戦争は……国際的罪悪を構成するものなること」を断言した。これは前年の相互援助条約案に続いて、侵略戦争が国際的犯罪に該当することを国際社会が宣明したことを意味した。そして国際紛争が当事国間で平和的に解決されない場合は、仲裁裁判・司法裁判・連盟理事会という三機関のいずれかによる紛争解決を完全にするため、従来連盟規約では明記されていなかった仲裁裁判・司法裁判の応訴義務、紛争当事国を除いた理事会員全員一致の勧告への履行義務を定めたのである（第三条、第四条）。さらに連盟規約または本議定書が定める約束に違反して戦争に訴える国を侵略国と認定することを定めた（第一〇条）[34]。

しかし平和議定書は、第一七条で定められた軍縮会議開催により軍縮計画が決定した時点で発効すると定められており（第二一条）、二五年五月一日までに少なくとも常任連盟理事国の過半数およびその他連盟国の一〇ヵ国が議定書に批准しなければ軍縮会議招集が取り消されるか延期される可能性があった。そこで焦点は連盟で成立した議定書を各国政府が批准をするのかという点に移っていった。

一九二四年一〇月一日の連盟総会で議定書案を賞賛した石井代表は、議定書への加入を主張した。すなわち、一〇月七日に松田道一国際連盟帝国事務局長は幣原外相に、石井の意向として、仲裁裁判調停または理事会審査報告は議定書がなくても日本が軽々しく無視し、あるいは蔑視できるものではないし、「仲裁及理事会を無視して世界公論に敵視せらるるの不利」は非常に大きいこと、連盟規約下で「正当なる戦争」は、（A）防禦戦争、（B）規約第一二条に則った戦争、（C）第一五条第八項から起こる戦争、（D）規約第一六条による制裁としての戦争行為の四つであり、議定書の結果変更されるのは（B）のみで、従来の戦争禁止期間の三ヵ月を経ても戦争に訴えることなく仲裁または理事会の判決などに服従することとなったのが唯一の顕著な変更であること、議定書が効力を有すれば日本はそれに加入しなくとも規約第一二条に則った戦争については自由行動を失うことなどから、日本が「議定書に加入するの覚

悟をなさるるを得策と思考す」との判断を伝えたのである。(35)

しかし外務省内では議定書の調印に、より消極的な態度が強かった。一〇月七日に条約局第二課が作成した「平和議定書に就て」は、従来、日本は仲裁裁判については「国家の名誉、独立権等に関する重大なる事項を除外するの制度を採用」しており、一切の法律的紛争および政治的紛争すなわち国際的紛争を全部仲裁に付す義務を負担するのは「甚た一足跳の感ある」に加えて「我国の有形無形の利害関係に付ても慎重に考慮するの要」があったので、会議の成案に賛意を表しがたいとの立場をとってきたとしたうえで、平和議定書は「国際平和主義に向って確に大なる躍進を試みたるもの」でその趣旨は「何人も異議を挟むへきに非さるへき」であるが、「之に加入するや否やは熟議を重て之を決せんとす」べきで、「他国の形勢並世界の大勢の進展をも注意し徐ろに態度を決定するを得策と認めらる」と述べた。(36)

こうした外務省の態度に関連して、日本が平和議定書に加入した場合「第二条の原則の通り将来戦争手段に訴へさるの覚悟を要す此点は我過去の考へ方を一変するの要あるを以て充分要部及与論の啓発を要すへし」と外務省条約局が述べているのは注目される。(37)これは国際連盟規約が存在していながらも、なお国際紛争解決の手段として「戦争」に訴える余地があると外務省が認識していたことを示していた。議定書に加入すればその余地すらなくなるから、そうした「我過去の考へ方」を一変しなければならないというのである。

日本の議定書調印のネックとなった応訴義務は、具体的には中国との関係から問題とされていた。すなわち外務省では「帝国と支那との関係を考慮するに条約の解決其の他に付紛議を生すへき機会多し而して右紛争は一面より見れは法律問題なるも他の一面より之を見れは政治問題なり故に応訴義務承認に付ては慎重の研究を要すへし」との態度をとっていたのである。(38)しかし日本が議定書に参加しなければ仲裁裁判や連盟の審議から無関係でいられるということはなかった。「〔日本が〕議定書に加入せすとも若し支那に於て之に加入すれは支那か日本の不利益に連盟を利用することを防止すること不可能なり況や現状に於ても支那は規約第十五条に依り紛争を連盟に持出し得へし」という状況があったのである。(39) さらに日本が議定書に参加しない場合の不利益も考えられた。すなわち、議定書調印国に対しては国際連盟は議定書の規定するように改造された状態となる一方、日本は連盟との連絡の円満を欠くことになり、日本は連盟脱退を可とする状態となるが、そうなった場合委任統治、通商衡平待遇、他国の「国内問題〔具体的にはアメリカの移民問題など〕」への介入などに支障を来たすことになるとされ、「連盟に於ける我地位を劣弱ならしむるは大なる不利益を伴ふもの」であるとも判断されたのである。(40)

以上のように日本は、中国との間で応訴義務を成立させたくないとの要求と、議定書不参加の場合の不利益との間で、議定書調印をめぐってディレンマに陥っていたのである。(41) しかし議定書成立の最大の要となっていたイギリスでは、一〇月二九日の総選挙で野党保守党が圧勝し、一一月七日には第二次ボールドウィン保守党内閣が成立した。そして保守党政権が議定書調印に消極的な姿勢をしだいに明確にしていったことが、議定書発効の可能性を大きく低下させていくことになった。一九二五年三月一二日の連盟理事会で英代表チェンバレン外相は、イギリスは自治領と協議の結果、議定書を承認しない方針となったとの態度を明らかにしたのである。(42) 翌日の理事会ではチェコ代表が国際平和にとって議定書がもつ意義を強調し、イギリスの態度を批判し、そのうえで議定書について九月の第六回連盟総会で議論すべきとの決議案を提出した。理事会は決議案を全会一致で通過した。

この間、日本においては平和議定書の修正案について方針をとりまとめたが、それは議定書の意義をほとんど失わせるものであった。侵略認定手続きを規定した第一〇条の削除、また理事会の紛争解決についての報告書への履行義務の削除、国際司法裁判所の応訴義務受諾への留保といった方針に、それは端的に示されていた。(43) とりわけ議定書第三条における国際司法裁判所が管轄する「条約の解釈」をめぐる応訴義務については、次のように反対した。

同条〔第三十六条〕に掲くる「条約の解釈」の内には政治的解釈も包含せらるへく、又国際上の問題の内にも海上捕獲、治外法権等に関し重大なる意義を有する紛議を予想し得へき処此等の問題か日本に取り其の緊切なる利益に関するに拘らす条約の解釈問題乃至は国際法上の問題なりと云ふ形式的の理由に依り日本の意思に反して其の上に純然たる法律家のみに依る裁判の行はるることは日本に取り必すしも得策とせさることあるへし従て日本としては規定に依る応訴義務を受諾する場合に於ても紛争か日本の緊切なる利益（vital interests）に関するか如き場合には此の種の紛争は政治的意義を具有し寧ろ理事会に付託すへき紛争なりとの意味に於て之を応訴義務の範囲より除外する旨留保を付するを以て安全なりとす。(44)

ここでは、条約問題といえども紛争が「日本の緊切なる利益」に関する場合は、実質は政治問題であり、国際司法裁判などで裁かれて、日本に不利な判決が下りるようなことは回避するべきことが主張されている。また右で「治外法権」があげられているのは、右の判断が対中関係を強く意識したなかでなされたことを示していたといえよう。この留保が応訴義務を実質的に骨抜きにする意味をもったことはいうまでもなかった。

そして二五年九月の連盟総会を前に幣原外相は石井大使に、「元来『ゼネバ』〔ジュネーヴ〕議定書は主として欧州時局の必要に其の淵源を発せるものにして極東方面に在ては右の必要の程度及情勢自ら異なる所あり深く帝国の将来を慮るに於て国際紛争の平和的解決方法に関し現在の程度以上に深入りすることは時機尚熟せさるものあるを認めらるるに付英国其の他より議定書全体を葬り去らんとの議出てたる場合には……此の際寧ろ議定書の廃棄に賛成する旨を声明せられ度し」(45)と訓令した。

結局、連盟総会では平和議定書の復活はならず、地域的安全保障協定の締結などへの期待が確認されることとなった。日本代表の石井菊次郎大使は、九月一二日、総会本会議で「帝国政府は……各国一致の承認を得難きを確認したれは今強ひて其の成立を主張せす」と訓令に沿った演説を行った[46]。ここに日本のディレンマは最終的に解消されたのである。

2　平和議定書をめぐる国際法学者らの評価

一九二四年一〇月の連盟総会で平和議定書が可決された直後に、国際法学者の横田喜三郎（東京帝国大学助教授）は「国際連盟新議定書」と題する文を『外交時報』に発表した。このなかで横田は、「議定書は、連盟の最も重要なる綱領にして同時に過去四半世紀に亘る国際社会の最も重大な懸案であった国際紛争の平和的処理――就中、強制国際裁判――と軍備制限とに、更に連盟の他の一つの重要綱領たる相互保障を加へ、三者を一挙にして確立せんとするのみならず、相互を有機的条件的に関連せしめて、一方に各自の能率を一層増進すると共に、他方に相俟って平和の殿堂と正義の高塔とをより安固に支へんとするものである」とその意義を評した。そして第一〇条に関連して、「裁判を拒絶して戦争に訴ふるものを以て侵略者と見るといふことは、実は現在に於ける国際社会一般の信念である。確信である」と述べた。横田は単に議定書が規定したというレベルでなく、「国際社会一般の信念・確信」として、紛争の平和的解決を拒否して戦争に訴えるのは侵略であるとの認識が確立していると主張したのである。裏返せば、紛争を解決する手段としての戦争は不法な侵略にあたるということが、議定書の成立をぬきにしても確立されていると主張したのである。横田が、日本は議定書を批准すべきであると主張したことはいうまでもなかった[47]。

そして前述のような経緯で平和議定書が挫折したのちも、議定書に対しては、高い評価が寄せられた。たとえば坂本瑞男は、「平和議定書に至って遂に〔連盟〕規約の欠点は全く補はれ、『戦争の違法化』は完成せられむとした」が、議定書の不成立により「国際法上の一大革命」すなわち侵略戦争の違法化は挫折に終わったと惜しみつつ、しかし平和議定書に含まれた多くの原則は、ロカルノ条約のような二国または数ヵ国間の条約によって着々と実現されていき、「『戦争の違法性』は国際法上の原則として厳然たる存在を示すに至るであらう」と展望した。[48] また連盟が議定書を可決した当時、国際連盟帝国事務局次長であった杉村陽太郎は二八年に、議定書の「法則は長く残って連盟の活動及国際法の発達に一大指針を与ふる」との評価を述べ、[49] 国際平和維持における連盟の意義を積極的に評価していた沢田謙も「平和議定書は、永久に記憶すべき価値がある」と評し、[50] その規定の普遍性を評価したのである。

三　不戦条約と自衛権

1　不戦条約と自衛権留保問題

一九二七年四月六日、フランスのブリアン外相はAP電を通じてアメリカ国民に対して両国間での戦争放棄についての公約を結ぶことを呼びかけた。[51] 五月に入るとフランスはアメリカに対して外交ルートで不戦条約締結交渉を申し入れたが、アメリカ側は多数国間での条約締結を主張した。そして米仏間での条約草案をめぐる折衝が進められ、二八年四月一三日にアメリカは草案を英・独・伊・日四ヵ国に公式に提案するに至った。草案は米仏間条約の形で書かれていたが、第一条が国策の手段としての戦争を否認するとうたい、第二条が一切の紛争を平和的に解決するとうたっており、のちに成立する条約と同趣旨のものであった。[52]

戦争放棄をうたった条約の締結が提起されたなかで、自衛権また連盟規約などが規定する制裁としての戦争と条約の関係に関心が払われたのは当然であった。フランスはすでに三月三〇日に、同条約は正当防衛権を妨げない、連盟規約・ロカルノ条約などの権利義務と抵触しないとの留保をアメリカに通告したが、四月二七日にはドイツ（二六年に連盟に加入、常任理事国となる）が同様の留保を示し、五月一九日にはイギリスが同条約は自衛権を妨げない、連盟規約・ロカルノ条約と抵触しない、「世界のある地域」への攻撃に対する防護はイギリスの自衛手段であるとの留保を示した。この「ある地域」とはエジプトおよびペルシャを指すとされたが、イギリスは自国領土以外にも自衛権が及ぶとの見解をとったのである。(53) またアメリカが二八年六月に各国に示した「自衛」についての解釈では、各国民は「攻撃又は侵入に対して其の領土〔its territory〕を防衛するの自由を有」すると、自衛権の及ぶ範囲を自国領土に限定した解釈を表明したが、(54) 不戦条約締結後の二九年一月にアメリカ上院外交委員会は、「自衛権の内には我国家的防衛系統の一部たるモンロー主義を支持する権利を必ず包含せしめねばならぬ」と、自衛権は自国領土外にも及ぶとの解釈を採択した。(55)

こうしたなかで田中義一内閣は二八年五月二二日に、日本の自衛権に基づく軍事行動は日本の領土外にも及ぶとの自衛権の「広義」解釈をとるが、留保宣言は行わないと閣議決定した。そして対外的に日本は、不戦条約は自衛権を拒否せず、かつ連盟規約・ロカルノ諸条約中の義務と抵触しないというフランス同様の留保を表明した。(56) 日本がイギリスのような特定の地域に対する留保を付すことをためらった理由は次のようなものであった。政府は自衛権を広義解釈しているので、実際に満州において自衛権を発動することが不戦条約に抵触することはない。それゆえあえて満州について具体的な留保を表明することは、将来「却て我行動を制限する」結果ともなり、また将来の変化を予想して広汎な留保を行えば「無用に他国の疑惑を招く虞」があるので不得策であるというのである。(57)

結局この時期に日本政府が到達した自衛権認識は、「英米『モンロー』主義及右に類似の主張を以て自衛権なりと主張し自衛権の範囲を無制限に拡張し得る所以は其の卓越せる国力を基礎とせるに外ならす帝国も右の事実に做〔倣〕《ママ》

ひ其の満蒙に対する特殊地位を基礎とし同地方の治安維持を以て自衛権に基くものなりと主張し得へしと信す」[58]、あるいは「〔不戦条約の〕他締約国の侵害にして自国の存亡に関するか如き重大なるものなる場合には自衛のため戦争に訴ふることをも得へし」とし、「支那か頑強に排日運動を継続し不当に我権益を侵害」するならば、日本が「強制措置」をとるのは妨げられない[59]というものであった。これらは法による暴力の抑止どころか、大国主義むき出しの暴力的支配を自衛権の名のもとに正当化する認識であり、正当防衛権的自衛権というより、一時代前の自己保存権的自衛権というべき認識であった（自己保存権については詳しくは次章を参照のこと）。

日本政府が対外的には右のような狭義留保を表明したことについて、コロンビア大学教授のショットウェルから、日本が従来一種のモンロー主義を採用してきた満州について、将来紛争が生じた場合でも戦争を放棄する姿勢を示したもので、「日本政府当局者に最高の政治的統率力の存すること」を示したものだと絶賛された[60]。狭義留保をそのまま受けとったショットウェルは、陸軍の膨張主義を政府が抑制したものと評価したのである。

しかし逆に国内では元外務省条約局長の山川端夫が、日本の対外的な自衛権留保の内容は、イギリス政府およびアメリカ上院すらこれを改めたほどの「狭義に失するもの」であり、「我国の満蒙に対する特殊権益の擁護などは此自衛権の範囲内には入らぬのである」と批判する状況が見られた[61]。これらの反応は田中内閣期が採用した満州をめぐる自衛権の広義解釈が秘匿された結果が招いたものであった。

しかし一方田中内閣は、日本の満州に対する領土的野心を否定することによって、将来「治安維持」の名目で行われるかもしれない武力行使への列国からの了解を取り付けようとした。自衛権についての実質的な留保を個別に列強に示そうとしたのである。そのため田中外相は二八年八月九日に、不戦条約調印へ向かう内田康哉全権に対して、日本の満州政策方針をまとめた「対支政策要旨」を示し、列強の了解を得るよう訓令した。同要旨は、日本の満州への領土的野心を否定したうえで、日本は「同地方の秩序か完全に維持」されることを望んでいるとし、そのためには中国の共産党勢力や国民党勢力が東三省に入るのを許すことはできないと述べていた。[62] これは「満蒙分離」政策への列強の了解を取り付けようとするものといえた。

右の方針と、外務省による「万一我満蒙の権益か脅威せらるる結果自衛権の発動を必要とするか如き場合ありと仮定せは戦争に訴ふるも〔不戦〕条約違反となることなし」との解釈[63]をあわせて考えるならば、国民党勢力によって日本権益が脅威された場合、自衛の名のもとに戦争に訴え、国民党勢力を排除し「満蒙分離」を達成したとしても、不戦条約には違反しないとの解釈を日本政府・外務省がとろうとしていたといえる。

前述したように、連盟規約起草過程で日本側では、「東亜は我担当区域とすることを強国間に於て内議し置くこと」で日本の対中武力行使が連盟の制裁の対象とならないようにすべきだとの認識が存在していたが、田中内閣は不戦条約締結に際して、それとほとんど同様の発想による対応を示したのである。ここには大国間での政治的了解さえ取り付けられれば、国際法（条約）違反などという問題はクリアできるとの大国主義的感覚が露骨に示されていた。

2　不戦条約をめぐる国際法学者の評価

一九二八年八月二七日にパリで調印された不戦条約の第一条は「締約国は国際紛争解決の為戦争に訴ふることを非とし且其の相互関係に於て国家の政策の手段としての戦争を抛棄することを其の各自の人民の名に於て厳粛に宣言す」と述べ、第二条は「締約国は相互間に起ることあるへき一切の紛争又は紛議は其の性質又は起因の如何を問はす平和的手段に依るの外之か処理又は解決を求めさることを約す」と述べていた。第三条は手続き的な条項であり、不戦条約の実質的条項は前記の二条だけである。

このように、きわめて簡潔な不戦条約の実効性については、国内のジャーナリズムにおいては懐疑的・否定的な議論が非常に多く出された。しかしそうした懐疑派の一人であった国際法学者の松原一雄にしても、「戦争は法の禁ずる所となった。別言すれば戦争は『法の外』に置かれた（Outlawry of war）。従来は『公認の一制度』であった戦争が其『公認の一制度』たる性質を剝奪せられた。……戦争を帝国主義の具として、侵略主義の具として、将又国際紛争解決の具として、否『国策の手段』として利用することは禁ぜられることとなった」との評価を述べざるをえなかった。[64]つまり、不戦条約の実効性はともかくとして、戦争が違法化されたという状態の存在自体は承認せざるをえなかったのである。

一方、不戦条約の意義を積極的に評価したのは信夫淳平であった。信夫は、不戦条約の眼目は、「一切の国際紛争は必ず平和的手段にて之を解決するといふ約束にある」とし、国際法規や仲裁裁判などの紛争の平和的処理方法が整うならば、その実効性には「充分の可能性がある」と、その成立を促したのである。さらに信夫は、不戦条約中に漠然と示されている「平和的手段」とは、具体的には国際法規慣例上に認められている周旋、調停、勧解、仲裁裁判、司法的解決等を指すのであり、制裁規定については「不戦条約とても、全然制裁が無い訳ではない」、不戦条約違反国に対しては、他の締約国は連盟規約などを根拠に制裁を加えることができるとした。「国際条約の制裁といふことになると、実は明文上の規定の有無に拘はらず、畢竟は程度の問題で、之に国内法規に於けるが如き制裁を望むのは間違った話である」との立場を信夫はとったのである。[65]信夫は不戦条約における平和的手段および制裁の規定に関して、国際慣習および連盟規約が不戦条約の実効規定として存在しているという解釈をとったのである。

四　一般議定書

一九二七年九月の第八回連盟総会本会議でオランダ代表は、軍縮の進捗を図るために平和議定書の基礎である原則を再び検討するべきだとの決議案を提出した。しかしイギリス代表のチェンバレン外相が平和議定書に関する議論の再開は無益であると反対したため、オランダ代表は決議案文で平和議定書に言及した部分を「規約に掲げらるる軍備縮少《（ママ）》、安全保障及仲裁裁判の諸原則」と修正し、九月一二日の総会は右修正決議案を可決し、軍縮問題担当の第三委員会にその検討を付託した。[66] いわば平和議定書の侵略国認定や侵略国への制裁実施といった安全保障に関する部分と、軍縮に関する部分を取り除いて、国際裁判や仲裁に関する部分のみを復活させようとする動きが浮上してきたのである。

日本は、平和議定書への反応にも示されたように、従来から国際紛争の平和的解決システムの強化に対中関係の観点から消極的であった。そこで佐藤尚武国際連盟帝国事務局（以下、連盟帝国事務局と略）長は、二七年一〇月一九日、田中義一外相に、右の動きに対しては以前の平和議定書などへの対応方針を踏襲して対処すべきか請訓した。[67] それに対して田中外相は一一月二六日に、「安全保障及仲裁裁判問題の実質に触れ」ない範囲では「大体大勢に順応」して対応するよう求め、実質的な問題に関しては改めて指示すると訓令した。[68]

一九二七年一一月三〇日、連盟の軍縮委員会は安全保障委員会を発足させ、一二月一日と二日には英・仏・独・伊・中・日など二〇ヵ国が参加した安全保障委員会第一回会議が開催され、仲裁裁判問題についてはフィンランド代表ホルスティ、安全保障問題についてはギリシャ代表ポリティス、連盟規約問題についてはオランダ代表ルートゲルスがそれぞれ報告者として任命された。[69]

右三委員による報告が提出されるまでの間に、外務省側には連盟常任理事国の態度についての情報が寄せられてきた。すなわち、イタリア当局は「規約の義務を越ゆる一般的仲裁裁判及保障条約の締結等には反対」であり、フランスではブリアン（外相）とボンクール（連盟フランス代表）は一般的義務的仲裁裁判に賛成だが、同国外務省内部では同裁判および常設国際司法裁判所規定応訴義務についても反対論が多く、「利害関係多き数国間限りの仲裁裁判調停条約及司法条約の促進を可とするに傾けり」とされ、[70]イギリスでは「仲裁裁判強制の制度を設くるの時期に達せす……又仲裁裁判制度に留保は必要なり」との態度であり、「英国は規約の解釈に窮屈且即断の規則を設くる事に反対なり規約の長所は理事会及総会に将来必要に応し適切なる措置を執り得るの裁量を与ふる点に存す」との意向であるとされた。[71]またイギリス側は「安全保障問題を以て全然欧洲問題なりと見做し居るのみならす本問題に対する従来の保守的態度を依然固持し」ているともされており、連盟の主要国が日本同様に国際裁判制度の強化に消極的であることが看取された。佐藤連盟帝国事務局長が「次回安全保障委員会に於て何等新規且急進的なる安全保障案の通過せさるへきことは今より予想し難らす」と楽観的見通しを述べたのも、右の情報からすれば妥当であった。[72]この段階では日本の姿勢はこれら主要国と足並みを揃えるものであったといえる。

二八年一月二六日から二月二日にかけて、プラハにおいて開催された安全保障委員会の議長および三報告者の会合では、「仲裁及調停に依り国際間の安全を助長せんとする一般的傾向を争ふへからさるものあり」、ポリティスは「往年の行懸上寿府議定書（平和議定書）の精神を復活せんと」したが、議長はイギリスの反対などを理由にそれに反対したため、結局ポリティスもロカルノ条約を典型として仲裁調停条約モデル（ひな形）を作るとの方針に同意した。[73]

こうした状況において佐藤局長は、「実際連盟の所謂安全は現下の欧洲政況を目するものなれは安全保障条約の如きも……同一条約案を直に極東若は中南米に適用せんとするは不可能にして我方にとりては迷惑なることあるへし」との認識にたって、安全保障委員会において日本は「仲裁か法律問題に限らるるとしても依然絶対に之を拒否」すべきか、また「政治的紛争を調停委員会に附託すへき案に対しては如何なる態度を採」るべきか、さらに「安全保障問題に就ては我方としては成るへく地方的協約案の『モデル』を作るに協力し且此の如き『モデル』は現時の欧洲状況に適合する様作成せるものなることを明確にし置く如き方針を以て進みては如何か」と田中外相に請訓した。(74)

それに対して田中外相は一九二八年二月一四日に回訓し、日本は従来仲裁裁判条約においては「国の独立、名誉及緊切なる利益に関するものを除外するの方針」をとったが、「右は当事国の解釈如何に依りては其範囲広きに失するの嫌ある」ので「或は右除外事項を改むるを適当とすへく本件に就ては目下鋭意研究中なる旨声明せられ度く……又仲裁々判条約は之を特定の二国又は数ケ国間の条約の形式をとること適当なりと信する」とし、また「安全保障及地方的協定」については「露支両国の目下の政情等に照し今日の処何等現状に変更を及ほすへき措置に出つる意嚮なき処連盟に於ける安全保障は主として欧洲に関するものと云ふも極言にあらさるに鑑み本件審議に際しては積極的態度に出つることなく」対処するよう指示した。(75) ここでは仲裁裁判の留保（除外事項）を縮小する可能性が示唆されている点が注目されるが、それは具体的な決定には至っていないこと、また連盟が扱うのはヨーロッパの安全保障であり、ソ連・中国と対する日本を含む極東にはその原則が適応されることを拒否しようとする姿勢が示されていることが注目される。いわば今回の連盟での安全保障論議を他人事としてやりすごそうというのが田中内閣の方針であったといえる。そしてこの方針は前にみてきた佐藤局長の方針とも合致するものであった。連盟の安全保障上の関心が主としてヨーロッパにあったというのも否定できない事実であったが、日本が連盟常任理事国という地位にあったことを考えれば、こうした姿勢は、第一次世界大戦後の連盟結成が世界的な安全保障機構の設立を意味したことをほとんど解しようとしないものであったともいえる。

二八年二月二〇日から三月七日に開催された安全保障委員会第二回会議は、予定通り条約モデルの決定をした。ここで決定されたのはA条約典型（法律的紛争たると否とを問わず一切の紛争を結局仲裁裁判により解決する条約案）、B条約典型（法律的紛争のみを仲裁裁判により解決し他は之を調停及理事会の審査に付す条約案）、C条約典型（調停手続きのみを規定する条約案）、D条約典型（数国間相互援助条約典型）、E条約典型（数国間非侵略条約典型）、F条約典型（二国間非侵略条約典型）の六つであった。そして一九二八年六月二七日から七月四日にかけて開催された安全保障委員会第三回会議では、A、B、Cの三条約典型と同趣旨のa、b、c三個の二国間条約典型を決定した。ここまでは条約のひな形をつくるものであり、それらを承認しても各国が実際にそれらによった条約を締結しない限りなんらの拘束を受けることにはならない。

ところが九月に開催された第九回連盟総会は、A、B、Cの三条約典型を合併して一つの条約の形態とし、一般議定書として各国に加入を勧奨する方針を決定したのである。またa、b、c三個の二国間条約典型とD、E、F三条約典型は各国政府の審査に付すこととされた。

一般議定書は、第一章調停、第二章司法的解決、第三章仲裁解決、第四章一般規定の全四七条からなった。議定書の趣旨は、本議定書加入国間の一切の紛争で外交手続きにより解決できないものは第三九条で規定された留保を除き調停手続き・司法的解決・仲裁解決に付すことにあり、それらの措置に「有害なる影響を及ほす虞ある一切の措置を執らさること及一般に紛争を重大化し又は拡大する虞ある行為は其性質の如何を問はす之を為ささることを約す」（第三三条第三項）という点にあった。これはつまりは締約国間での国際紛争を平和的に解決し、戦争に訴えないことを相互に約するものといえる。

しかし調停、司法的解決、仲裁のいずれにおいても、第三九条が掲げた「(イ)留保を為す締約国の加入前若は右締約国か紛争を有するに至れる他の締約国の加入前の事実より生したる紛争」、「(ロ)国際法か国の排他的管轄権に属するものとする問題に関する紛争」、「(ハ)特定事件若は領土状態の如く明白に定められたる特別事項に関する紛争又は明確に定められたる種類に属する紛争」の三種を除外することが認められていた。

かりに日中間で一般議定書が効力を発するようになり、日本と中国の二国間外交交渉で紛争が解決されず、中国側から右諸手続きに付すことが提起された場合、当該紛争は平和的に解決することが求められることになる。その場合、右第三九条による留保がどのような効果を発揮するかという問題があったが、国際法学者の立作太郎は、「支那に対する満洲の特殊権益問題に関する一定の紛争」も右(イ)のなかに含めることができるのではないかとしていた[76]。もし日本政府がこの立の解釈をとるならば、実際に中国が条約問題などについて一般議定書が規定した手続きを求めたとしても、日本はそれを拒絶できることになる。とすれば一般議定書に加入しても条約問題などで必ずしも不利になるというわけでもなかったのであるから、その点では平和議定書ほどに忌避することもなかったはずである。

しかし陸軍の方では、二八年三月には、一般議定書が連盟規約で禁止された九ヵ月間に加えて新たに調停期間六ヵ月間も戦争禁止とすることは「一国の軍備の状況及地理的関係等により作戦上重大なる関係を有」し、調停期間中は「戦争準備をも禁止」されるので「軍事上に於ては更に連盟規約以上の義務を負担することとなる」と、批判的であった[77]。また連盟の日本代表は、条約典型の最終的な決定を前にした六月末には、「一応主義上の反対を表明し」たいとの方針を外務省側に申し入れていた[78]。

当時、連盟事務次長を務めていた杉村陽太郎は、「国際司法機関完成の日は未だ遠き将来にあれど各国が最近異常の急速度を以て武力を避け裁判、勧解又は調停に依頼せんとする趨向に進みつゝあるは否定し得ざる事実である[79]」と観察していたが、日本側の対応はこうした流れに背を向けるものであったといえよう。

杉村が認めた趨勢は二九年にはより明確となった。イギリスでは一九二九年五月三〇日の総選挙の結果、労働党が第一党となり、かつて二四年に平和議定書の成立を推進したマクドナルドを首班とする第二次マクドナルド内閣が二九年六月五日に成立をみた。そしてマクドナルド首相は、二九年九月の連盟総会において連盟規約と不戦条約との間の矛盾点解消を主張するとともに、不戦条約後の今日「国際紛争を解決すべき唯一の平和的手段としては裁判に頼るの外なしとすれば、常設国際司法裁判所の管轄に帰する紛争に関して一般に応訴義務を認むるは事理の当然なることを高調し……応訴義務を受諾すべき旨を宣言」したのである。(80)

二六年に連盟への加入を果たし常任理事国となっていたドイツは、二七年九月に国際司法裁判での応訴義務を受諾したが、これは常任理事国では最初であった。ところがイギリスの右の態度表明に刺戟され、フランス、イタリアも同様応訴義務を受諾する姿勢を表明し、また非連盟国のアメリカも近い将来の常設国際司法裁判所加入にあたって同様の態度に出ることが予測された。この応訴義務の受諾は一般議定書加入のいわば前提的意味をもっていたから、これらの態度表明は一般議定書への加入を予告する性格ももっていたといえる。

こうしたなかで日本でも国際法の専門家を中心に、日本政府も応訴義務の受諾に踏み切るべきだとの声が見受けられるようになっていった。(81) しかし第二次マクドナルド内閣発足とほぼ同時期（二九年七月二日）にスタートした浜口内閣・第二次幣原外交の姿勢はいたって消極的であった。それに対して日本の国際連盟協会（会長渋沢栄一）は三〇年七月一九日に幣原外相に対して、一般議定書の「批准後の状態又は事実に関し批准後に発生したる紛争のみに限ること」などの留保を付して応訴義務を受諾すること、一般議定書については(イ)相互条件、(ロ)批准後の問題に限る、(ハ)他の方法に付されている場合は除外、などの留保を付して加入すべきことを求める建議書を提出した。(82) 国際連盟協会においても「日本の応訴義務の困難は所謂満洲問題についての留保の形式を如何にするかの点」にあると認識していたが、元外務省条約局長で同協会仲裁委員会の山川端夫委員長が二九年にショットウェルと意見を交換したさいに、「当事国の一方が理事会の審査に附託せんとする意志を表示したる紛争は除外す」るとの留保をすれば、「満洲問題を国際法廷より除外することを得」ると判断された結果、右の建議書の内容となったのである。(83)

一九三一年一月一五日までに一般議定書全体（第一章〜第四章のすべて）に加入したのはベルギーなどの六ヵ国で、第一章・第二章にのみ加入したのはオランダなど二ヵ国があったにとどまった。しかし一九三一年五月二一日に至って、イギリス、フランス、オーストラリア、インドが一般議定書全体に加入した。(84)英仏両国ともほぼ第三九号を踏襲した留保（除外）を付していたが、英仏という連盟の最主要国が一般議定書に加入した国際的な影響は大きく、常任理事国という地位にある日本もいよいよその加入を迫られる状況が生じたのである。

そして、日本政府の消極的な対応は、満州事変直前、国際連盟協会が発行する『国際知識』三一年八月号で、英仏両国が「範を各国に示したことは世界平和の為に誠に喜ぶべき」であるのに対して、「此の際常任理事国の地位にある我国が袖手傍観何ら為すところなきはその地位に顧み誠に遺憾に堪へないことである」と批判された。(85)しかし結局、日本政府はそれへの加入を実現することなく柳条湖事件を迎えることになる。(86)

五　戦争防止条約

前述した一九二八年二月二〇日から三月七日にかけて開催された第二回安全保障委員会において、ドイツ代表は戦争予防手段として、以下の場合における理事会勧告を基本的に受諾し、それを履行する義務を負うことを提案した。

すなわち、①紛争が理事会に付託された場合、当事国は該紛争の悪化または拡大を防止し、かつ理事会の提議する解決案の実施を害するおそれある一切の措置を停止させる、②戦争発生の危険ある場合、当事国は平常の軍事上の現状を維持し、または回復する、③敵対行為がすでに開始された場合でも、陸上・海上および空中における休戦・兵力引き戻しを実施する、といった点である。(87) この提案が「戦争防止の手段を助長するための条約」(戦争防止条約)成立の発端となった。

ドイツの提案への列強の反応は否定的であった。日本の陸軍では、「軍事上の現状維持」というのは解釈が「頗る至難」で、その「実施には多大の困難を伴」うし、戦争開始後に既往の状態に引き戻すのは「到底実施困難」であるといった反応や、(88)「本案は〔連盟〕規約の義務以上に更に新なる義務を課するのみならす」、軍事上の見地からは「実行不可能」であり「同意するを得す」といった否定的な反応しか示さなかった。(89) また二八年六月二七日から七月四日にかけて開かれた第三回安全保障委員会では、「独逸提案に関しては最初より各国代表殊に英伊両国に難色あり我方亦右代表と共に会議の席上種々の方面より反対の意を表明」し、イギリスが理事会の休戦命令権をかなり緩和する修正案を提出し、ドイツ側も大幅な譲歩をしたことで「遂に原案に比し余程穏なる趣旨の条約典型」が作成された。(90) この条約典型は各国政府の審査に付されることとなった。

この条約典型に対する日本側の対応はきわめて消極的なものであった。すなわち、条約案についての陸海軍側の見解を求めた外務省側ですら、「我方として何等之に加入の責任なきと同時に他方其の内容より云へは原案を殆んど骨抜と為し殊に規約及理事会の権限に何等の変更を与へざる様規定しあり又一国か自国民の生命財産保護の為の自衛行為として他国領土に出兵する場合の如きは勿論本条約所定の敵対行為(hostilité)に含まれざるべく又然く解釈し得る余地充分存せり」と、鼻から加入の必要性を否定し、「自衛行為」としての出兵は条約に制限されないと断定した

のである。(91)

陸軍の意見は二九年八月一四日に外務省に対して示されたが、そこでは「帝国政府に於ては連盟国か規約の義務を誠実に履行するを以て必要且十分と信するものにして……本条約の如きも要するに締約国に対し規約以上の義務を負担せしめんとするものなるを以て帝国政府の方針に合致せさるものと認む」と、まず基本的に全面的に条約典型案を否定する立場をとっていた。そして具体的には「軍事監督」の実施や敵対行為を開始した軍隊の撤退は実現が困難であることなどが主張された。(92)

一九二九年九月の第一〇回連盟総会で、イギリス代表ヘンダーソン（外相）は本条約典型は修正のうえで一般条約案として成立させ、翌年の総会で各国の署名を得るようにすべきだと提案し、安全保障委員会が修正を検討することとなった。三〇年四月二八日から五月九日に開かれた第四回安全保障委員会では、陸軍だけでなく海・空軍の撤退などを明記しようとしたフランス案と基本的に地上での撤退などを明記したイギリス案が妥協に達しなかった。(93)この段階では、第一条は理事会が勧告する「非軍事的性質の保全措置を受諾し且つ履行することを約す」とし、第二条は理事会の要求による兵力の撤退などを定め（甲案では陸海空兵力に言及、乙案では陸軍のみ）、第三条は連盟理事会の代表者による履行の監視を定め（甲案は規定がより詳細であり、また履行義務に違反が認められた場合について、制裁を定めた連盟規約一六条の規定が適用される追加項目をもつ）、第四条は締約国は紛争当事国の代表者を除く表決をえた理事会勧告への履行義務を定めたが、第二条および第三条においては甲・乙二案並記する変則的な条約案となった。同案はひとまず九月の第一一回連盟総会に報告されることになった。

右の第四回安全保障委員会での審議において、日本側は条約典型を一般条約化（一般化）することに強い懸念を示し、その実現を阻もうとした。それはとくに理事会が一国の軍隊に対する撤退権限をもつことに対し、「本条約か地方的協約として存在するものとせは我国の如き対支関係上特別の地位に在るものは同国と此種協約を締結せさるに於ては何等の束縛を受けさるへきも之を一般化し世界的の条約案となすに於ては将来重大なる拘束を受くることあるを考慮せさるへからす」と、対中関係からその拘束性が問題とされたのである。そのため第四回安全保障委員会では、一般化問題については「大勢に順応すへし」との日本政府の訓令があったにもかかわらず、日本代表は「大勢調印に傾くか如き事態を生する場合を顧慮せは予め条約の一般化を不成立ならしむるを図るを得策とすへし」との立場から、委員会会議の初頭と討議終了にあたって一般化に反対し地域的協約とすべきことを主張したのである。また日本側は、第一条について、「我対支関係に於て有利ならさるを以て日本代表は戦争防止協約の範囲外なるを理由として削除を要求せるも全会一致可決」され、第四条については、「常任連盟理事国か紛争当事者たる場合に於て其特権を放棄するものにして重大なる案件なり依て日本代表は特に鞏固に反対せるも英仏伊独之に和せす全会一致を以て本条を決議」してしまった。また第二条については、イギリス案の地上軍のみを対象とした案に賛同する場合でも、「対支関係上考慮を要する事情あり」として次のような判断をしていた。

a．将来支那軍隊か我満州守備地域に侵入せりとせは彼は他国の領土に侵入せるものにあらさるを以て本条の適用を受くることなしと主張するならんか併し斯くの如きは満州に於ける我事実上の権利を侵害するものなるを以て我に於ても亦之に応する軍事行動を採り得るは勿論なるへし

b．他の支那各地方へ居留民保護の為我軍隊を派遣するは本条の制裁を受くものとして支那側は主張すへく我国に於ては本条は戦争の脅威を対象とするものにして我正当防衛の行動は本条の範囲外なりと主張するを得へし、何れにしても本条第一項は支那側に有利なる論拠を与ふることは否定すること能はす

……万一将来多数国か一般化せんとするか如き事態を生するに於ては本条中に「事態急迫し正当防衛の行動に

出てさるを得さる場合に於ては理事会に通告して必要なる措置を為し得るか如き（ママ）」修正を主張するを可とせん。日本側が「承認して差支なかるへきか」としたのは第三条の軍事監督についてのみであった。

一九三〇年九月の第一一回連盟総会ではドイツとイギリスとの間で妥協案が成立したが、フランス代表はその案が海軍・空軍の撤退に言及していないこと、撤退線が国境線とされていないこと、制裁および監督をともなっていないことを理由に「強硬なる反対態度」をとった。そのため総会は小委員会を設置し妥協案の作成を図ったが、小委員会は、①本条約典型の一般条約化を支持すること、②条約案第一条の規定を支持すること、③条約案第二条に関しては、理事会が戦争の脅威ありと認定した場合は、両軍の直接の接触および事件を避けるための理事会勧告を一切の締約国に対し義務的とするのを支持することなど五点を確認したにとどまり、妥協案の作成はさらに特別委員会を設置して進めることとなった。[94]この過程で「従来反対の態度に在りし伊国代表及日本代表等は何等発言」しないという態度をとっていたが、陸軍側では条約の成立は「前途遼遠なるへし」と観測した。[95]

一九三一年五月、特別委員会（一三国委員会）の開催を前に、沢田節蔵連盟帝国事務局長は幣原外相に、戦争防止条約の「一般条約化に反対せるは本邦の外伊国あるのみ」であるが、一般条約化が成立しそうな場合、訓令通り日本は条約に参加できないと声明してよいかと再訓令を求めた。[96]すでに一般条約化と理事会勧告への履行義務の承認については大勢となっていたのであり、日本政府が「大勢順応」を方針とするならば、それらを承認してしかるべき状況は存在していたのである。しかし政府は、「欧洲諸国と事情を異にする本邦の立場としては本条約案を此儘受諾すること不可能」であるとして、一般条約化に反対を表明するよう回訓した。[97]日本政府は、アジアはヨーロッパとは異なる特殊な情勢にあるとして、共通の安全保障条約の適用を拒絶する姿勢を貫いたのである。

三一年五月一四日、一三国委員会は全五条からなる条約案を採択した。[98]条約案は陸・海・空における兵力撤退規定を明記し、勧告履行義務に違反して戦争に訴えた場合における連盟規約第一六条（制裁）との関係に言及したことからみて、フランスが主張していた甲案に歩み寄ったものとなったといえる。この展開を日本の陸軍ではのちに「図らすも英、仏諸国の妥協的精神に依り急速なる解決を得、会議四日にして一の成案を得たり」と評したが、その特別委員会においてただ一人日本委員は政府の訓令に基づき棄権し、他の各委員は一、二の留保のもとに条約案に同意した。(99)

そして一九三一年九月の第一二回連盟総会では、第三委員会は一三国委員会案を基礎とする全一六条からなる条約案を作成し、これを連盟国および非連盟国の署名に付すべき旨の決議案とともに総会本会議に提出した。この第三委員会においても日本全権は「政府訓令の主旨を体して……本条約の一般化に反対なる旨を宣」言した。(100)結局右条約案は総会で可決され、ここに戦争防止条約案が一般条約案として決定された。九月二六日にはオーストリア、スペインなど七ヵ国がはやくも調印をした。(101)

六　連盟規約改正問題

一九二九年九月六日、第一〇回連盟総会でイギリス代表ヘンダーソン外相は連盟規約と不戦条約との「ギャップ」を埋めるべく連盟規約の改正を研究すべきとする決議案をフランス、イタリアなど五ヵ国各代表と連名で提出した（ドイツも同意を表明）。すなわち規約第一二条、第一五条は国際紛争が完全に平和的に解決されない余地を残していたが、不戦条約は国際紛争をもっぱら平和的に解決することを規定しているので規約を改正し、不戦条約に一致させる必要があるというのであった。(102)この改正の研究要求に対して日本政府は、九月一一日に研究自体は支持する旨を連盟代表らに訓令したが、改正により規約が不戦条約の規定を「多少なりとも拡張補足するが如き性質のものなる」場合はさらに請訓するよう指示した[103]。

九月二三日の連盟総会は右の規約改正要求決議案を採択し、三〇年一月開催の第五八理事会は一一人委員会を設置し、改正に関し報告を作成させることとなった。この間の外務省内の検討では、第一五条第六項についてのイギリスの改正案は「全会一致の理事会報告」を応諾する義務を設定するもので、不戦条約以上の「積極的義務を設定するもの」であるが、それ以外は「英改正案は実質に於て不戦条約の範囲を出する義務を規定する処少く大体に於て之に反対すへき積極的理由に乏しきものと思はる[104]」、あるいは「不戦条約に既に賛成したる以上は英国提案に特に反対する理由なしと思考せらる[105]」などの見解が示されていた。しかし、二月に開催される一一人委員会を前に外務省が伊藤述史連盟帝国事務局長代理に発した訓令では、日本としては規約改正の必要については「疑念を有する」が、会議の大勢が改正を可とする場合は改正の必要があるかどうかを審議することには異存はないと主張するようにとされ[106]、基本的には改正反対の立場を表明するものとなった。

一九三〇年二月二五日から三月五日までの間、一一人委員会がジュネーヴで開催され、初日には審議方針として「国際〔紛争〕解決の手段として戦争に代ふるに平和的手段を規定し改正の結果規約全般に及ぼす影響等を慎重考慮すること」などが決定された[107]。委員会は規約前文、第一二条、第一三条、第一五条に関する改正案を作成したが、主要な改正内容は次のようになった。

第一二条第一項については、「連盟国は連盟国間に国交断絶に至る虞ある紛争発生するときは之か解決の為に平和的手段のみを用ふることを約す」とした。不戦条約第二条と整合させたのである。

第一五条第六項については、外務省は二月二六日に、「第十五条第六項改正案は種々解釈の余地を存すへきも若し紛争当事国の一方か理事会報告を受諾すれは他方も之に服せさるを得さるものと解すれは理事会報告は仲裁判決と同様の効果を有するに至り右は理事会の政治的機能を窮屈ならしむる結果となる虞なきや」との懸念を伊藤連盟帝国事務局長代理に伝えていた[108]。そのため一一人委員会においてフランスのコットほかの委員が現行規約では紛争当事国は必ずしも理事会の勧告に応ずる義務はないが、理事会全部の同意を得た報告書は「偉大なる権威を有し須く一国の自由意志に優先すへきもの」であるとして、その勧告に「強制的性質」を与えるべきであると主張したのに対して、伊藤は政府の指示によった主張を展開し、「理事会勧告は本質的に何等の『決定』にあらす従て法律上最終的拘束力ある仲裁判決と同一視すへきものにあらす」と主張した。多数委員は必ずしもそれに賛成しなかったが、理事会全会一致の勧告と仲裁判決との差異を明らかにすることには同意し、結局「理事会の報告書か紛争当事国の代表者を除き他の連盟理事会員全部の同意を得たるものなるときは連盟国は該報告書の勧告に応することを約す連盟理事会の勧告か履行せられさるときは連盟理事会は勧告の履行を期するため適当なる措置を提議すへし」との改正案となった。

また制裁を規定した第一六条をめぐっては、ウンデン（スウェーデン代表）から第一二条の三ヵ月の戦争禁止期間経過後は制裁を適用すべきではないとの改正要求がなされたのに対し、「多数委員は戦争は如何なる場合と雖も禁止せらるゝを以て連盟国は誠実に其義務を履行せさるへからす」との立場からその改正提議を否定した[109]。

以上の一一人委員会による改正案決定過程からは、国際紛争は平和的に解決されるべきであるという原則が確認され、そのうえで連盟規約上なお発生の余地があった戦争をも禁止し、連盟理事会の勧告は「義務」とは明記されなかったものの原則的に履行されるものとして位置づけられたことがわかる。三〇年五月の第五九回理事会は一一人委員会改正案を九月の第一一回連盟総会に付すことを決定した。

その総会を前に日本側でも外務省と陸海軍の間で意見調整が進められた。陸軍省からは参謀本部の意見をふまえたうえで、極東での「自衛」行為の権利が留保されればかまわないとの回答が示された[110]。これはいうまでもなく自衛を標榜すれば対中武力行使が規約違反とはならないということを想定した態度であった。

また海軍省からはやや改正案の内容に立ち入った回答が寄せられた。すなわち第一二条第一項について「国策遂行の手段として戦争を否認するが不戦条約の要旨なり、自衛の為の戦争及警察武力行使は不問の現状なり故に所有紛争に不戦とは少しく範囲大に失すと認む即ち本委員会改正案は不戦条約よりも余程深入りし一切の戦争を絶対に否認し居る様解釈せらる嫌あり」との理由から、「連盟国は当該紛争の解決又は処理の為戦争に訴ふ〔る〕ことを罪悪と認め且その相互の関係に於て国策の手段として戦争を否認することを約す」の趣意に修正するを可とするとされた。また第一五条第四項についての一一人委員会改正案中「連盟国は……且判決に服する連盟国に対しては何等の行動を執らさる《（ママ）》ことを約す」とあるのは和親を進展させるのに消極的であるので「連盟国は……且判決に服する連盟国に対しては戦争に訴ふることなく更に和親を進展せしむるの手段を講する《（ママ）》ことを約す」の趣意に修正すべきであるとされた[111]。自衛戦争についての留保は陸軍同様だが、「連盟国は当該紛争の解決又は処理の為戦争に訴ふことを罪悪と認め」との見解を付していること、また第一五条第四項に関しては紛争の平和的処理の趣旨をより強化しようとする観点から意見が提出されているのが注目される。ここには戦争違法化状況への一定の認識が示されていたといえる。

外務省ではこれらの意見をふまえて連盟総会を目前に控えた八月二一日に佐藤尚武連盟帝国事務局長に、日本政府は「本件改正の必要を認めすとする従来の見解」を変えていないが「会議の大勢か改正案支持」の場合はあえて消極的態度に固執しないとしたうえで、改正案採択のさいは「自衛権」の留保を明瞭にすること、第一五条第六項改正は「理事会勧告の性質に重大なる変更を加へんとするもの」であり「容易に受諾し難」いが、この点については各国の態度を見極めて最後の方針をたてることにするとの訓令を発した[112]。

三〇年九月の第一一回連盟総会では、九月二六日から一〇月二日まで第一委員会小委員会において一一人委員会案の審議がなされた。二九日の第三回会議で規約第一五条第六項改正案が審議されたさい、日本代表の伊藤述史（連盟帝国事務局次長）は「本改正の結果従来最高政治機関たりし理事会は仲裁機関となり其の活動円滑を欠くに至るへく然も仲裁機関としての理事会は当事国の表決権を認めさる結果一方的仲裁者（arbitre unique）となり一般仲裁機関より更に進みたるものとなるへし」と、改正案への反対を表明した。ノルウェー、イタリア、オランダなどの代表が日本案に同調し、イギリス、ギリシャ代表が反対したが、翌日の会議で一一人委員会案にあった理事会勧告への履行義務は修正され、理事会は当事国に対し「報告書の決定に服すへきことを勧告すへし」との表現とされた。ギリシャ代表の著名な国際法学者ポリティスはこの結果に対して「一一人委員会原案よりも退歩」したことに遺憾の意を表明したが、イギリス代表のセシルは「一一人委員会案の修正に同意したるは妥協の為に外ならされはなり」と弁明した。なお第一二条については一一人委員会案の趣旨が踏襲され、さらに「如何なる場合と雖も戦争に訴へさるへく」との語句が挿入された(113)。

以上のように連盟理事会勧告への履行義務を明記するという重要な改正案は、日本が率先する形でその改正を骨抜きにされていったのである。成立した第一委員会案をうけて連盟の日本事務局側が、「我方としても其の主張容れられたる以上」規約改正に関する総会決議案に同意するべきだとの態度を外務省に伝えたのも当然であった(114)。連盟事務総長ドラモンドは各国政府に一一人委員会案および第一委員会案を送付し、三一年六月一日までに規約改正についての意見提出を要請した。ここに連盟規約改正問題はいよいよ大詰めを迎える様相を呈し始めたのである。

一九三一年三月一八日、沢田節蔵連盟帝国事務局長は、「我方としては再び規約改正不必要を唱ふるか如きは勿論何等新なる修正意見を提出して次回総会に於ける討議幾分にても紛糾せしむるか如きことあらんか徒に不要の誤解を招致することなきにしも非るのみならす軍縮本会議を目前に控へたる今日大局上面白からさる」として、第一委員会案に主義上賛同する旨をすみやかに事務局側に回答するよう促した[115]。最終的に外務省は三一年五月末に陸海軍の諒解をとったうえで[116]、「帝国政府は主義上第一委員会改正案に賛成す、但帝国政府は自衛権に基く行為は改正に依るも当然認められ居るものと解す」との連盟事務総長宛回答を沢田に訓令した[117]。

六月一日までに二十数ヵ国から連盟事務総長宛に回答があり、うちイギリス、フランス、オランダ、中国そして日本など一四ヵ国が第一委員会案を主義上受諾するとした[118]。大半の回答が第一委員会案を支持したわけであるから、来たる三一年九月の第一二回連盟総会では改正が最終的に決定を見るかのようであったが、そこではやや意外な展開が見られた。

すなわち右第一委員会での規約改正問題の討議においてギリシャ代表のポリティスが、自衛権並びに戦争ではない武力行使の問題を解決しなければ規約改正は不可能と主張したことから、該問題の審議が小委員会に付託された。そして柳条湖事件の発生がジュネーヴに伝わった九月一九日に開かれた小委員会会議では「自衛権の行使は各国の自由判断に依るへきや否や」について議論となり、「主観説」（自衛かどうかはそれを行使する国が認定する）を主張した日本の伊藤述史委員と、「連盟規約の関する限り自衛権の行使は一国の自由判断のみに委すへきものに非すとの説」をとる多数とで対立し、結局、伊藤も「規約第十六条適用の場合に於ては或程度理事会の判断に委すへき点を認め」る結果となったものの、「不戦条約並に連盟規約の下に於ては自衛権は当然認められ居ること並に自衛権の意義並に行動範囲に関しては現下の国際法上確定せる原則なき点に関し小委員会に於て大多数一致」した状況にとどまり、結局、結論に至らなかった。なお中国代表は、規約第一二条について、「事実戦争行為を行ひ而かも戦争にあらすと称し居る如き場合をも含む如く改正」すべきと主張した[119]。これはいうまでもなく、日本の満州侵略を念頭においた発言であった。第一委員会は、連盟国全部の代表者からなる委員会を翌年の軍縮会議中に開催し、次回総会においてこれを議決するとの決議案を採択し、九月二五日の総会はそれを採択した。こうして規約改正問題の決着は翌年以降に持ち越されることになったが、結果的にその後改正が実現されることはなかった。

おわりに

本章で取り上げた連盟規約成立以後の動向からは、国際紛争は平和的に解決することを原則とし、その解決システムを強化する一方で、侵略戦争を国際法上違法なものと位置づけ、侵略国に集団的に制裁を加える体制を維持することで、安全保障・平和維持を達成しようとする潮流が二〇年代を通じて国際的に存在していたことが確認できる。そして日本は連盟規約・平和議定書・不戦条約に示された戦争違法観自体に国際的な場では公に反意を表することなく、「大勢順応」ではあれ、受け入れたのである。これは戦争違法化体制が現実に侵略国に制裁を発動して戦争を抑止することが可能だったのかという問題とは関係なく、侵略戦争は国際法上違法なものであるとの立場を日本がとったことを意味していた。

なお、この侵略ということの認定については、国家のどのような軍事行動が侵略に該当するのかといった形での規定は一九二〇年代には国際的には成立しない。しかし二四年の平和議定書は、侵略戦争は国際犯罪を構成するとうたい、国際紛争の平和的解決を拒否する国が侵略国と認定されるとうたった。法的な拘束力をもつには至らなかったが、侵略の具体的な定義を回避しつつ、国際紛争の平和的解決を拒否する国を侵略国と認定するという国際的な諒解が成立しつつあることを平和議定書の成立は示したといえる。そして日本はこの議定書に対して、応訴義務と国内問題(連盟規約第一五条八項と侵略認定の関係)で修正を図ろうとし、実際に後者については修正を成立させたうえで、最終的に連盟総会で議定書に賛成を表明したのである。このことは議定書の侵略認定システムについては、日本も承認しているとの印象を国際的に与える効果をもったであろう。

日本の権威ある国際法学者たちも連盟規約により一定の戦争が違法化されたことや、侵略戦争が違法化される傾向にあることは十分認めていた。国際法学者においては横田喜三郎が戦争違法化体制の強化にもっとも顕著な支持を表明していたが、そうした動向にどちらかといえば冷淡であった立作太郎や松原一雄といった国際法学者たちにしても、連盟規約や不戦条約により、一定の戦争が国際法上で違法化された状態が生じたことは認めていたのである。とりわけ立の場合、規約第一二条が禁止した「戦争」には宣戦布告をしない「事実上の戦争」も含める解釈をしていた。この解釈に満州事変の実態を照らせば、満州事変は日中間の懸案、すなわち国際紛争を武力により日本が解決しようとした側面をもつものでもあったから、規約第一二条に抵触する違法な戦争であったということになろう。

では表面的には戦争違法観を承認していった反面、日本は戦争違法化にどのような観点から反応していたのだろうか。日本は侵略戦争の違法性を規定したり、侵略国に制裁を加えるという規定には表立った反対を展開しなかったが、国際紛争の平和的解決システムの強化に対しては一貫して消極的で、ときには断固として反対していた。連盟規約成立過程では一つには連盟規約が宣戦や統帥権（兵額量の決定）を行使する天皇大権と抵触するとの反発が見られ、二つには国際連盟は日本の対中武力行使を抑制するやっかいなものとなるとの反発も見られた。陸海軍のなかからは、列強から政治的諒解を取り付けることで、日中関係を連盟の干渉外におくべきだとの認識すら浮上していたのである。天皇大権の問題は連盟規約審議過程以降はほとんど考慮されなくなっていったが、対中関係への懸念は以後の平和議定書・不戦条約・戦争防止条約・一般議定書といった戦争違法化に関する動向において、一貫して日本の対応を規定していった。平和議定書や一般議定書が掲げた、常設国際司法裁判所の「条約問題」などについての管轄権、すなわち応訴義務を受諾することに対して外務省が示した反発や、戦争防止条約が掲げた連盟理事会勧告による停戦・撤退の履行に対して陸軍が示した反発はその端的な表現であった。

これらの姿勢からは、日本は中国との紛争を平和的に解決しうるシステムや武力衝突を早期に収束するシステムを拡張することを一貫して否定し続けたと評価することができる。

そして、そのような日本の対応は、戦争違法化体制強化をめぐる動向において連盟常任理事国中で一貫してもっとも消極的であったといえる。平和議定書挫折過程や連盟規約の第一五条第六項修正の後退過程が示したように、個々の局面では日本のみがその強化に消極的であったわけではない。しかしマクドナルドに代表されるイギリスやブリアンに代表されるフランスの態度には、その強化への積極的な姿勢を明瞭に見てとれるし、ドイツが戦争防止条約を提起し、応訴義務をいち早く受諾した態度や、戦争防止条約や右の規約修正には消極的であったイタリアが応訴義務を受諾した態度には、日本よりは柔軟な態度を読みとれるであろう。これらと比した場合、戦争違法化体制を強化しようとする動向において、日本は連盟常任理事国中で一貫して最後衛の位置にあり、その強化の足を引っ張り続けたと評価することができる。

このような日本の一貫性を見るならば、対中政策の面で対照的な外交スタイルとして取り上げられることもある幣原外交と田中外交には、戦争違法化体制強化に対する対応に基本的な差異がほとんどなかったといえる。これはたとえば、イギリスの保守党内閣（ボールドウィン内閣）と労働党内閣（第一次・第二次マクドナルド内閣）との交代により平和議定書や応訴義務に対する姿勢にドラスティックな変化が見られたのとは対照的である。

幣原外相が対中政策において、より厳格に平和的態度を維持する意思をもっていたならば、幣原外相は中国問題の解決において武力が行使できないような体制を作る努力をしたはずである。そうした意思があるならば平和議定書、一般議定書、戦争防止条約の成立や調印、さらに連盟理事会勧告への履行義務の承認ということになんらかのイニシアティヴを発揮しようとしたはずであるが、事実がその逆であったことはすでに明らかにした通りである。

平和議定書の節で触れたように、外務官僚においても日中間の紛争を解決する手段として戦争を容認しようとする立場がとられていたのであり、幣原も基本的には同様であったといえるであろう。こうした幣原の態度の原点は本章冒頭で引いた、幣原の「直接交渉」論にあると筆者は考える。そこで述べられていた「直接交渉」論は、対中武力行使の容認や、排他的中国（アジア）支配ということを含むものではなかった。ただ、この主張を貫徹しようとするならば、連盟あるいは国際裁判という場で日中間の紛争が処理される、換言すれば、日中間の紛争に連盟あるいは第三国が介入することを拒絶することになる。幣原の「円卓会議で我が運命を決せられるのは迷惑至極だ」との言葉は、幣原の「直接交渉」論がそうした排他的な外交姿勢を生みうるものであることを予見させるものであった[120]。

さらに一九二〇年代を通じて、戦争違法化をめぐる動向に対して日本の外務官僚や陸軍軍人たちからは、日本がおかれた東アジア情勢はヨーロッパの情勢とは異なり、ヨーロッパと同一の安全保障システムは適応しえないとの認識がほぼ共通して示されたのである。そしてこのいわばアジア特殊論的認識は、連盟規約や国際裁判という普遍的ルールを拒絶しようとする態度の基礎を形成していたといえる。

十五年戦争末期に国際政治学者入江啓四郎は、「凡そ欧米人はアジア圏域より手を引くこと」、「欧米諸国は帝国の東亜に於ける特殊地位を認むべきこと」を追求するのが「東亜モンロー主義」の思想であると定義した[121]。右で述べたような外務官僚や軍人の認識は、連盟規約や国際裁判という普遍的ルールの適用を特殊な極東では拒絶しようとし、日中関係への連盟あるいは第三国が介入するのを拒絶しようとする点において「東亜モンロー主義」的であったということができる。換言すれば二〇年代を通じて、外務官僚と陸海軍人は「東亜モンロー主義」的理念を共有していたということができるのである。

日本は二〇年代においては、その半ばからしだいに対中武力行使の規模を拡大していった。侵略戦争の違法性が国際社会で度重ねて表明されていくなかで、武力行使の正当性を主張する最大の論拠として自衛権の重要性はより高まっていったといえる。満蒙分離のための武力行使を自衛権で正当化できるのか、という問題に対する日本の回答は、田中内閣が不戦条約を締結する過程で明確にされていった。そこでは内閣は、自衛権は自国領土外にも及ぶとの広義解釈をとりつつも、それを留保という形で公表せず、一方列強に対してのみ広義解釈への理解を求めるという姑息な政治手法が用いられた。そして「自国の存亡」に関するような侵害を受けた場合には「自衛のため戦争に訴ふることをも得へし」という自衛権解釈が政府・外務省内で確立されていったのである。このような自衛権解釈は、一九一〇年代には優勢になりつつあった正当防衛権的自衛権ではなく、一九世紀の自己保存権的自衛権に近いものであったといえる（次章参照）。その意味で日本の戦争違法化への対応は自衛権解釈の先祖返りともいうべき皮肉な対応を生んだといえるであろう。

註

（1）進藤榮一『現代アメリカ外交序説』（創文社、一九七四年）五三一〜五三二頁。なおウィルソンの連盟構想および連盟創設過程については、ほかに大平善悟「集団的安全保障と世界平和」（『国際政治1　平和と戦争の研究』有斐閣、一九五七年）、斉藤孝「第一次世界大戦の終結」（『岩波講座　世界歴史25』岩波書店、一九七〇年）、鹿島守之助『日本外交史12』（鹿島研究所出版会、一九七一年）、海野芳郎*『国際連盟と日本』、船尾章子「国際連盟構想の起源とその展開」（桐山孝信ほか編著『転換期国際法の構造と機能』国際書院、二〇〇〇年）、松田道一監輯『国際平和関係条約集（復刻版）』（龍渓書舎、一九九三年）など参照。

（2）幣原平和財団編著『幣原喜重郎』（一九五五年）一三六〜一三七頁。

（3）前掲鹿島『日本外交史12』五四〜五五頁、六〇頁。

(4)　この内容については、前掲船尾「国際連盟構想の起源とその展開」が詳しい。
(5)　前掲鹿島『日本外交史12』六七頁。以下、国際連盟委員会の動向についても同書六七〜一一一頁参照。
(6)　一九一九年二月七日、竹下発島村軍令部長他宛第一〇番電（『外文T8―3上』外務省、一九七一年）二六〜二七頁。
(7)　一九一九年二月一四日、奈良発田中陸相宛第三五号、同前四五頁。
(8)　一九一九年二月二四日、内田発松井宛講第一〇〇号、同前四七〜四八頁。
(9)　一九一九年二月二八日、奈良発田中陸相宛第六一号、同前五一〜五二頁。
(10)　一九一九年三月七日、田中陸相発奈良宛電、同前五二〜五三頁。
(11)　一九一九年三月二〇日、松井駐仏大使発内田外相宛電第三九六号、同前五六〜五七頁、および三月二六日、奈良発田中陸相宛電第八八号、同前六四頁。
(12)　一九二四年一〇月二二日「国際連盟平和議定書研究委員会第一回議事録」（外務省『国際紛争平和的処理条約関係一件』第二巻、外務省外交史料館蔵）。
(13)　一九二三年二月「国際連盟規約か我国防作戦に及ほす影響（下村大尉私見）」（陸軍省『国際連盟研究委員会研究報告』防衛庁防衛研究所図書館所蔵）。下村大尉とは、当時参謀本部作戦課にいた下村定であろう。
(14)　横田喜三郎『戦争犯罪論』七〇〜七三頁参照。*
(15)　立作太郎「連盟規約第十二条の国交断絶の意義」（『国際法外交雑誌』第二三巻第四号、一九二四年四月一五日）八一〜八二頁、八四頁。
(16)　信夫淳平『国際紛争と国際連盟』（日本評論社、一九二五年一一月）五七一頁。
(17)　同前七二六〜七二七頁。
(18)　坂本瑞男「戦争の違法化の一考察」（『外交時報』第五〇八号、一九二六年二月一日）三九頁。
(19)　沢田謙『国際連盟新論』（厳松堂、一九二七年）八四〜八五頁、一四五頁。
(20)　以下、コルフ事件の経緯については、（『外文T12―3』外務省、一九七九年）三七〇〜四一七頁による。
(21)　一九二三年九月二三日、在ジュネーヴ連盟総会代表発伊集院彦吉外相宛電第四三号（『外文T12―3』）三八一頁。
(22)　「伊国・ギリシャ紛争に関連して生じたる法律問題」（『外文T12―3』）四〇六頁。

(23) 一九二三年一一月一六日、安達発伊集院外相宛電第二四二号（『外文T12－3』）四〇四～四〇九頁。
(24) 「伊国・ギリシャ紛争に関連して生じたる法律問題に対する訓令案（国際連盟係）」（『外文T12－3』）四一三頁、四一五頁。
(25) 前掲松田編『国際平和関係条約集』一〇五頁。外交時報社調査部「国際連盟の新平和議定書に就て（上）」（『外交時報』第四七八号、一九二四年一一月一日）一〇九～一一〇頁。
(26) 前掲外交時報社調査部「国際連盟の新平和議定書に就て（上）」一一一～一一七頁。渡辺和行ほか『現代フランス政治史』（ナカニシヤ出版、一九九七年）八五頁。
(27) 坂本瑞男「戦争の違法化の一考察」（『外交時報』第五〇八号、一九二六年二月一日）二七～三〇頁。前掲松田編『国際平和関係条約集』一〇三～一〇四頁、一一〇頁。
(28) 横田喜三郎「国際連盟新議定書」（『外交時報』第四七八号、一九二四年一一月一日）五六頁。
(29) 一九二四年九月一三日、幣原発在ジュネーヴ連盟総会代表宛電第三五号（『外文T13－2』）三三頁。
(30) 一九二四年九月一五日、連盟総会代表発幣原宛電第四四号および九月一九日幣原発連盟総会代表宛電第四四号、同前三四～三六頁。
(31) 一九二四年九月二二日、幣原発連盟総会代表宛電第四七号、同前四五頁。九月二七日、連盟総会代表発幣原宛電第八六号・第八七号、同前五六～五八頁、「国際紛争平和的処理に関する議定書」同前七三～七四頁。
(32) 一九二四年九月三〇日、連盟総会代表発幣原宛電第一〇四号、同前六五頁。
(33) 一九二四年一〇月二日、連盟総会代表発幣原宛電第一一一号、同前六七頁。
(34) 議定書条文は同前六九～七七頁。
(35) 一九二四年一〇月七日、松田発幣原宛電連第一九三号（『外文T13－2』）七九～八〇頁。
(36) 一九二四年一〇月七日、外務省条約局第二課「平和議定書に就て」（前掲外務省『国際紛争平和的処理条約関係一件』第二巻）。
(37) 作成年月日不詳、外務省条約局「平和議定書調印に付ての考慮」（一九二四年末と推定される、同前所収）。
(38) 山川端夫条約局長の発言。一九二四年一〇月二二日「国際連盟平和議定書研究委員会第一回議事録」（同前所収）。
(39) 前掲外務省条約局「平和議定書調印に付ての考慮」。
(40) 同前。

(41) 軍側の平和議定書への反応は資料的にあまり明確ではない。筆者が目にしたものに、一九二四年一〇月二〇日付の、参謀本部『帝国の立場より見たる平和議定書の価値に就いて』（防衛研究所図書館所蔵）という資料がある。これは参謀本部にいた園部和一郎中佐の執筆になるもので、参考のため配布されたもので、軍としての見解を述べたものではないが、参考までに触れておけば、この資料の特徴としては、まず「議定書は欧洲のもの」という観点が非常に強調されており、次に日本は周辺に「非連盟国」である米・ソ、「実質的に独立国家と認め難」い中国、「国際法上は属領なるも連盟規約上は独立国家」である「曖昧な」インド・オーストラリア・ニュージーランドという国家をもつ「特殊地位」にある結果、議定書の「恩恵」少なく、「過重なる義務の負担」のみ受けることが強調されている。要するに「特殊」な地位にある日本に平和議定書は適合的ではないというのである。

(42) 一九二五年三月一二日、在ジュネーヴ石井理事発幣原宛電第二号（『外文T14－1』外務省、一九八二年）九二頁。なお保守党政権が議定書を拒否した理由については、スペンダー著・中村祐吉訳『現代英国史』（冨山房、一九四二年）によれば、保守党政権は「強制仲裁の原則を受諾する用意がない、かつ制裁規定は連盟規約の均衡を破り、その精神を変更するものであると説明した」が、「本当の障碍は、イギリス国民がヨーロッパ全体の問題に冒険を欲せざることと、自治領が（相談してみると）、自己に直接関係ある問題、例へば有色人種の移民問題等を、ヨーロッパで開催される国際裁判所に移されることを拒んだからであった」（八二九頁）とされる。また関嘉彦『イギリス労働党史』（社会思想社、一九六九年）は、「当時保守党は、プロトコールに賛成することは、イギリスの防衛力に過大な誓約を強いるものであるという理由で反対し、労働党員中にもそれはイギリスを戦争に巻き込むものであるという根拠で反対のものも少なくなかった。労働党内閣は、プロトコールを支持はしたものの、批准の段階で批准するか否かにつき苦しい決定に追い込まれたが、幸か不幸か、その前に総辞職し、決定を下す責任を避け得た」（一三二～一三三頁）と述べ、労働党政権のままでも批准達成ができない可能性があったことを指摘している。なおA・J・P・テイラー*『イギリス現代史』は、マクドナルドは連盟を効果的なものにしようと努力し、平和議定書通過にも努力したと評価している（一九五～一九六頁）。

(43) 年月日不詳「平和議定書修正に関する意見」（『外文T14－1』）八八～九〇頁。

(44) 年月日不詳「国際司法裁判所の応訴義務受諾に関する留保案」同前九〇～九一頁。

(45) 一九二五年八月二五日、幣原発石井宛電第二二六号、同前一〇〇頁。

(46) 一九二五年九月一二日、石井発幣原外相宛電第八号、同前一〇一頁。

(47) 前掲横田「国際連盟新議定書」五三〜五四頁、五七頁、三四〜三五頁。
(48) 前掲坂本「戦争の違法化の一考察」三九頁、三三〜三四頁。
(49) 杉村陽太郎「Sécurité（安全）（五）」（『国際法外交雑誌』第二七巻第一〇号、一九二八年一二月一日）二四頁。
(50) 沢田謙『国際連盟新論』三〇一頁。
(51) 以下、不戦条約締結過程については、主に堀内謙介監修『日本外交史16』（鹿島研究所出版会、一九七三年）、大畑篤四郎「不戦条約と日本」（『国際政治28　日本外交史の諸問題Ⅱ』有斐閣、一九六五年）、柳原正治編著『国際法先例資料集（1）不戦条約上・下』（信山社、一九九六年）参照。
(52) 『外文S1―2―1』（外務省、一九八九年）七七頁。
(53) 前掲堀内監修『日本外交史16』九〇〜九七頁。
(54) 一九二八年六月二五日発表、アメリカ提案ノート（『外文S1―2―1』）一七六頁、英語原文は一六五頁。
(55) 山川端夫「不戦条約留保問題」（『外交時報』第五八五号、一九二九年四月一五日）三七頁。ただし、この解釈がアメリカの国家としての公式見解といえるかどうかは日本の専門家の間で意見が分かれることになる。たとえば国際法学者・中央大学教授の松原一雄は、右解釈は外交委員会の解釈にとどまり、厳正にいえば「上院の解釈でもなければ無論米国政府の解釈でもない」（松原一雄「不戦条約の解釈について」〈『外交時報』第五八七号、一九二九年五月一五日〉三頁）とした。一方、元外務省条約局長の山川端夫は、この上院外交委員会の解釈によりアメリカは「自衛権の範囲を全然無制限に広く解釈することに改めたのである」（前掲山川「不戦条約留保問題」三七頁）とした。
(56) 前掲堀内監修『日本外交史16』九九〜一〇一頁。
(57) 一九二九年六月一七日「戦争抛棄に関する条約精査委員会議事概要」（『外文S1―2―1』）三六八〜三六九頁。
(58) 一九二九年五月、外務省亜細亜局第一課「自衛権に付いて」（前掲柳原『国際法先例資料集（1）不戦条約　上』）三六五頁。
(59) 枢密院での批准審査に対する擬問擬答（一九二九年五月ごろと推測）、同前四二九頁。
(60) 青木節一「不戦条約と日本の外交」（『外交時報』第五八六号、一九二九年五月一日）一七〜一九頁。
(61) 前掲山川「不戦条約留保問題」三七頁。
(62) 一九二八年八月九日「対支政策要旨」（『外文S1―2―1』）二三一〜二三三頁。

(63)「第五十六議会欧米局関係事項擬問擬答」（外務省マイクロS.658所収）七四〇頁。
(64)松原一雄『*満洲事変と不戦条約・国際連盟』一一五～一一六頁。
(65)信夫淳平「不戦条約の本質」（『外交時報』第五七八号、一九二九年一月一日）四四～四八頁。
(66)以下、一般議定書成立の経緯および条文については、おもに前掲松田編『国際平和条約集』一二四～一四二頁参照。
(67)一九二七年一〇月一九日、佐藤局長発田中外相宛電第一三〇号（外務省『国際連盟安全保障問題一件』外務省外交史料館所蔵）。佐藤は右電報で具体的には、一九二四年九月二二日の幣原発連盟総会代表宛電第四七号の「強制仲裁裁判」に付すべき事項からは「政治的条約を除外するは勿論其他除外の範囲は成るへく広くする」こと、一九二五年八月二五日の幣原発石井宛電第二二六号の「深く帝国の将来を慮るに国際紛争の平和的解決方法に関し現在の程度以上に深入りすることは時機尚熟せさるものあるを認めらるる」といった訓令を引いて、対応を請訓した。
(68)一九二七年一一月二六日、田中外務大臣発佐藤局長宛「安全保障委員会第一回会議に対する訓令」（参謀本部『昭和五、七年国際連盟に関する書類』〈以下『国際連盟書類S5～7』と略す〉防衛庁防衛研究所図書館蔵）。
(69)前掲松田編『国際平和条約集』一二六頁、および泉哲「国際紛争解決の模範条約」（『外交時報』第五七九号、一九二九年一月一五日）六六頁。
(70)一九二八年一月一七日、佐藤局長発田中外相宛電第六号（前掲外務省『国際連盟安全保障問題一件』）。
(71)一九二八年一月二〇日、松井大使発田中外相宛第九号（同前）。
(72)一九二八年一月二四日、佐藤局長発田中外相宛第八号（同前）。
(73)一九二八年二月一二日、佐藤局長発田中外相宛電第一一号（同前）。
(74)同前。
(75)一九二八年二月一四日、田中外相佐藤局長宛「安全保障委員会第一回会議に対する訓令」（前掲参謀本部『国際連盟書類S5～7』）。
(76)立作太郎「国際紛争平和的処理に関する条約中の留保問題に就て」（『国際知識』第一一巻第一一号、一九三一年一一月号）一九頁。このように重要な紛争を除外することを可能とする留保条項ではあったが、「一国の名誉」とか「重大なる利益」といった従来用いられた留保が認められず、留保内容が明確化されたことから「旧式の留保条項に比し一大進歩」とも評価された（杉村陽太

郎「国際紛争の平和的解決」『国際法外交雑誌』第二八巻第九号、一九二九年一一月、四〜五頁、四九頁)。

(77) 一九二八年三月、国際連盟陸軍代表陸軍少将杉山元「第二回仲裁裁判安全保障委員会に関する特報」(前掲参謀本部『国際連盟書類S5〜7』)。

(78) 一九二八年六月二六日、佐藤局長発田中外相宛電第九六号(前掲外務省『国際連盟安全保障問題一件』)。

(79) 前掲杉村「Sécurité(安全)(五)」三一頁。

(80) 織田萬「常設国際司法裁判所の沿革組織業績を述べて応訴義務受諾の必要を高調す」(『国際知識』第一一巻第一一号、一九三一年一一月)三〇〜三一頁。

(81) たとえば神川彦松「国際司法裁判所任意条項を受諾せよ」(『外交時報』第五九六号、一九二九年一〇月一日)は「我が国が独り、常設国際司法裁判所の強制管轄権を承認せざることは連盟の指導者たる我が国の体面に相応せざる」(一二四頁)と批判したし、横田喜三郎「国際強制裁判の展望」(『国際知識』第九巻第一一号、一九二九年一一月)は、日本の態度について「それが非難すべき態度であること、国際正義の上から云っても国際平和の上から云っても寛容され得ない態度である」ことは「既にしば〳〵識者によって論説されてゐる」と指摘している(五三頁)。

(82) 「応訴義務受諾及国際紛争平和的処理に関する建議書」(外務省『国際紛争平和的処理条約関係一件』第三巻、外務省外交史料館所蔵)。なお同時に提出された「国際紛争平和的処理の促進に関する決議」(同前)は「世界の平和と正義とを確保する為めには国際問題に起ることあるべき紛争を平和的に処理するの方法を確立せざるべからず、殊に最近に於ては、一方に於て、世界の大勢は益々紛争の平和的解決の方向に進みつゝあり、他方に於て、我国自身も既に連盟規約及常設国際司法裁判所規定を受諾して一定の程度に於て平和的処理の義務を負へるを以て、急激なる飛躍はもとより避くべしと雖、漸進的に列国と伍しつゝ国際紛争の平和的処理方法の確立に向って協力することは必要にして且つ百年の大計に適ふ。この意味に於て本協会は我国が成べく速に左の処置を講ぜんことを茲に希望す」と述べていた。

(83) 一九三〇年七月一八日、国際連盟事務局東京支局主任青木節一発連盟事務局土田金雄宛『国際連盟に関する雑件 土田(金雄)記録 自昭和四年至昭和十年』(外務省外交史料館所蔵)。

(84) 前掲松田編『国際平和関係条約集』一二八頁および国際知識編集部「一般議定書に就て」(『国際知識』第一一巻第八号、一九三一年八月、七〇頁)による。この二資料では若干データに食い違いがある。後者によれば全体に加入していたのはベルギー、デンマーク、フィンランドの三ヵ国で、第一章・第二章の加入国がスウェーデン、ノルウェー、オランダとされている。

(85) 前掲国際知識編集部「一般議定書に就て」七一頁。

(86) なお、満州事変開始後に発行された『国際知識』（第一一巻第一一号、一九三一年一一月）「紛争平和処理号」との特集を組み、「巻頭言」では「一日も速に応訴義務の受諾及び一般議定書の加入を了」すべきとしたほか、常設国際司法裁判所裁判官などを務めた織田万は「応訴義務受諾の必要を高調す」と題した文を寄せ、日本政府は対中関係から応訴義務受諾に二の足をふんでいるようだが、「この際満洲に於ける日支の関係は、その整理に至るまで一般応訴義務の範囲外に置く旨の留保を持出しても、それが為めに列国の嫌疑を招くやうな惧は万々なからう」し、「たとひ満洲に於ける対支関係の事項に渉る場合であっても、別に不安に思はれる理由は見当らぬのみならず、聞く所によれば、条約違反の行為は専ら支那側に在るらしいので、若し日支両国が倶に応訴義務を受諾することになれば（支那は一時受諾してゐたが、現在は受諾していない）、日本こそ自由に相手の不法行為の責任を問ふことを得て、却て好都合であらうとも考へられる」と述べた（三二～三四頁）。

(87) 前掲松田編『国際平和関係条約集』二二七頁。

(88) 一九二八年三月、国際連盟陸軍代表陸軍少将杉山元「第二回仲裁裁判安全保障委員会に関する特報」（前掲参謀本部『国際連盟書類S５～７』）。

(89) 一九二八年六月「〔陸軍〕次官よりの外務次官への回答」（陸軍省『自大正十三年四月至昭和八年十月　国際連盟関係書類』〈以下『国際連盟関係書類T13～S８』と略す〉防衛庁防衛研究所図書館蔵）。

(90) 一九二八年八月一日、吉田外務次官発畑英太郎陸軍次官宛通牒、同前所収。なお、前掲外務省『国際連盟安全保障問題一件』所収資料からは同内容の通牒が海軍次官にも発せられたことが確認できる。

(91) 同前吉田発通牒。

(92) 一九二八年八月一四日「〔陸軍〕次官よりの外務次官へ回答、別紙　戦争防止に関する条約典型に対する意見」（前掲陸軍省『国際連盟関係書類T13～S８』）。

(93) 以下、第四回安全保障委員会への日本側の対応や条約案文は、一九三〇年五月、国際連盟陸軍代表陸軍少将蒲穆「第四回仲裁裁判安全保障委員会特報」（前掲参謀本部『国際連盟書類S５～７』）による。なお、イギリス案の第二条第一項は「戦争の脅威ある場合に於て連盟理事会は連盟規約第十一条に依り他の締約国の領土又は国際協定に基く非武装地帯に侵入せる某締約国軍隊の撤退を要求し締約国は直ちに之に服従すへし」である。
(94) 前掲松田編『国際平和関係条約集』二三二頁。
(95) 一九三〇年九月、国際連盟帝国陸軍代表陸軍少将谷寿夫「第十一回国際連盟総会に関する観察」(前掲参謀本部『国際連盟書類S5〜7』)。
(96) 一九三一年五月六日、沢田局長発幣原外相宛電(外務省『国際連盟戦争防止条約問題一件』外務省外交史料館蔵)。
(97) 一九三一年五月一一日、参謀本部受領「外務次官通牒に係る戦争防止の手段を助長する為の一般条約案審査特別委員の特別委員会本邦代表者に対する訓令に関する件」(参謀本部第二課『昭和六年五月　国際連盟関係書類(軍縮準備委員会関係書類を除く)』防衛庁防衛研究所図書館蔵)。
(98) 条約案は前掲松田編『国際平和関係条約集』二三四〜二三八頁。
(99) 一九三一年一〇月二日、国際連盟帝国陸軍代表部「第十二回国際連盟総会に関する観察」(同前)、および一九三一年五月一五日、沢田局長発幣原外相宛電第三五号(前掲外務省『国際連盟戦争防止条約問題一件』)。
(100) 同前「第十二回国際連盟総会に関する観察」。
(101) なお、他の調印国はコロンビア、ギリシア、リトアニア、ノルウェー、ウルグアイである(前掲松田編『国際平和関係条約集』二三四頁)。
(102) 外務省条約局第三課「第拾弐回国際連盟総会議題説明書」(前掲陸軍省『国際連盟関係書類T13〜S8』)。一九二九年九月七日着、ジュネーブ三全権発幣原外相宛電第一一号(外務省『至昭和五年六月　国際連盟規約改正問題雑件　不戦条約と連盟規約との適合に関する規約改正問題』(以下『連盟規約改正問題S5』と略す)外務省外交史料館蔵)。
(103) 一九二九年九月一一日起草、幣原外相発ジュネーブ三全権宛電第六号(前掲外務省『連盟規約改正問題S5』)。
(104) 「国際連盟規約改正問題に関する卑見」(渋沢信一〈条約局第三課〉執筆と推測)(同前)。
(105) 「国際連盟規約改正問題」(中村豊一〈条約局第二課〉執筆と推測)(同前)。
(106) 一九三〇年二月三日、幣原外相発伊藤局長代理宛電第七号(同前)。
(107) 「連盟規約を不戦条約に調和せしめる為の規約改正委員会報告」(外務省マイクロS.91所収)。同資料は一一人委員会の審議概要記録である。なお、以下の改正条文案は昭和六年七月、条約局第三課「第拾弐回国際連盟総会議題説明書」(前掲陸軍省『国際連盟関係書類T13～S8』）による。
(108)　一九三〇年二月二六日、幣原外相発伊藤局長代理宛電第一五号（前掲外務省『連盟規約改正問題S5』）。
(109)　前掲「連盟規約を不戦条約に調和せしめる為の規約改正委員会報告」。
(110)　一九三〇年七月一四日、参謀本部「国際連盟規約を不戦条約と調和せしむるの件〔陸軍〕次官より外務次官宛回答（陸普）」（前掲参謀本部『国際連盟書類S5～7』）、および七月一七日、陸軍次官心得陸軍省軍務局長杉山元発吉田茂外務次官宛「国際連盟規約を不戦条約と調和せしむる件回答」（外務省『自昭和五年七月　国際連盟規約改正問題雑件　不戦条約と連盟規約との適合に関する規約改正問題』外務省外交史料館蔵）。
(111)　一九三〇年七月一七日、小林躋造海軍次官発吉田茂外務次官宛通牒「国際連盟規約を不戦条約と調和せしむる為の委員会改正案に関する意見」（同前）。
(112)　一九三〇年八月二一日発電、幣原外相発佐藤局長宛「国際連盟規約改正に関する件」（外務省『自昭和六年一月　国際連盟規約改正問題雑件　不戦条約と連盟規約との適合に関する規約改正問題』外務省外交史料館蔵）。
(113)　小委員会の審議については、一九三〇年一〇月、外務省条約局第三課「第十一回国際連盟通常総会第一委員会小委員会議事録」（外務省『自昭和五年五月一日　国際連盟規約改正問題雑件　不戦条約と連盟規約との適合に関する規約改正問題』外務省外交史料館所蔵）。
(114)　一九三〇年一〇月一日、ジュネーブ三全権発幣原外相宛電第三六号（外務省『自昭和五年七月一日　国際連盟規約改正問題雑件　不戦条約と連盟規約との適合に関する規約改正問題』外務省外交史料館所蔵）。
(115)　沢田局長発幣原外相宛電第二二四号（外務省『自昭和六年一月　国際連盟規約改正問題雑件　不戦条約と連盟規約との適合に関する規約改正問題』）。
(116)　一九三一年五月二七日起草、永井松三外務次官発杉山陸軍次官心得・小林海軍次官宛通牒、および一九三一年五月二九日、杉山陸軍次官心得発永井外務次官宛通牒、および一九三一年六月一日、小林海軍次官発永井外務次官宛通牒（いずれも同前）。
(117)　一九三一年五月三〇日起草、幣原外相発沢田局長宛電第三〇号（同前）。
(118)　作成者不詳「不戦条約と連盟規約との調和問題」（同前）。
(119)　第一委員会および小委員会の経過については、ジュネーブ三全権発幣原外相宛電第五一号（同前）による。なお、一九三一年九月、外務省条約局第三課「不戦条約と調和せしむる為の連盟規約改正に関する連盟総会宛第一委員会報告」（同前）参照。

(120) なお、幣原の直接交渉論はワシントン会議において、幣原「自身の責任」で山東問題を日中の「直接会議で討議すること決した」こと（幣原喜重郎『外交五十年』読売新聞社、一九五一年、七六頁）や、二九年の中ソ紛争において幣原（外相）が不戦条約を根拠としたアメリカの介入に批判的な態度をとり、両国の直接交渉を優先しようとしたことにも示された。中ソ紛争については、臼井勝美*「一九二九年中ソ紛争と日本の対応」、土田哲夫「一九二九年の中ソ紛争と日本」（『中央大学論集』第二二号、二〇〇一年）参照。

(121) 入江啓四郎『*ヴェルサイユ体制の崩壊　上巻』七四〜七八頁。

第二章　近代日本の出兵・開戦正当化の論拠

はじめに

第一章で確認したように、第一次大戦後に成立した国際連盟規約により戦争違法化が開始され、戦争を正当化する論拠としての自衛権がより重視される傾向が強まっていった。それでは、戦争違法化開始以前における近代日本の対外武力行使は、どのような根拠によって正当化されていたのであろうか。

戦争違法化以前の戦争をめぐる国際法の状態は、無差別戦争観の時代とされる。この無差別戦争観について、国際法学者の田畑茂二郎は、「戦争は、国家が一定の手続き（＝戦意の表明）を経て行うかぎり、その理由の如何にかかわりなく、すべて合法性が認められると、一見理解されるような、そうした考え方が、国際法学における支配的な見解となり、そうした状態は、第一次大戦前までずっとつづいていた」としたうえで、無差別戦争観は「正戦論を否定したからといって、ただちに、あらゆる戦争を、その原因の如何にかかわらず、積極的に是認するという趣旨のものではなかった」のであり、「無差別戦争観の下においても、多くの学者が主張するように、戦争を自助の手段としてのみ肯定するという考え方そのものは、やはり根底にあったとみるべき」であると述べている(1)。これは、無差別戦争観の時代においても、戦争に訴えることを正当化する根拠が自助（たとえば正当防衛としての自衛）に求められる必要があったことを指摘したものである。とすれば、近代日本の対外的武力行使の正当化の論理は、右のような無差別戦争観下の戦争観によって一定の制約を受けていたと考えられる。

本章では、戦争違法化開始後における日本の対中武力行使がいかなる論拠で正当化されたのかを検討する前提として、無差別戦争観下における近代日本の代表的な対外武力行使がいかなる論拠で正当化されたのかを検討し、その特徴や問題性、戦争違法化後の正当化の論理との連関などを考察することを目的とする。

なお本章では以下、行論上の便宜から、出兵・開戦に関して主張された名目や根拠といったものをやや大げさではあるが〈……論〉と呼称していく。

一 近代日本の出兵・開戦正当化の論拠

1 台湾出兵

一八七一（明治四）年に発生した台湾の先住民による琉球民殺害事件などを根拠に、日本が台湾の一部割譲などを企図して敢行されたのが七四年の台湾出兵であった(2)。

一八七四（明治七）年二月六日、大久保利通・大隈重信両参議により提出された「台湾蕃地処分要略」を政府は閣議決定し、台湾出兵を正式に決定した。「要略」は、「我藩属たる琉球人民の殺害せられしを報復すへきは日本政府の義務にして討蕃の公理も茲に大基を得へし」と〈報復論〉を根拠とした出兵を主張した(3)。また四月五日に、明治天皇は台湾蕃地事務都督に任命された西郷従道に「親勅」と「特諭」を与えた。前者では、「我国人を暴殺せし罪を問ひ相当の処分を行ふへき事」、「彼もし其罪に服せされは臨機兵力を以て之を討すへき事」、「爾後我国人の彼地方に至る時土人の暴害に罹らさる様能く防制の方法を立つへき事」とされ[4]、後者では一八七一年の琉球民殺害事件と七三年に小田県民四名が台湾に漂着し「衣類器財を掠奪」された事件に対して「膺懲」を行い「彼野蛮を化して我良民を安する[5]」とされた。前者では、台湾先住民が琉球民を殺害した罪の責任追及と以後の再発防止策の確立を求めるという性格が強く、単なる〈報復論〉というよりは〈問責論〉という方がよいであろう。一方後者では〈膺懲論〉が展開されているが、それはさらに野蛮に対する開化であるという〈開化論〉にまで展開されている。

明治天皇の命を受けた西郷は、七四年四月九日、軍艦を率いて東京湾から長崎へと向かったが、この時点では列国への公式な説明はなされていなかった。そもそも日本の台湾出兵構想が、一八七二年一〇月以降に、アメリカの駐日公使デロングおよびアモイ（厦門）駐在領事リゼンドル（デロングにより日本政府に紹介された）の示唆や計画を受けつつ具体化されていったという経緯から、日本側では列国がこれを問題にするとは予想してなかったようにも思われる。しかし一〇日、イギリス公使パークスは寺島宗則外務卿と会談し、日本が出兵計画をあらかじめ清国政府へ通告していない点を捉え、出兵と通告の順番が逆であると指摘した。この会談後、同日パークスに提出された日本側回答では、以前台湾に対して「北米里堅合衆国政府より使を派し処分せし例に倣ひ」、日本は担当官員を派遣して、加害者らを「懲し」、再発を防止するためであると[6]、〈問責論〉に加えて、列国の先例にならったという〈列国先例論〉によって出兵を正当化しようとした。

しかしパークスは一三日には、清国政府が日本の出兵を敵対行為とみなす場合は、イギリスは局外中立の姿勢をとるとして、列国外交団に同調を呼びかけた[7]。そして「パークスの息がかかっていた」とされる『ジャパン・ヘラルド[8]』は一七日に、台湾は清国領土であり、「和親国の土地へ兵卒を上陸」させるならばあらかじめ両国間の取り決めにより相互に「同意」したのでなければ「其土地を犯せるなり」[9]と批判した。

さらにパークスや『ジャパン・ヘラルド』の出兵批判に影響されたアメリカ公使ビンガムは四月一八日に寺島外務卿に対して、アメリカ人が清国に対する「戦争の為」に雇い入れられることは認められないと通告した。[10]それに対して寺島は、「斯る土蕃に対し西洋諸邦問罪の師を挙しは其例間々之ある所なり」との〈列国先例論〉と、出兵の目的は「威力を示し」て談判し、台湾側が「前罪を謝し自今斯る暴挙なく違反する事有らは日本に於て賠償を請求するの条理あるへき旨を保証せしめ」るためであるとの〈問責論〉を展開し、戦争ではないとの立場を標榜した。[11]しかしビンガムは四月一九日に寺島に宛てた通知で、「先つ台湾出兵の主意を清国政府に告け以て其政府より書面にて異儀有らさる旨の確証を取り然る後」に台湾に出兵するべきで、これが「各国の通義風習なるは毫も疑を容れさる所」であると断じた。[12]このビンガムの批判によく示されているように、英米の批判は「各国の通義風習」、すなわち国際慣習法（万国公法）を根拠として、日本の出兵手続きの不当性を批判したものであった。これは〈万国公法論〉による批判といえる。

一方、清国側は、台湾は清国の管轄下にあることを前提に、日本の出兵は万国公法および日清修好条規に違反すると非難した。[13]それに対して日本側は「人を殺せは其代りに己の命を取られ、人の物を盗めは夫れ程の罰が当ると云事を民に教へて其悪心を戒しむるは、万国一般の定法」と反論し、さらに「英米など」が「蕃地を如此処分せし例もある」と主張した。[14]また台湾の帰属についても「[万国]公法上に於て政権及はさる地は版図と認めすと云へり」として、清国の領土権を否認した。[15]ここでは日本側は、居留民保護権、領土権という点について〈万国公法論〉を展開し、出兵については〈列国先例論〉を展開したのである。[16]

しかし日本側のこうした主張に対して、イギリスやアメリカは清国の台湾に対する管轄権を認める立場を明確にし、[17]

また〈問責論〉と出兵規模の乖離を指摘して非難をエスカレートしていった。すなわちパークスは五月八日、寺島に「全く談判丈けならば一艘の船に二三人を乗せて可然候」[18]と批判し、さらに六月一八日にも「大兵を他国の領地に送る焉んそ戦に非すとせんや……他国に於ては無論戦争と見做申候然るに未た各国公使へ公けに御報知無之先に私に兵隊出発せり此挙動文明国には有之間敷事也貴政府動もすれは能万国公法を引て論するに此挙のみ公法に反す……貴国の万国公法を犯すは明か也……万一他国へ三千の大兵を送る時は必す戦争と可相成候……万一他国の兵三千北海道に向て来らは貴国夫之を何と歟するや」、「此末如何成行も貴国と支那との間の事なれは何も申に不及候得共貴国万国公法に反せり」と断言したのである。[19]これも〈万国公法論〉による批判であったといえる。

日本は台湾出兵については当初はおもに〈問責論〉によって正当化を図ろうとし、その後〈列国先例論〉を展開し始めたが、これはパークスらの批判を取り繕うために持ち出された印象が拭えない。そして〈万国公法論〉は、居留民保護権の点で日本側の〈問責論〉の根拠とされた一方で、清国や英米からは日本の出兵手続きや規模を批判する根拠としても展開された。

2　江華島事件

明治政権が、いまだ列強も成功していない朝鮮「開国」のきっかけを得るべく引き起こした軍事衝突が、一八七五(明治八)年の江華島事件であった。[20]

江華島事件に関連する軍事的動向は三つの段階に分けて考えることができる。第一段階は、江華島事件が発生する四ヵ月程前の一八七五年の五月二五日に、日本の軍艦雲揚がなんの予告もなしに釜山港に入港したことである。朝鮮側がこの行動について詰問したのに対して、日本側では外交官護衛のための軍艦派遣は当然と答えた。[21]

第二段階が、江華島事件であり、九月二〇日に軍艦雲揚は江華島沖に進出し、江華島の朝鮮軍と軍事衝突事件を引き起こした。寺島宗則外務卿は、まず一〇月三日、各国公使に対して「九月廿日雲揚艦朝鮮国都近海江華と申辺へ航行小艇を下し測量致候処同国砲台より砲発致候……其日は引揚け翌廿一日に至り懸合の為再ひ進艦致候折柄又候砲発致し候より無拠砲門を開き答発致し終に上陸砲台焼払大小砲三十六挺分捕り」と説明し[22]、また一〇月九日にイギリス公使パークスに対して、雲揚艦が江華島の近傍に碇泊し「飲料の水を得んか為め端船を卸し海峡に入」り、「彼〔朝鮮側〕の役人問状の為め船に来り其来意を問ふ」のを従来同様に期していたところ、「突然小銃の声を聞」き、さらに「砲門より大小砲を列発して端船を襲撃」されたと説明している[23]。ここでは朝鮮側の攻撃の不当性を前提に日本側の反撃を正当化しているので、〈正当防衛権的自衛権論〉が展開されたといえる。

この軍事衝突について日本が列国から強い非難にさらされるような状況は生じなかった。むしろ北京の列国公使の間では、「各公使之口気は彼既に砲を開き罪を得たれは貴国政府は即ち之を問うの名有り誠に能一挙以て開通之功を収めは欧米之船将来朝鮮に到るも其賜を受る多々と申し」、「此罪を問ひ国を開くは正に日本之義務に当れり抔」と、日本が朝鮮を開国すべきことを鼓舞する声すら生じていた[24]。朝鮮の開国という政治的メリットから、日本の挑発的行動は列強に許容されたのである。

第三段階は、江華島事件の処理交渉のための軍艦を含む小艦隊派遣である。一二月九日に寺島外務卿は各国に駐剳する日本公使に、黒田全権が「警衛艦両三艘」をもって江華島に向かうのは「全く彼国と貿易を拡張し且向後我雲揚艦の如く彼海岸に至り欠乏品を求むる船に暴動無之為の談判」のためであると事情を報じるとともに[25]、駐日各国公使へも右事情を説明した。それに対してアメリカ公使ビンガムは「公法に拠れは他国の境内に無沙汰に軍艦を乗入るは不条理なり」と〈万国公法論〉による批判を展開したが、寺島は「仮令は貴国コモドールペルリが下田に来る如きの処置なり」と〈列国先例論〉を根拠に切り返した。[26] また駐日フランス公使ベルテミーに対して寺島は「今般の儀は我国及朝鮮国の利益を開くのみならす追て世界一般にも利益関係を生候事」と、〈列国利益論〉をも強調した。一方で寺島の仏・独・伊各国公使に対する説明には、「陸兵」は引率しないこと、交渉決裂が開戦を意味するものではないことなどが含まれたが、これは侵略的意図がないことを表明したものといえる。[27]

第一段階と第三段階の軍艦派遣は護衛のためと主張されたが、ビンガムに示された〈列国先例論〉の方が根拠としては有力と考えられていたように思われる。第二段階での日本の武力攻撃は、内容的にはほぼ〈正当防衛的自衛権論〉により正当化されており、列国もそれを基本的に許容したと見られる。そしてさらに〈列国先例論〉と〈列国利益論〉により威圧的な開国交渉が正当化されたのである。[28]

3　日清戦争

日本が、朝鮮に対する支配権の獲得と清国領土分割を企図して、一八九四（明治二七）年に開始したのが日清戦争である。[29] この開戦経緯は、朝鮮への出兵という第一段階、それから清国との戦闘開始という第二段階があり、それぞれ異なる正当化の論理が用いられた。

第一段階は、朝鮮における甲午農民戦争という事態を受けての朝鮮への出兵実施である。農民戦争が開始されたのは一八九四年五月であったが、六月二日になって杉村濬駐朝代理公使から政府に、農民軍の全州占領と、朝鮮政府の清国への派遣要請という事態が打電された。この電報を受け、伊藤博文内閣は、朝鮮政府に対する居留民保護要請もせずにいきなり派兵する方針を決定した。すなわち日本は、「帝国公使館領事館及居留帝国臣民に危険を及ぼすの虞ありと認めらるゝとき」および「清国政府より兵員を朝鮮国に派遣すべき情形確なりと認めらるゝとき」の二項の場合において「帝国政府は直ちに兵員を派遣す」るとし、朝鮮に関しては一八八二年の「済物浦条約第五款」および一八八五年七月一八日「高平臨時代理公使の知照」を根拠に、また清国に関しては一八八五年の「天津条約第三款」と居留民保護を根拠に出兵したの立場をとることとしたのである。(30)

済物浦条約第五款は「日本公使館は兵員若干を置き警衛する事」をうたっていた。また天津条約第三款は「将来朝鮮国若し変乱重大の事件ありて日中両国或は一国兵を派するを要するときは応に先つ互に行文知照すへし其の事定まるに及ては仍即ち撤回し再たひ留防せす」とうたっていた。これらの条款自体は日本に派兵を権利として与えるものではなかったから、出兵の最大の根拠は〈居留民保護論〉であり、右の条約を根拠とする〈条約論〉は補助的なものであった。

そのため東学党勢力が闘争を中断し、朝鮮の治安が鎮静に向かったことは、〈居留民保護論〉という出兵の最大の根拠が失われたことを意味し、それは当然〈条約論〉を無意味なものとした。

日本政府が出兵状態を維持するためには、新たな根拠が必要となったのである。そこで政府は六月一五日の閣議で次のような方針を決定した。すなわちまず、朝鮮政府は国家の秩序平和を維持する能力を欠くため、清国は今後また出兵するかもしれず、その場合日本も出兵して「均勢」を保たなければならなくなるので、このさい「日清韓の間に於て将来執るべき政策を籌画し以て永く東洋大局の平和を維持するの道を講する」必要があるとした。そしてそのために、清国に対して日清共同での農民軍鎮圧と朝鮮内政改良のための協議開始を呼びかけ、その結果を見るまでは撤兵しないこと、そして清国が賛同しないときは日本が独力で朝鮮政府に政治改革を行わせることをうたった。(31) これは隣国の内政不安が自国の安全保障上看過できないということを根拠に出兵を正当化するものであった。ここに見られるような、東洋の平和や自国の安全を保障するために出兵（開戦）が必要であるという論理を〈安全保障論〉と呼んでおく。[32] 右の方針は翌日陸奥宗光外相から駐日清国公使汪鳳藻に申し入れられた。[33] 清国側が日本の提案を拒否すると、六月二二日に陸奥外相は汪公使に対して、朝鮮の内乱発生は朝鮮が「独立国の責守を全ふするの要素を欠く」ことを示すもので、そうした「惨状悲況」を傍観するのは「我国自衛の道にも背く」ものだと通告した。[34] 〈安全保障論〉から〈自衛論〉が導かれたわけである。

そして日本は清国との開戦の正当化に突き進んだ。ここでは「日本が自衛の為め已むを得ず受け身の地位に立つに非ざれば開戦せざるべき旨英露其他各国に明言したる言質を維持する丈の地位を占め置かざるを得ず」[35]、あるいは「疆土侵略の意に出てたるものに非らず」[36] との説明ぶりに示されるように、受動的な開戦、領土侵略的意図の否定ということから〈正当防衛権的自衛権論〉を根拠づける論理も展開されてくる。[37]

日本の出兵維持・朝鮮内政改革要求は、開戦回避に向けた列国の介入や清国の交渉拒否に直面したが、撤兵という選択肢を放棄していた日本は力ずくで開戦に持ち込む道へ進んでいった。七月一二日に開かれた閣議は清国総理衙門への照会案を決定した。そこでは、日本は朝鮮の内政改革によって内乱の根源を絶とうとしているのに、清国政府は日本の撤兵のみを主張し、日本の提案を容れる気配がなく、「是れ則ち貴国政府が事を好むものに非らずして何ぞや」[38] と倒錯した論理を展開し、日清開戦の責任は清国の好戦性にあると断じたのである。

そして事態はまず朝鮮への武力行使へ向かった。七月二〇日、日本は朝鮮政府に清国軍の撤退と宗属関係の破棄などを求める最後通牒を提出し、二三日早朝、朝鮮王宮を約三時間にわたる戦闘の末に占拠し、国王を「とりこ」とした。[39] そして二五日、日本の圧力のもとで大院君は清・朝鮮の宗属関係の廃棄を宣言するとともに、牙山に駐屯している清国軍の撤退を日本側に依頼した。同日、日本艦隊は、豊島沖で清国軍艦を攻撃し、清国との戦闘状態に入った。この過程での朝鮮王宮占領に際しての武力行使は日本側の計画的行動であったが、日本側は朝鮮軍が先に発砲したのに応戦したと正当化した[40]。また清国軍艦攻撃については「清国軍艦は牙山近旁に於て帝国軍艦に向て発砲せり」と清国側が先に攻撃したとの立場をとった[41]。受動的な開戦、すなわち〈正当防衛権的自衛権論〉を標榜したのである。

このような経緯を経て八月一日の宣戦詔勅に至ったのだが、そこでは次のような論理を展開して対清開戦を正当化した。日本の内政改革勧告を朝鮮が承諾したにもかかわらず、清国は「大兵を韓土に派し我艦を韓海に要撃し殆と亡状を極め」た。清国の計画は、朝鮮独立の地位とそれを示す条約を曖昧にすることによって、「帝国の権利利益を損傷し以て東洋の平和を永く担保なからしむる」ことにある。ここに至っては朕（明治天皇）は「公に戦を宣せさるを得さるなり[42]」というのである。ここでは〈安全保障論〉と〈正当防衛的自衛権論〉から開戦が正当化されたのである。

ところが七月三一日に陸奥外相から各国代表者（清国公使を除く）になされた通告では、日本は日清間の「紛議」を解決しようと尽くしたが効を奏さないことが明白となったので「帝国と清国との間に戦争の情状の現在する事を御通告する」と述べたにとどまった[43]。これは単に清国との国際紛争を平和的に解決できなかったので、戦争状態になっているというのであって、〈交渉決裂論〉とでもいう論理である。前述したように日本はすでに対外的には〈安全保障論〉〈自衛論〉を展開していたにもかかわらず、ここではそうした論理による開戦の正当化は展開されなかった。

また詔勅においても〈自衛論〉はおろか、その根拠である朝鮮独立擁護論も明確には展開されず、清国の脅威を強調しているだけである。檜山幸夫が明らかにしているように、七月三一日の開戦の詔勅起草段階では清国と朝鮮両国に開戦するという形態も考慮されていた[44]。朝鮮に開戦するというのでは、朝鮮独立擁護や清国が朝鮮独立を脅かしているという論理を展開できるわけはない。こうした事情が、結果的に〈自衛論〉を明確に主張するのを躊躇させたのではないかとも推測される。

4　義和団事件

周知のように義和団事件に際しての清国での軍事的対応は欧米列国が先行する形となった。反キリスト教・反ヨーロッパ文化的な排外運動としての義和拳（大刀会）の活動が山東省で活発になり始めたのは一八九六年ごろであった(45)。義和拳は欧米人宣教師や中国人キリスト教徒（教民）の殺害、教会・鉄道・電線などの破壊を繰り広げたが、九九年には山東巡撫によって団練として公認され（義和団となる）、勢力を増した義和団は「扶清滅洋」を掲げて首都北京のある直隷省へ進行した。

この運動に脅威を感じた北京の欧米列国公使団は、一九〇〇年一月二七日、三月二日と重ねて清国に排外運動の鎮圧と、外国人の生命財産保護を要請したが、義和団鎮圧には至らず、四月初めには軍艦を天津方面に集結させつつ、二ヵ月以内に義和団を鎮圧しない場合は列国軍が鎮圧に乗り出すとの方針を清国に対して申し入れた。従来も義和団鎮圧方針を表明していた清国側が、改めて約諾したことで列国も了解をした(46)。

しかし清国が義和団鎮圧に力をもたないことが明白となり、五月下旬に北京の各国公使団は自国軍による居留民保護方針に傾いていった。そして五月二八日に、北京南方近郊の豊台で外国人襲撃事件が発生したのをうけて、列国公使団は護衛のため陸戦隊を北京に入れることを決定し、その旨を清国側に通告、三一日には大沽に集結していた英・仏・露・米・伊・日の艦隊からの軍約三〇〇人が北京に到着した（列国第一次出兵）。ここでの出兵はいうまでもなく〈居留民保護論〉に基づくものであった。

以上の義和団事件当初においては、列国は清国に対して〈居留民保護論〉を根拠として、武力による威嚇は含みつつも、清国自身が義和団の活動を鎮圧するよう要請し続け、それが不可能と判断された段階で直接武力保護に乗り出すという対応をとったのである。

この間の日本側の対応を見ると、まず日本政府は四月末に西徳二郎駐清公使に列国公使と「共同して動作」するよう指示を発していた(47)。ここでは列国と共同ということが最優先の判断基準であった〈列国共同論〉。しかし西の事態に対する楽観などから共同動作への参加はやや遅れ(48)、五月二八日の豊台襲撃事件に至って、天津の鄭永昌領事が急遽「愛宕艦長に対し日本居留民保護の為め水兵を上陸せしめんことを請求」したうえ、「帝国政府より速に巡洋艦を派遣せられたし」と青木周蔵外相に要請するに至ったのである(49)。この段階ではすでに列国が〈居留民保護論〉による出兵を実施する状況となっていたのであり、日本が〈居留民保護論〉による出兵を列国と共同で実施することについて、列国が異議を唱える可能性はなかったといえるだろう。

さて、この五月末に実施された列国の北京派兵は居留民保護のための小規模な出兵であったが(50)、六月に状況は悪化した。義和団は六月一四日には北京で、また一七日から一八日にかけては天津で戦闘を繰り広げ、義和団の排外エネルギーに幻惑された西太后は一九日に列強に対する宣戦を決定した。義和団は、二〇日にはドイツ公使フォン・ケテラーを射殺し、さらに北京各国公使館を包囲した。そして清国は二一日に連合軍八ヵ国に対して宣戦したのである。この間の六月一一日には日本公使館書記生杉山彬が多数の義和団員を含む甘軍兵士に殺害されている。

北京の事態の悪化を受けて、六月末以降イギリスは日本に大規模出兵を再三要請し、日本政府は七月六日に第五師団の派遣を閣議決定するに至った。その閣議決定においては〈居留民保護論〉は展開されていない。「要するに軍略上に於けるも又政略上に於けるも我邦は急に師を出すを以て利ありとすへく」という判断がその結論である。そして軍略上は結氷の時期に初めて兵を出すのでは北京攻略は望めないという軍事的タイミングの問題、また政略上は日本の大兵が事態を鎮圧すれば、その功績により「各国は永く我を徳とせん」といったことが指摘された。「清国政府を膺懲して」という言葉も見られるが膺懲のための派兵という論理はとられていない。(51)出兵の根拠が積極的にほとんど語られていないのがこの閣議決定の特徴といえる。すでに〈居留民保護論〉による列国の共同出兵が実施されており、日本の出兵への列国の期待が存在する以上、大規模派兵を正当化する論拠は改めて必要とされなかったのであろう。

一方、列国の方では、〈居留民保護論〉以外に、中国人に対する差別感から出兵を正当化する論理が展開されていたことを指摘しておきたい。たとえば英国インド軍のウォドハウス将軍が、今回の戦争は「無知蒙昧なる残忍酷薄なる野蛮の一族を膺懲」するためだと演説したのは端的な例といえるし、(52)フランス大統領ルーベが「我か権利の侵害我か正当利益の蹂躙及支那に於ける文明と進歩とを代表する凡ての事物に与へられたる野蛮的襲撃に基」づく戦役と表現し、(53)また駐墺イギリス大使が「文明国の婦女子将に惨酷の最後を遂けん」とするのを見殺しするのは「二十世紀に於ける文明を誇る列強国の所為と思はさるなり」(54)と語ったのも同様であった。そしてイギリスの『タイムス』八月二〇日付社説が、公使館救助などにおける日本の役割を高く評価したさいに「日本は欧洲開明国と相位するに耻ちす」と述べたのは、〝野蛮〟な清国と対比されていたからであったといえよう。(55)こうした議論は「野蛮」を「膺懲」し「文明化」するとの観点から武力行使を正当化するものであり、〈膺懲開化論〉とでも呼べよう。

5　日露戦争

ロシアは、義和団事件に際して中国東北（満州）を軍事占領下におき、一九〇二年四月に露清間で撤兵協定が締結された後も、それを無視し、満州の大半を占領し続けた。みずから朝鮮支配を追求する日本は、朝鮮への影響力をも強めるロシアとの対立を深め、一九〇三年に朝鮮と満州での優越権を相互に承認するという勢力圏分割で合意すべく、ロシアとの交渉を開始した。しかし同年末には日本の朝鮮での優越権を容易に承認しないロシアの態度が明確になり、日本は対露開戦論に大きく傾いていった(56)。

一九〇四年一月三日に小村寿太郎外相は駐日イギリス公使マクドナルドに、「日本国は独り自衛の為めのみに戦ふに非すして列国共通利益の防衛及列国か已に其対清政策の基礎たるへしと声明し殊に日英協約に於て確認せられたる主義の維持の為めに戦ふものなる事(57)」を説明した。ここでは〈自衛論〉と〈列国利益論〉、さらに〈条約論〉によって開戦の正当化が図られている。

同時期に栗野慎一郎駐露公使は駐露イギリス大使に対して、日本は「戦争に関し発動的の行為を執らざる」決心であると語っているが、これは日清戦争同様に戦闘開始の受動性ということから、〈正当防衛権的自衛権論〉を導こうとしたものといえる(58)。

また一月一二日に閣議決定された「満韓に於ける日露交渉に関する帝国の最終提案決定の件」では、軍略目的での韓国領土の使用禁止および中立地帯条項削除という日本側の要求を、ロシア側が承認しない場合は談判を中断し、「自ら其侵迫を受けたる方面に向て帝国の地歩を防衛し並に帝国の既得権及正当利益を擁護する為め」独立の行動をとる権利を保留する旨をロシア政府に通告し、「直ちに自衛の為め必要の手段を取る(59)」と述べた。ここでは朝鮮における日本の〈地歩防衛論〉と〈権益擁護論〉から〈自衛論〉が導かれたのである。

二月四日の閣議決定では、ロシアは日本と妥協せず、「若し此上時日を空過する時は我邦は外交軍事共に回復すへからさる不利に陥る」ので、「自衛の為め並に帝国の既得権及正当利益を擁護する為め必要と認むる独立の行動を取る」とされた(60)。ここでの軍事外交上の不利というのは、自国の安全・東洋の平和の危機というほど広い意味ではなく、当面の戦略（政略）上の判断といえる。つまり戦略的タイミングの問題（〈戦略論〉）から〈自衛論〉が導かれているといえる。そして〈権益擁護論〉は自衛とは別個の概念として扱われている。

そして同日やはり閣議決定された対露「最終通告案」では、「韓国の独立及領土保全」は日本の「康寧と安全」に不可欠であるとの〈安全保障論〉がより明確に展開されたうえで、ロシアが韓国の独立と朝鮮半島における日本の「優越なる利益」、「満洲領土保全」を承認しないので、日本は「自衛」手段を考慮せざるをえないと、〈自衛論〉が導かれ、日本が「侵迫を受けたる地位を鞏固にし且つ之を防衛する為め」（〈地歩防衛論〉）と「帝国の既得権及正当利益を擁護する為め」（〈権益擁護論〉）開戦すると述べられた。(61)

そして最後に、二月一〇日の宣戦詔勅は「韓国の存亡は実に帝国安危の繋る所」であり、「満洲にして露国の領有に帰せむ乎韓国の保全は支持するに由なく極東の平和亦素より望むへからす」(62)などと〈安全保障論〉に圧倒的な比重をおいて開戦を正当化したのである。

以上の日本の主張を見ると、〈自衛論〉の根拠を何に求めるのかという点で日本の政府レベルで確固たる認識が存在していなかった観がある。とりわけ、それ自体の根拠が条約などによって示されていない、曖昧で主観的な〈地歩防衛論〉〈権益擁護論〉といったものと〈自衛論〉の関係には不明確なものがあった。開戦決意の本音は二月四日の閣議決定にみられた〈戦略論〉にあったといえるが、対外的な意味のある対露最終通告や宣戦詔勅では、それを糊塗するために〈安全保障論〉に大きな比重をおいて、そこから〈自衛論〉を導く形に落ち着いたと見られる。

6　辛亥革命

一九一一年一〇月、清朝打倒を目指す革命勢力の武昌での蜂起を引き金に、中国は革命勢力と清朝勢力との内戦状態に突入していった。(63)こうした状況で日本を含めた列国が〈居留民保護論〉による軍事的対応をとっていった。

そうしたなかで日本が権益擁護の関係から軍事的保護を強く考慮した地点に、官営八幡製鉄所の鉄鉱石供給地である大冶があった。武昌蜂起から三日後の一〇月一三日、伊集院彦吉駐清公使は、大冶と日本の関係は密接であるから「帝国軍艦を派し冥々裏に我の保護の実を暗示し置かれ然るへきかと思考す尚強て外部に対する表面上の口実を有すと見做すへきは同地に在る居留民本邦人保護の名義を借るも一策なるへく」[64]と、内田康哉外相に献策した。ここでは〈居留民保護論〉を露骨に「表面上の口実」とすることが述べられていた。一方、海軍中央からは出先に対して、「大冶は暴動同地に波及するに至らは国家自衛権の名に依り防護し得へき理由あり其時機に至り要すれは居留民保護の範囲内に於て該地に於ける帝国特別利権の防護に勉むへし」との方針が指示された。[65]〈権益擁護論〉から〈自衛権論〉が導かれているが、筆者はここで海軍が「自衛」ではなく「自衛権」という言葉遣いをしている点にもやや注目している。というのは、これまでの分析で見られるように、政府や軍が武力行使を正当化するさい、「自衛のため」という言い方はよくされたのだが、「自衛権」という言い方はほとんど登場してこないのである。つまり「自衛権」という言い方をしている点からは、権益擁護のための武力行使は正当防衛的な権利行為であるとの認識が読み取れるようにも思うからである。ともあれこれらの論理はこの段階で対外的に表明されたものではないが、対外的な説明を念頭においたものといえよう。

また、日本側が派兵を強く企図した地域に京奉鉄道の関外部分（山海関～奉天）、いわゆる関外鉄道部分があった。京奉鉄道の保全については伊集院公使が一〇月末には外務省に打診し始めたが[66]、内田外相は一〇月二九日に伊集院に対して、京奉鉄道の占有は「帝国の実力に照らし急遽鉄道を占有し置くを必要とする理由なしと認むる」と消極的な方針を伝えた。[67]ところが一一月五日に駐清イギリス公使ジョーダンは伊集院に対して、義和団事件の「先例に依り」との〈列国先例論〉を展開し、列国側で京奉線保全を断行したい旨申し入れた。[68]日本はそれに乗じて、義和団事件に際して関外鉄道保全を担当したのはロシアであったから、「先例」によるならば「南満州に於ける露国の地位を継承」

した日本がそれに当たるのは「当然」のことだと、〈列国先例論〉と条約的地位を結びつけた一種の〈条約論〉を展開し、「自衛上」日本が単独で保全することにつきイギリス側の承認をとりつけるよう山座円次郎駐英臨時代理大使に指示した。なおここでの〈自衛論〉の根拠は「関外鉄道は送兵其他の必要上」、すなわち義和団事件の北京居留民救出のような事態に際しての派兵ルートの確保ということにおかれていたのであり、〈居留民保護論〉から導かれたといえる。(69)

日本の要望に対してイギリス外相グレーは、日本が「関外線を占領」した場合のロシアの動向と、この機に乗して列国が利益獲得を図るならば革命運動が排外運動に転じる可能性があることを憂慮し、列国は行動を必要最小限にとどめるべきで、関外線保護の必要が生じるまでは日本の同線占領を支持することはできないとの態度を一一日に表明した。(70)これは実質的に日本の出兵に反対したのであり、日本の〈自衛論〉〈列国先例論〉が、居留民保護の範囲を超える列国の行動は避けるべきだとする建前をとるイギリス側に対して説得力をもちえなかったことを意味していた。

この関外鉄道に関しては、一二年二月初めに橋梁保護のためという名目で出兵が実施された。しかし、この出兵に対しては清国側が、義和団事件最終議定書には関外鉄道に各国兵の駐屯を許す規定はないことなどを根拠に日本側に撤兵を申し入れた。伊集院公使はこの抗議は清国側にすれば「一応尤の儀」であるとしたが、(71)内田外相は、そうした「規定なきことは勿論」だが、今や清国では革命叛乱に加え匪徒の蜂起もあり、各国も「自衛の為」各地に兵を駐屯させている状況であり、「素より平時の常規を以て現在の情態を律すへからさるものあり」としたうえで、義和団事件に際しロシアが該鉄道保全の方法を講じたことを根拠に出兵を正当化した。(72)非常事態ならば法的には権利のない行為も容認されるという〈非常事態論〉とでもいうべき論理と、〈列国先例論〉により出兵を正当化したのである。

一方、満州では、日本軍守備隊の軍事行動の基準が問題となった。これに関しては一一月一一日に内田外相から奉天の小池張造総領事に対して、「居留民並鉄道保護の為必要なるか又は帝国の利権にして侵害を受くる情態に立至らさる限りは軍事行動を避くること」との指示が出された。(73)また陸軍側では関東都督に対する訓令において、「軍事行動を律す」る基準として、「関東都督は南満洲に於ける本邦居留民保護の必要若は帝国の利益を侵害せらるゝの情態発生し之を要するときは兵力を使用することを得」ること、また満鉄側からの鉄道保護請求や領事館・民団長から「居留民保護若は我帝国の利益保護」のため兵力の請求あるときはただちにこれに応じること、外国領事からの「領事館若は居留民保護」請求にも応じることが示され、「兵力使用に方り取るへき軍事行動は其の目的を達するに必要なる範囲に限るを要す」との指示も与えられた。(74)〈居留民保護論〉〈権益擁護論〉の範囲での軍事行動は正当としたわけである。

この権益擁護という点では、辛亥革命に際して保護するべき権益というものは、かなり具体的に認識されていた。たとえば一一月二五日の第三艦隊司令官への訓令では、大冶鉄鉱、漢陽製鉄廠、九江鉄道をあげて対応を指示している。(75)日清・日露戦争のさいの〈権益擁護論〉が具体的な権益をあげないままに語られていたのとは異なる状況であった。

また、以上のような〈居留民保護論〉〈権益擁護論〉などを根拠とした軍事的対応は、実質的に革命派に対する干渉的性格を発揮する状況も生じた。その顕著な事態は、一二年一月中旬の革命軍の満州沿岸中立地帯への上陸問題に示された。すなわち日本の第二艦隊司令長官吉村茂太郎中将は、革命軍の右上陸は「自然満洲に騒乱を醸し満洲在住の内外国官民は之か為め甚しく動揺損害危険を感するに至る」との観点から、上陸阻止の手段として第一に「勧告」、第二に「声明」、第三に「兵力を以てする直接威圧」の三段階を設定していることを斎藤実海軍大臣に報告した。(76)日本による中立地帯の設定自体が干渉的性質をもっていたともいえるが、さらにこうした対処方針がとられたわけである。そして海軍中央が第二艦隊司令長官に伝達した、「革命軍上陸し其の結果地方の秩序を紊し居留民邦人等に危険を及ぼすの虞ある場合には帝国に於て之を制圧するは已むを得さる自衛手段なりと認むる」[77]との方針から窺われるように、〈居留民保護論〉にたてば、革命軍を制圧することも「自衛手段」として正当化しうるとされたのである。ここには居留民保護に必要な軍事行動の範囲から逸脱した軍事行動までも、〈居留民保護論〉で正当化しようとの認識が示されていた。さらにいえば、内田外相が「万一革命党の勢力強盛となり満洲の秩序紊乱するに至ることありとするも右は我満洲政策の発展に一歩を進むるの動機となるやも計り難き」[78]と、出先に指示したように、外務省側でも〈居留民保護論〉を勢力拡張につながる行動の単なる口実として位置づけていたのである。

このような〈居留民保護論〉の展開の一方で、一二年二月中旬に入ると、より抽象的性格が強い〈特殊権益擁護論〉が強調され始める。すなわち、「帝国は満洲に対し一種特別の地位を占め居るものにして即ち帝国は南満洲地方に於て特殊の権利及利益を有するのみならす帝国の領土は該地方南方境界の大部分と接壌し居る次第なるを以て帝国の特殊権利及利益を脅かし或は該隣接地方の公安及秩序を紊乱せんとするか如き何等事態の南満洲に発生する場合に於ては帝国政府は将来に於ても亦従来の通此等特殊の権利及利益を擁護し併せて擾乱を防止するに必要と認むる特種の行動に出てさるへからさる」というものである。[79]これは具体的な権益擁護あるいは居留民保護に必要な軍事行動の範囲を越えた規模での軍事行動を、「特殊権利及利益」擁護と朝鮮の秩序維持ということを根拠に日本は正当化できると表明したものであり、〈特殊権益擁護論〉による正当化とでもいえよう。

以上、辛亥革命に際しては、〈権益擁護論〉〈居留民保護論〉を基本として、そこから〈自衛権論〉への派生が見られ、一方、従来見られなかった〈非常事態論〉〈特殊権益擁護論〉が登場した。そして、それらを補強する形で〈列国先例論〉や〈条約論〉が援用されたのである。

7　第一次世界大戦

一九一四年七月二八日、オーストリアはセルビアに宣戦布告し、事態はドイツ・オーストリア側とイギリス・フランス・ロシアの三国協商側の連鎖的開戦へと発展した。この第一次世界大戦において日本は、日英同盟、日露協商、日仏協約を通じて三国協商の側にあった。一九一一年に締結された第三次日英同盟条約は、第二次日英同盟条約同様に、「東亜及印度の地域」(清国含む)における権利または利益に危殆が迫った場合、それを擁護するために「執るへき措置を協同に考量す」ること(第一条)、日英の一方が敵国から攻撃・侵略を受けたことにより該地域で「其の領土権又は特殊利益を防護せむか為交戦するに至りたる時は」、他方は「直に来りて其の同盟国に援助を与へ協同戦闘に当」ること(第二条)を規定していたので[80]、日本が参戦する最大の根拠が同条約におかれたのはいうまでもなかった。加藤高明外相は、イギリスが参戦する前日の八月三日には、駐日ドイツ大使に対して、ドイツ艦隊が香港を攻撃するような場合は「日本は日英同盟条約の規定に準拠し同盟国として当然の責務を果」たすとの態度を表明していた[81]。四日朝、駐日イギリス大使グリーンは、戦争が極東にも波及し「香港及威海衛が襲撃を受く」る場合には日本の援助を求めるとのイギリス政府の意向を加藤に伝達した。同日午後、同大使に対して加藤は、香港または威海衛の攻撃のような明確なる問題ならば「直ちに且殆ど自動的に同盟条約の適用を見る」が、公海で英国船が拿捕されたような場合は「直ちに同盟条約の適用ありと断ずるを得ざるべく」、イギリスから日本に「協議」するように申し入れた[82]。極東でドイツがイギリス領土・租借地を攻撃した場合は第二条による自動的参戦、それ以外の英独交戦状態の発生においては第一条によるイギリスとの協議に待つとの姿勢がとられたのである。

七日にイギリス側は、ドイツ仮装巡洋艦捜索および破壊のためイギリスを援助することを日本に要請した。加藤外相はそのような限定的な援助に難色を示し、「日英協約の規定に基き英国政府の請求に応し戦闘に参加すること」が適当であるとの態度を表明した。(83) そして九日に加藤外相からイギリス大使に手交された覚書では、対独宣戦においては「独乙国の侵略的行動の結果として東亜の方面に於ける一般の平和侵迫せられ且其特殊利益か危殆に瀕するに至れりと認め之か為め英国は日本に援助を求め而して日本は其請求に応したること」とするとの意向を伝達した。(84) 対独開戦の論拠としては〈安全保障論〉と〈特殊権益擁護論〉があげられ、後者が日英同盟協約の規定にあてはめられる形で〈条約論〉があげられたのである。しかし中国とアメリカの極東中立化の意向を受けて、イギリス側は日本への参戦要請を一〇日に取り消した。

結局、日本はイギリスとの合意を欠いた状態のまま、八月一五日に「極東の和平を紊乱すへき源泉を除去し日英同盟協約の予期せる全般の利益を防護する」ための措置として、日本および中国海洋からドイツ艦艇を即時退去することと、膠州湾租借地全部を日本帝国官憲に交付することにつき、八月二三日正午までに無条件に応諾することを求める最後通牒をドイツに提出した。(85) そして二三日の対独宣戦布告においては「〔日英〕両国は同盟条約の予期せる全般の利益を防護するか為め必要なる措置を執るに一致した」としたうえで、ドイツが日本の要求を期日内に応諾しなかったと述べ、日英同盟協約とドイツの無回答に開戦の理由を求めた。(86)

以上のように第一次世界大戦への参戦は、〈安全保障論〉、そして〈特殊権益擁護論〉に導かれた〈条約論〉によって正当化が図られたといえる。そしてドイツに対しては最後通牒を提出し、その要求をドイツが受諾しなかったという〈交渉決裂論〉も展開された。ただし、これは膠州湾租借地をめぐる日独交渉が行き詰まった結果の最後通牒提出という内容をともなっていなかったので、同地を略取するための口実をこの最後通牒という手続きに求めたにすぎなかったといえる。

8　シベリア出兵

一九一七年一一月七日、ロシアでボリシェビキによるソビエト革命が勃発した。連合国内部でシベリアへの出兵を提起したのはフランスであった。すなわち一二月三日の連合国最高軍事会議において、フランスの軍事代表フォッシュ参謀総長は、南部ロシアの反革命勢力への軍需物資補給と軍事的支援のルート確保、またドイツ分子の極東への侵入阻止という三つの目的のため、ウラジオストックまたはハルビン（哈爾浜）においてシベリア鉄道を占領すべきだとして日米両国の派兵を提起した。これは連合国の一角であるロシア帝国の崩壊を食い止めつつ、軍需物資などの観点からドイツの東方への拡大を抑制するという構想からの出兵論であり、〈戦略論〉による出兵論であったといえる。しかし、この提案はバルフォア英外相や松井慶四郎駐仏大使、ハウス米代表からロシアへの戦争を意味するとして反対され、成立しなかった。(87)

ところが一九一七年一二月末にイギリスは英仏協定に基づいて、ウラジオストックへの日米両国軍隊の上陸問題を示唆するに至った。イギリスの一二月二九日付ウィルソン米大統領宛秘密覚書では「日本の地理的立場は、日本にある種の義務を課し、自衛の権利を与えている」と、日本の出兵を〈自衛論〉を根拠として正当化した。(88)そして、その直後の一二月三一日には、ウラジオストックの連合国領事団が騒乱発生に備えて、連合国の軍艦派遣要請を決議し、一九一八年一月三日にはイギリスが香港から、そして一月四日には日本政府も巡洋艦を同地へ派遣する措置をとった。(89)これは〈居留民保護論〉によるものであった。

一方、一九一八年二月五日、駐日アメリカ大使に対して、本野一郎外相は「大臣一己の意見」として、ドイツ勢力の東漸阻止とロシア内の反ソビエト勢力援助という〈戦略論〉を根拠とする出兵を提起した。(90)また二月二二日にバルフォア外相に対して珍田捨巳駐英大使は「日本国民の輿論は極東方面に於ける此の種の行動は帝国単独にて之を行ふこと帝国の立場上当然の権利にして又日英同盟条約上我方当然の義務なりとの確信に一致し居れる」と単独出兵論を正当化した。(91) ここでは、その根拠が明確にされないままに「権利」が主張され、また日英同盟条約上の義務という〈条約論〉が展開されていた。(92)

そして三月一五日ロンドンで開催された英・仏・伊三国外相会議は、ドイツ勢力の露国侵食防遏という〈戦略論〉を根拠として、連合国の干渉が必要なことを決議し、翌日にはイギリス外相は米国側に干渉についての賛同を要請する状況となった。(93)

しかしこの時点では、元老の山縣有朋が「単に露国過激派政府が、独国と単独講和を為し、随て独禍東漸の勢将に恐るべきものある一事を以てして、直に我兵を出すが如きは、尚早計と謂はざるべからず、露国の曽て我に救援を求めざるに先ち、強て兵を其の領域に入るゝは、縦令ひ好意に出づるとするも、是れ威力の干渉なり。是れ其の名分の正しからざるのみならず、英国殊に米国の猜疑を招き、啻に其の後援を頼む能はざるのみならず、前途幾多の憂患を惹起する恐れあり(94)」との批判を展開していたのに代表されるように、支配層内での出兵の「名分」についての合意は形成されていなかった。

結局、三月一九日に外務省がアメリカ側に示した回答では、出兵につきアメリカと英仏などとの間で合意がなされるか、日本の安全または重大権益が危機に瀕しない限りは出兵しないとの態度を表明した。(95)

一方、単独出兵を主張していた本野外相は、ありとあらゆる論理を動員して出兵を正当化し、政府の合意を得ようとした。すなわち本野は、シベリア方面に「有力なる地歩を占むる」ためという〈勢力拡張論〉を根幹として、〈戦略論〉〈自衛論〉〈安全保障論〉、さらには「英仏伊連合与国の懇請に応する」という形での〈列国援助論〉や「日支協同自衛の名の下に共同出兵の議を決」するという〈日中共同自衛論〉などをあげて出兵の妥当性を主張したのである。[96]この本野外相の路線の上にまとめられた閣議案は、「連合諸国の急に応する援助たると共に東亜の危局に対する帝国の自衛にして又戦後帝国発展の基礎を確立する所以の策たり之と同時に協同自衛の名に於て日支の連盟を決行するは極東の和平を永遠に確保する所以なり」[97]と、〈列国援助論〉と〈自衛論〉〈勢力拡張論〉を並立させ、さらに〈日中共同自衛論〉を〈安全保障論〉と結び付けて出兵を正当化した。しかし、こうした本野の出兵論は内閣の受け入れるところとならず、健康上の理由もあり、本野外相は四月二三日に辞職した。

結局、日本は、七月初旬にアメリカが提起した〈チェコ軍救出論〉を根拠とする日米共同出兵の実施という方針に同意する形で出兵を実現することになった。そして八月二日のシベリア出兵宣言では、〈チェコ軍救出論〉〈アメリカ合意論〉〈列国共同論〉が展開されたのである。[98]

またシベリア出兵に際しての北満における日本軍の行動は、五月一六日に締結された日華陸軍共同防敵軍事協定により法的根拠を獲得した。その第一条では、日中両国陸軍は敵国勢力がロシア内に広がり「極東全局の平和及安寧を侵迫」する危険があり、かつ両国が「戦争参加の義務を実行」するため共同防敵の行動をとると、[99]〈安全保障論〉と連合国としての義務という一種の〈条約論〉の観点から共同行動を正当化した。

二　居留民保護権と自己保存権の消長

前節では、日本が対外的な出兵や武力行使を実施するさいに、日本政府・軍がなにを根拠としてそれを正当化しようとしたのかを確認してきた。ここではまずその論理をもう一度整理する意味で表としてみた（次頁参照）。

一見してまず指摘できることは、戦争違法化開始以前の時代においても、堂々と侵略を公言して戦争がなされることはなかったということである。これがどういうことを意味するのかは後で改めて考察したい。

次に下の表であげた論理を内容的に大まかに整理するならば次のようになる。

居留民保護に関連するもの……報復論、問責論、膺懲論、開化論、居留民保護論

自衛に関連するもの……安全保障論、自衛論（自己保存権的自衛権論）、正当防衛権的自衛権論、地歩防衛論、権益擁護論、特殊権益擁護論、日中共同自衛論、非常事態論

法律に関連するもの……万国公法論、条約論、交渉決裂論（交渉決裂論は開戦手続き的なものであるのでここに含めた）

列国との共同行動に関連するもの……列国共同論、アメリカ合意論

その他……列国先例論、列国利益論、戦略論、チェコ軍救出論（戦略論は自衛に関連するものあるいは侵略的なものに含めることも可能かと思われる。チェコ軍救出論は列国との共同行

表　近代日本出兵・開戦の論拠

①台湾出兵	報復論・問責論・膺懲論（居留民保護論），開化論，列国先例論，万国公法論
②江華島事件	正当防衛権的自衛権論，列国先例論，列国利益論
③日清戦争	朝鮮出兵段階－居留民保護論，条約論 対清開戦段階－安全保障論，自衛論(自己保存権的自衛権論)，正当防衛権的自衛権論，交渉決裂論
④義和団事件	居留民保護論，列国共同論
⑤日露戦争	安全保障論，自衛論(自己保存権的自衛権論)，正当防衛権的自衛権論，地歩防衛論，権益擁護論，列国利益論，条約論，戦略論
⑥辛亥革命	居留民保護論，権益擁護論，正当防衛権的自衛権論，列国先例論，自衛論，条約論，非常事態論，特殊権益擁護論
⑦第一次世界大戦	条約論，特殊権益擁護論，安全保障論，交渉決裂論
⑧シベリア出兵	実際の出兵に際して－居留民保護論，チェコ軍救出論，アメリカ合意論，列国共同論 列国に対してほかに－権益擁護論(特殊権益擁護論)，安全保障論 北満出兵に際して－安全保障論，条約論，日中共同自衛論 本野外相の主張－勢力拡張論，戦略論，自衛論（自己保存権的自衛権論），安全保障論，列国援助論，日中共同自衛論

動を前提にされているのでそちらに含めることも可能かもしれない)

侵略的なもの……勢力拡張論

以上の整理をふまえると、出兵・開戦正当化の根拠においては、居留民保護に関連するものと、自衛に関連するものの比重が大きかった傾向が窺われる。そこで以下、本節では、居留民保護論と自衛論の消長について検討をしていきたい。

1 居留民保護権をめぐって

近代日本においては在外自国民を「居留民」と称していた。本書ではそれによって、居留民の生命・財産保護を居留民保護と一括して呼び、便宜上外交官も「居留民」の範疇に含めて使用するが、この居留民保護論は基本的には相手国側の不当な攻撃によって引き起こされた国民(日本人)の被害を国家が回復するという論理であり、今日においては在外自国民保護権に基づく主張といえる。[100]台湾出兵に際しての報復論、問責論、膺懲論を居留民保護論に含めることができるのはこうした理由による。

近代における列強による居留民保護権の展開は、松隈清によって「在外自国民の生命が危殆に頻《(マヽ)》し急迫した緊急事態にある場合、十九世紀から二十世紀の初頭におけるこの種の学説や国家の慣行は本国政府が自己の判断に基づいて恣意的に(一)外交上の圧迫を加えるとか、(二)復仇手段を用いるとか、(三)または武力的干渉を加えるとかする保護の方法を否定してはいなかった」[101]と整理されている。すなわち列強にとっては居留民保護を根拠として、武力行使に臨むというのは一般に許容された行為であったのであり、日本の台湾出兵以後の居留民保護論の展開は、こうした状況にあてはまるものである。

居留民保護論は、松隈が指摘するように、列強が恣意的に武力行使をする名目として掲げられる傾向があったが、一方では武力行使（武力による保護）が客観的に妥当と認識される状況が必要だったことも事実である。たとえば義和団事件に際して福建省への権益拡張を企図した日本は一九〇〇年八月末に厦門にある東本願寺が「暴徒」に襲撃されたとして、居留民保護を掲げて同地に海軍陸戦隊一小隊兵を上陸させた。(102)しかし、この行動に対しイギリス・アメリカ・フランスなどから疑念や抗議の声があがった。すなわち在福州アメリカ領事は「厦門事件の如きは全く土匪襲撃の跡なく」と日本軍上陸の必要性に疑念を呈し、同イギリス領事は「日本海兵上陸の挙動は失策に非るか」と露骨に批判し、(103)フランス外相はフランスは清国保全の立場を維持すると、(104)日本の領土的野心を暗に批判した。これらの批判は、東本願寺焼失が日本側の仕業であるとの風聞が招いたものと考えられるが、日本側領事さえも「今回右等薄弱の出来事を口実として」占領を実施するのは列国から「猜疑」を招くものだと批判した。(105)結局、九月に英米などの厦門領事から日本軍の引き揚げが勧告されたのを受けて、(106)日本軍は引き揚げを実施した。日本軍の厦門上陸を批判する列国の方にも、日本の内部から批判する豊島の方にも政治的な判断が働いていたのはいうまでもないが、居留民保護を主張するためにはその状況について客観的な妥当性が必要と考えられていたともいえる。

また義和団事件の列国の対応に示されたように、居留民の危険が生じたとしても、それだけで自動的に出兵が可能になるとも考えられてはいなかった。手続きとしてまず相手国に居留民を保護すべきことが要請され、相手国に保護の意思あるいは能力が欠如していることが明確になった段階で、自国軍による保護が容認されると認識されていたといえる。台湾出兵に関しても、日本がまず台湾の管轄権をもつ清国に対して謝罪・賠償・再発防止を要請もせずに、大規模な出兵を実施したという手順が、国際慣習法に反するという英米からの批判を招くことになったのである。逆にいえば居留民保護論による出兵の場合は、そうした手順をふむことが国際慣習上存在していたということになるであろう。こうした点からみると、一八九四年の甲午農民戦争に際して、日本側が朝鮮国側に居留民保護を要請することなく居留民保護論を展開して派兵したのは国際慣習にそぐわないものであったと考えられる。

また居留民保護を目的に標榜した出兵には、その軍事行動に一定の限定性がつきまとった。たとえば、日清戦争では、居留民保護論自体から対清開戦は正当化しえず、安全保障論を中心とした論理を展開し強引に開戦を正当化したのである。義和団事件では、ロシアがもっとも露骨に居留民保護を名目化し、ほぼ満州全域を軍事占領下においたが、その状態が永続的に承認されたわけではなく、一九〇二年四月には満州還付に関する露清協約を締結せざるえなかった。ロシアも対外的には出兵目的として居留民保護と清国内の秩序回復を掲げていたのであり[107]、それらから乖離した満州占領という事態は正当性を維持できなかったのである。また義和団事件後に列国は清国の従属化を進行させたが、居留民保護という目的から逸脱した領土分割までは進まなかった。辛亥革命では居留民保護論は武力行使の恰好の口実にされたが、日本軍の関外鉄道占領問題の経緯に示されたように、それを口実として広範な武力行使に及ぶことは困難であった。シベリア出兵では、居留民保護論の占めた位置はそれほど大きなものではなかったが、一八年一月の段階で居留民保護論によるウラジオストックへの海軍派遣がなされ、四月四日のロシア人による日本人居留民殺傷事件を受けて、翌五日に日本の陸戦隊が上陸した。この行動自体は列国からもとくに問題にされなかったが、七月一六日の外交調査会席上、伊東巳代治（枢密顧問官）は「僅少の陸戦隊と雖も対方国の意に反したる一定の目的を以て強圧的に上陸せしむるは同しく干渉たることを免れす」との批判を展開した[108]。これは居留民保護の必要が生じていると主張しうる場合においても、出兵（とくに陸戦隊上陸）が妥当性を得るには、相手国からの承認など、さらに一定の条件が必要だとの認識が日本の政治指導者内に存在していたことを示していた。

このように見てくると居留民保護論は、客観的に居留民を保護する必要が認められ、一定の手続きをふんだ場合には、出兵・武力行使を行う有力な根拠にはなりえたものの、それ自体を標榜する限り、領土獲得などを達成するための武力行使にまで発展させることは一定の困難がともなう論理であったといえる。しかし、そうした限界をもつ居留民保護論は、一九二〇年代から三〇年代にかけての対中政策においても、出兵正当化の論理として展開されていくのである。

2　自己保存権をめぐって

日清戦争、日露戦争という日本が単独で戦争に臨んだケース、また辛亥革命、第一次世界大戦、シベリア出兵という列国の一員として出兵に臨んだケースにおいては、自衛に関連する論理が展開された。

この自衛という概念をめぐっては国際法学上多くの研究や議論がなされているところである。自衛権という言葉を有名にした一八三七年のカロリン号事件など、一九世紀から第一次世界大戦までの代表的先例および自衛権をめぐる学説を検討した代表的な研究に、田岡良一の『国際法上の自衛権』があるが、そこではこう述べられている。

> これらの自衛権の先例はみな、国家が自国にとって重大と見なす或る利益が危険に瀕したと——正しきか誤れるかを問わず——判断したとき、そしてこの利益を救うために外国の或る法益を害するより他に手段はないと判断したときに、外国の法益を害する手段に訴えた場合である。この手段によって法益を害された諸国は、どの先例においても、この手段に訴えた国の瀕した危険について、国際法的責任を負うべき立場にはいなかった。

そして田岡は、第一次大戦後に至って、従来の自衛権というのと「全く異る意味に『自衛権（または正当防衛権）』という語が国際関係において用いられるようになった。簡単にいえば、外国から武力を以ってする攻撃を受けたときに、自国を防衛する権利をいうのである」と述べる。[109]

これによれば第一次世界大戦（終結）以前において展開された自衛権論というのは、相手から不法な攻撃を受けたのに対する正当防衛というにとどまらない広範な行動を含むものであったのである[110]。この田岡の分析に照らすとき、日清戦争、日露戦争で日本が主張した自衛論も、当時の自衛権のあり方としては実際上それほど逸脱したものではなかったといえるだろう。すなわち前述したように、日清戦争においては一八九四年六月二二日の陸奥外相の清国公使への通告や八月一日の宣戦詔書から読みとれるように、権益擁護論、安全保障論が自衛論を導き出していたし、日露戦争では地歩防衛論、権益擁護論、安全保障論から自衛論が導き出されたといえる。そして、どちらの場合も、具体的に清国あるいはロシアが日本が脅かされたと考える権益・地歩・安全に対して、田岡の言を援用するならば、「国際法的責任を負うべき立場にはいなかった」といえる。

この点をもう少し具体的に検証しておくと、たとえば日露戦争を前に、当時の代表的な国際法学者であった高橋作衛は、国際法の国際的な権威であるウェストレーキによる「国際自衛権の活動は先方に罪過ある場合に限るべし」という説に反対する立場をとり[111]、「日本の存立に対する危害」を与えるものに対して自国領土外に武力発動することは自衛権として国際的に承認されているとの解釈を展開し、日本が第三国（清国）の領土（満州）内でロシアと戦争をすることを正当化した。この「日本の存立に対する危害」とは、日本の領土や権益に対する危害ではない。ロシアが満州に根拠を獲得して極東諸海の制海権を握ることが「朝鮮の存亡問題となり日本の生存問題」となるというのであり、それこそが「危害」の内容であった[112]。

こうみてくるならば、日清・日露両戦争で、具体的な内容を明示されないまま、かなり観念的なレベルで主張されたといえる権益擁護論、安全保障論、地歩防衛論というものを根拠に導き出された自衛論というのは、正当防衛権的自衛権論とは区別されるべきものであろう。

一九世紀においては自己保存権という国家の保存・自己完成・自己拡大を正当化する概念が国家の基本権として認められ、そのなかに自衛権（正当防衛権）が含まれていた。このような自己保存権においては、自衛に関して、「正当防衛の概念の狭いわくに制限されることを要しないであろう。他の国によって、その存在を脅かされたと認める国は、その存在が直接に脅かされるのを待って、行動を起す必要はない。たんに防禦だけでなく、時期に遅れないうちに攻撃することもさしつかえない。他の国の安全を脅かすものの側に、故意や過失があるかどうか、国家を危くする行為が第三国によってそうした行為として認識されるかどうかも、問題ではない」とされた。(113)

右の定義に照らすならば、日清・日露戦争において展開された自衛論は、自己保存権の文脈で論じられた自衛論であったといえる。それゆえ、このような自衛権論を正当防衛権的自衛権論と明確に区別する意味で、自己保存権的自衛権論と本書では呼ぶことにしたい。

ただ日本の自己保存権的自衛権論が、当時の国際関係における自衛権の論理から逸脱するものでなかったにもかかわらず、日清・日露戦争においては、前述したように、戦闘開始の受動性から自衛論を導く姿勢も見られた。これは右のような国際法状況・国際関係のもとにあっても、正当防衛的自衛権を標榜することが、自国の立場を正当化するうえで一定の有効性をもっていると認識されていたことを示していたといえる。

次に辛亥革命の場合は、出兵正当化の論理としては自衛論、自衛権論はそれほど大きな比重を占めていなかった。日本が自衛論をもちだしたケースに関外鉄道保全があったわけだが、これは自己保存権的自衛権論というより、居留民保護論に近い内容であった。ここでの自衛論の使われ方と、前述した海軍側の自衛権論の使われ方を見るならば、辛亥革命における「自衛」概念は居留民保護あるいは具体的な権益保護という観点から導かれている性格が強い。すなわち「自衛」概念が自己保存権的自衛権から正当防衛権的自衛権に移行しつつあるように感じられるのである。その一方で、自己保存権的自衛論に代替して、より恣意的に出兵を正当化するための論理として非常事態論、特殊権益擁護論が展開され始めたと捉えられる。

先に田岡が第一次大戦後に自衛権が正当防衛権的権利として確立されるとした説を引いた。筆者も基本的にはその説を支持するが、そうした傾向自体は日本でも一〇年代初期にはかなり明瞭に現れてきていたといえる。すなわち国際法学者立作太郎（東京帝国大学教授）は一九一〇年代初頭には自衛権の発動に必要な条件として次の五点をあげていた。

（1）国家自身、其機関又は其臣民の危害か切迫せること
（2）已むを得さるに出てたること（他の手段を以てしては到底自衛の目的を達する能はすして其手段を執るの緊急の必要あること）
（3）自衛の為にする行為は自衛に必要なる程度を超へさること
（4）危害か自衛行為を行ふ国家自身（又は其機関）の不法行為に基きたるものに非さること
（5）危害か自衛行為の加へらるへき国家（又は其機関）の不法行為に因りて起れるか又は少くとも其国家（又は其機関）か危害の生するを防くの責任を全うせさること

すなわち立は自衛のための行為が権利行為として成立するには、相手の不法行為によって危害が生じるということが必要だとしたのであり、これは正当防衛権的自衛権規定であるといえる。ただ立は「自衛権発動の条件中(5)を除ける四条件を具備する場合に於て自衛の行為を行ふことは仮令権利行為と云ふ能はさるも自衛上の緊急状態の存するの故を以て国際法上許容せらるる」として(114)、(5)を欠いた場合も国際法上自衛の範囲として許容されるとしており、自己保存権的自衛権観から完全には離れていなかった。しかし、のちに立が自己保存権と自衛とは別個の概念であり、

自己保存権は衰退した概念だと述べている点から見て[115]、立の述べる自衛権が基本的には自己保存権的自衛権ではなく、正当防衛権的自衛権であることが理解される。

一九一〇年代初頭にこうした自衛権規定が日本の国際法学界の権威から示されていたことを考慮すれば、辛亥革命に際しての自衛権観に正当防衛権的自衛権観が反映されていたとしてもそれほど不思議ではないだろう。

第一次大戦については、前述したように、暗示的に示された安全保障論、自衛論が条約論を導く形で展開されたにとどまった。続くシベリア出兵においては、英仏は戦略論から出兵を主張し、一方で地理的関係から日本の「自衛権」を承認する姿勢さえ示した。ここでは英仏など列国の自衛権概念がなお自己保存権的性格の強いものであることが窺われる。一方アメリカはそうした名目での出兵に消極的な姿勢をとり、そのことが日本の政治支配層の一部に出兵消極論を生むとともに、その内部での出兵をめぐる深い葛藤をも生じさせた[116]。そのため前述したように、単独出兵を企図する本野外相はまず英仏同様の戦略論に依拠しつつ、特殊権益擁護論、勢力拡張論、自衛論、安全保障論、列国援助論、日中協同自衛論というさまざまな論理を動員して、出兵の正当性を閣内で訴えたのである。ここでの自衛論は、シベリアにおける日本の具体的な権益擁護や居留民保護から導かれたのではなく、「ドイツの東漸」がもたらす脅威の増大への戦略的また安全保障的観点から導かれたものであり、自己保存権論的自衛権論と捉えた方がよいであろう。

以上のように自衛論をめぐる議論をしてきたわけだが、ここではまず日清戦争・日露戦争において日本が対外的に主張した自衛論は、一九世紀以来、国際的に使用されてきた自己保存権的自衛権論であったことが確認された。一方で辛亥革命期には正当防衛権的自衛権論が展開されていた状況も一応確認されるが、一面では自己保存権的自衛権論が特殊権益擁護論、非常事態論に代替される状況が看取された。これは一九世紀に展開されてきた自己保存権のうちの、「正当防衛権」という側面が自衛権として分離されていったのに対して、「正当防衛の概念に制限されない自衛権」という側面が特殊権益擁護論や非常事態論という、従来見られなかった論理に代替されていく状況が生じてきたことを示していたと考えられる。

そして前章で述べたように、一九二〇年代後半に田中義一内閣が特殊権益論による満蒙分離を唱え、広義の自衛権解釈を採用すると決定したことからは、「正当防衛の概念に制限されない自衛権」という自己保存権的自衛権感覚が持続されており、それが特殊権益擁護論から自衛権論を導く思考の基層を形成していたことが窺われる。

おわりに

日本は、近代最初の対外出兵である台湾出兵におけるある種の失敗を教訓に、侵略的な欲求を非侵略的建前で正当化する論理を展開する術を、列強に学び始めたといえる。そしてその結果は日清戦争や日露戦争において、居留民保護論や自己保存権的自衛権論を掲げ、しかも、その後者を導くためにさまざまな理屈を展開した日本の姿に明瞭に示されたといえよう。日清戦争や日露戦争における日本政府の対応には国際慣習法への一定の習熟を見ることができるように思う。

では、そのような論拠によった戦争は当時の国際社会の中でどのように正当性を獲得したのであろうか。たとえば日清戦争に際して、清国側の宣戦上諭は、各国の公論はすべて日本の出兵を無名で不合理としており、日本は条約を遵守せず公法を守らないと述べて自国を正当化した[117]し、日露戦争に際してロシアは、各国に談判決裂後の日本の態度は国際慣習法に公然と違反するものだとし、具体的には抗敵開始以前に日本軍が中立を宣言した韓国に上陸したこと、日本艦隊が宣戦公布前に朝鮮の港に碇泊中のロシア軍艦二隻に突然攻撃を加えたこと、日本政府が韓国皇帝に以後日本国行政の下におくことを宣言したことなどを列挙した(118)。

こうして当事国同士が自己正当化の競合を展開する状況においては、おのおのの正当性はおのおのの政治同盟的立場にある国の支持によって獲得され、最終的には戦争での勝利によって獲得されるのが通常の状態であったともいえる。日本の場合、日清戦争におけるイギリス、日露戦争における英米の支持、そして両戦争での日本の勝利という結果がそれをもたらした。

それでまた話は振り出しに戻るであろう。では政治的同盟と戦勝によって戦争の正当性が獲得されるのならば、なぜそれほどまでに開戦を正当化する論理に国家は拘泥しなければならないのか。それはやはり、同盟国の支持や戦勝によって獲得される正当性とは次元を異にした、出兵・開戦をめぐる正当性というものが存在すると認識されていたからだと考える以外にないであろう。そして日露戦争期まではそうした正当性を付与する論拠として自己保存権的自衛権というものが有効性をまだ保っていたのである。

ところが一九一〇年代には自己保存権的自衛権は衰退過程に入り、正当防衛権的自衛権が確立過程に入っていった。そして第一次大戦後に戦争違法化が開始されたことで国際法上で正当防衛権的自衛権は確立され、自己保存権的自衛権は消滅したのである。

なぜならば、連盟規約第一二条は国交断絶に至る恐れのある国際紛争が生じた場合は、連盟国は当該紛争を連盟理事会、仲裁裁判、司法裁判いずれかの審査に委ねなければならないとしたからである。自国の権益・安全が相手国によって毀損されることから国交断絶（戦争）に至らざるをえないと判断した国があれば、右の審査に訴えるべきであり、それなしにみずから開戦すれば第一二条に違反する戦争を開始したことになる。そして連盟が開戦国を侵略国と認定したならば、制裁が実施されることになる。さらに一九二八年の不戦条約も第二条で国際紛争の平和的解決を義務づけたから、論理的には自己保存権的自衛権を根拠とした開戦は不法な行為となる。

このように主体的出兵・開戦を正当化する論拠としての自己保存権的自衛権が喪失されていった以上、正当防衛権的自衛権こそが武力行使（開戦）の正当性を獲得する最強の論拠となったといえる。

しかし二〇年代に、日本は山東出兵に代表される対中武力行使を度重ねていった。これはいったいどのような論拠によったのであろうか。次章ではその点を検証しよう。

註

（1）田畑茂二郎＊『国際法Ⅰ』六〇〜六二頁。

（2）台湾出兵の経緯については、毛利敏彦『台湾出兵』（中公新書、一九九六年）を参照。

（3）『外文7』（日本外交文書頒布会、一九五五年）一頁。なお、この「要略」のいう「報復」というのは、一般的な意味での報復であり、国際法学において国際紛争の強力的処理法の一つとして定義されるところの「報復」とは異なる。後者は、横田喜三郎『平時国際法（第二部）』（日本評論社、一九三七年）二〇〇〜二〇三頁によれば、たとえば、「法律的にでなく、単に道徳的や政治的に不当な行為を他国が自国に対して行った場合に、それを中止させるために、自国も同様の不当な行為を行ふことが報復である」と定義されるものであり、具体的手段の例としては、最恵国条款をもたない国家間において、一方が他国貨物に重い関税を課した場合、もう一方が同様または類似の行為を相手国に対して行うということがある。

（4）『外文7』一八頁。

（5）同前一九頁。

（6）同前二八頁。

（7）前掲毛利『台湾出兵』一三四〜一三五頁。

（8）『ジャパン・ヘラルド』については、同前一三五頁。

（9）『外文7』四一頁。

(10) 同前四〇〜四一頁。なお前掲毛利『台湾出兵』一三五頁によれば、一八七三年一〇月にデロングの後任となったビンガムも、それまでは日本の台湾政策に好意的な態度をとっていたとされる。

(11) 寺島外務卿発米国公使宛回答付属書、『外文7』四四頁。前述の四月五日付「親勅」とイギリス、アメリカへの出兵目的の説明から総合すると、日本が少なくとも表面上要求する措置は謝罪、処罰、賠償、再発防止であったことになる。これらの措置は、幕末維新期に攘夷勢力が外国人居留民を殺傷した事件などの処理に際して日本が要求された措置を踏襲しているといえる。攘夷事件をめぐる日本と列国側の交渉については、石井孝『明治維新の国際的環境』(吉川弘文館、一九五七年)、同『増訂 明治維新の国際的環境（分冊三）』(同、一九七三年)に詳しい。こういう点でも日本はみずからの経験から、列強の外交スタイルを学び、それを踏襲したといえる。

(12) 『外文7』四六頁。

(13) 一八七四年五月一一日付、恭親王等発寺島宛照会においては「地土実に中国の所属に係る」と主張された(同前七五頁)。六月三日付、陸福建塩法道発品川上海領事宛照会では、日本の出兵は「万国公法」および日清修好条約に反するとの申し入れを行った(同前一〇二頁)。さらに七月一二日恭親王発柳原駐清公使宛抗議文では、あらかじめ総署に照会することなく台湾に出兵したのは修好条規違反であるとされた(同前一五四頁)。

(14) 一八七四年六月七日、柳原駐清公使発潘清国欽差幇辨宛往翰、同前一〇四〜一〇五頁。

(15) 一八七四年九月一九日、清国総理衙門にて大久保弁理大臣らと文清国軍機大臣らとの応接記。なお、これに対して清国側文軍機大臣は「万国公法なる者は近来西洋各国に於て編成せしものにして殊に我清国の事は載する事無し」と反論した(同前二三〇頁)。

(16) 一九世紀後半における日本の国際法受容に関しては、大平善梧「日本の国際法の受容」(小樽商科大学『商学討究』第三巻第四号、一九五三年一二月)、住吉良人「明治初期における国際法の導入」(『国際法外交雑誌』第七一巻第五・六合併号、一九七三年三月)、一又正雄「明治及び大正初期における日本国際法学の形成と発展」(同前)、安岡昭男「帝国主義時代と日本の進路」(桑田悦編『近代日本戦争史　第一編　日清・日露戦争』同台経済懇話会、一九九五年)、同『明治前期大陸政策史の研究』(法政大学出版局、一九九八年三月)、藤村道生『日清戦争前後のアジア政策』(岩波書店、一九九五年)などが参考になる。

(17) 一八七四年四月二九日に寺島に対して、駐日アメリカ公使ビンガムは「台湾は管轄外なればとて兵を向る時は危し如何となれは台湾の半部は我有にあらすとの布告支那政府より出たる事なし」と主張(『外文7』五五頁)。五月五日に英公使は寺島に対して、

「北京在留我国公使より清国政府に於て右の挙一向不存台湾番士《ママ》居留の地方は自分附属の地なりと申居候趣拙者え申来候左候はゝ閣下土蕃居留致候地方は清国政府管轄外の地也との御来意と矛楯《ママ》の事と存候」と主張した（同前六六頁）。

(18) 同前六九頁。

(19) 同前一二五〜一二七頁。

(20) 江華島事件に関しては、山辺健太郎『日韓併合小史』（岩波新書、一九六六年）参照。

(21) 五月二六日朝鮮側の訓導（地方長官の代理人）に対する森山茂権大録の説明（前掲山辺『日韓併合小史』二四頁）および二九日雲揚艦正副官の朝鮮側に対する「我邦使員の他国に派遣せらるゝや保護の為め必す軍艦を添へらるゝは通例なり」（『外文8』九三頁）との説明。なお、前掲毛利『台湾出兵』四九〜五〇頁によれば、明治政権誕生後では一八七二年九月に外務大丞花房義質が釜山に主張したさいに軍艦春日を利用し、七三年三月に副島外務卿（特命全権大使）が清国に台湾問題の交渉で渡航するさいにも軍艦が利用された。

(22) 『外文8』（日本外交文書頒布会、一九五五年）一二一〜一二二頁。なお、衝突の日付が同資料では二一日とされているが、実際は二〇日である。

(23) 同前一二六頁。

(24) 一八七四年一一月四日、清国駐劄鄭臨時代理公使発寺島宛電、同前一三七頁。

(25) 同前一四九頁。

(26) 同前一五三頁。

(27) 同前一五四〜一五六頁。

(28) なお、こののちの朝鮮政策においては、七八年に朝鮮側が実質的な関税課税を実施したことに対して軍艦比叡を派遣し、陸戦隊を上陸させるという威嚇を行ったが、日本側は右課税は朝鮮側の条約違反（「約に背き」）であり「条約の権利を保護するもの唯兵力に在るのみ」と主張した（一八七八年一〇月二九日付、山之城管理官発尹東萊府伯宛書翰『外文11』日本国際連合協会、一九五〇年、三〇七頁）。これは一種の〈権益擁護論〉といえる。また七九年には開港要求などの交渉のため花房義質代理公使派遣に際して軍艦鳳翔を護衛艦として派遣した。八二年には壬午事変後の済物浦条約締結に至る交渉のため花房に護衛兵（最終的に一大隊）が付された。八四年には開化派のクーデター（甲申事変）に際して仁川に軍艦比叡が派遣された。高橋秀直『日清戦争への

道』（東京創元社、一九九五年）二一頁、三一頁、一五〇頁参照。

(29) 日清戦争開戦経緯に関しては、おもに中塚明『日清戦争の研究』（青木書店、一九六八年）、同『歴史の偽造をただす』（高文研、一九九七年）、中村尚美『明治国家の形成とアジア』（龍渓書舎、一九九一年）、藤村道生『日清戦争前後のアジア政策』（岩波書店、一九九五年）、前掲高橋『日清戦争への道』を参照。ほかに信夫清三郎『日清戦争（増補）』（南窓社、一九七〇年）、高橋秀直『日清戦争開戦過程の研究』（神戸商科大学経済研究所、一九九二年）、大江志乃夫『東アジア史としての日清戦争』（立風書房、一九九八年）、陸奥宗光『蹇蹇録（新訂）』（岩波書店、一九八三年）など参照。

(30) 一八九四年六月四日、陸奥発駐朝大鳥公使宛電機密送第一九号（『外文27－2』日本国際連合協会、一九五二年）一六一頁。

(31) 『外交主要文書・上』一四〇～一四一頁。

(32) 「安全保障」という概念については、安全保障は「外部からの侵略に対して国家の安全を保障することである」が、「安全保障は強力的処理方法の制限から成立するものであり、実に強力的処理方法の制限そのものにほかならないといへる」と説明される（前掲横田『平時国際法（第二部）』二一七頁）。しかし一方、「地理上、経済上、歴史上等の理由に依り認めらるることあるべき領土外の一定地方に於ける一国の安全保障《セキュリティー》上の利益を侵さるる場合に於て、自衛権の発動を認むるを得べきや否や」という観点から「安全保障」という概念が使用されることもあった*（立作太郎『時局国際法論』一五四頁）。本章でのネーミングは後者の概念を踏襲したものである。

(33) 『外文27－2』二〇九頁。

(34) 同前二三六頁。

(35) 一八九四年七月一日、陸奥外相発駐朝大鳥圭介公使宛電第二七〇号、同前二八七頁。

(36) 一八九四年七月二日、陸奥発駐日ロシア公使宛回答、同前二八九頁。

(37) なお、七月九日の陸奥発駐日アメリカ公使宛回答（同前二九八頁）は、「清国が朝鮮に派兵したるは朝鮮政府の請に応し其変乱を鎮定する事を援助する為めなれとも帝国政府が派兵したるは条約の権利に基きたるものにして自衛の為めに有之」と〈自衛論〉を展開している。論理的には天津条約第三款自体から〈自衛論〉を導くのは不可能と思われるから、〈条約論〉と〈自衛論〉を並立させたと理解した方が自然に思われる。しかし、そうでなければ、この言い分はかなり強引に〈自衛論〉を導いたということになる。

(38) 同前二四八頁。
(39) この朝鮮王宮占拠については、前掲中塚『歴史の偽造をただす』参照。
(40) 同前二五～二九頁。
(41) 一八九四年七月二八日、閣議決定（『外文27－2』）三二一頁。
(42) 『外交主要文書・上』一五四頁。
(43) 『外文27－2』三二四頁。
(44) 宣戦の詔勅がとりまとめられる経過に関しては、檜山幸夫の「日清宣戦詔勅草案の検討（一）」（『古文書研究』第一三号、一九七九年六月）が詳しいが、それによれば、宣戦の詔勅すなわち宣戦布告を行うことは七月三〇日に陸奥外相から伊藤博文首相に提起され、翌三一日に急遽執筆されたという。しかも、それが決定に至る途中の段階では清国と朝鮮に開戦するという内容も存在していた。檜山は詔勅案の変遷には政府部内における戦争目的の統一の欠如などが示されていたとしている。
(45) 義和団事件の経緯については、おもに川野晄明「北清事変」（前掲桑田編『近代日本戦争史　第一編』）、坂野正高『近代中国政治外交史』（東京大学出版会、一九七三年）参照。ほかに野沢豊・田中正俊編『講座 中国近現代史2』（東京大学出版会、一九七八年）、佐藤公彦『義和団の起源とその運動』（研文出版、一九九九年）参照。
(46) 一九〇〇年四月一〇日発、駐清西公使発青木外相宛電第一五号（『外文33－別1』日本国際連合協会、一九五六年）三二〇頁。
(47) 一九〇〇年四月二七日発、青木発西宛電第二二号、同前三二一頁。
(48) 西は、義和団の欧米人襲撃事件を「我には全く利害の関係なき問題」と見（一九〇〇年四月二八日発、西発青木宛本機第三五号、同前三二二頁）、また五月二二日の時点でも、北京の外国人に危害が及ぶ恐れは「寧ろ過大の憂慮」であると事態を楽観し（一九〇〇年五月二二日発、西発青木宛電第二七号、同前四頁）、共同動作には消極的であった。
(49) 一九〇〇年五月二八日、鄭奉天領事発青木宛電、同前五頁。
(50) この時期の列国の態度は、「仏国は其国民保護の為めには関係列国と協同の行動に出てんことを望むものなり若し清国にして外国人民を保護し能はさるときは列国は自ら進んで其保護の任に当らさるを得す」（一九〇〇年六月一三日発、駐仏栗野公使発青木宛電、同前三五四頁）とのフランス外相の言葉に示されたように、清国に居留民保護能力が欠如しているという事態を受けたやむをえない措置として出兵を正当化するものであったといえる。西駐清公使も「列国公使は只管事変に応すへき自衛の策を講究するに止まり此機に乗して政治的の挙措を執らんとするもの一人も之れなきこと是なり英、仏、露三国の公使は本官と会談中清国の分割は到底行はれざるへしと自信する旨を陳述せり」（一九〇〇年六月七日発、西発青木宛電第四三号、同前三三七頁）と、出兵目的の限定性を指摘していた。六月五日の八ヵ国の列国海軍先任指揮官会議で決定された基本的態度も、目的は居留民の生命財産保護、清国政府には敵対しない、各国共同一致する、というものであった（前掲川野論文三七九頁参照）。

(51)　『外交主要文書・上』一九三～一九四頁。
(52)　一九〇〇年七月一三日発、野間政一ボンベイ領事発青木宛公第九〇号（『外文33－別1』）四一二頁。
(53)　一九〇〇年八月二〇日発、栗野慎一郎駐仏公使発青木宛公第四九号付属書、同前四六七頁。
(54)　一九〇〇年七月九日発、牧野伸顕駐墺公使発青木宛機墺第一一号、同前五八三頁。
(55)　一九〇〇年八月二六日、駐英林董公使発青木宛公第七〇号、同前七一三頁。
(56)　日露戦争開戦経緯については、おもに鈴木隆史『日本帝国主義と満州　一九〇〇～一九四五（上）』（塙書房、一九九二年）参照。ほかに大江志乃夫『日露戦争と日本軍隊』（立風書房、一九八七年）、鹿島平和研究所編『日本外交史7』（鹿島研究所出版会、一九七〇年）、大江志乃夫『日露戦争の軍事史的研究』（岩波書店、一九七六年）、信夫清三郎・中山治一編『日露戦争史の研究（改訂再版）』（河出書房新社、一九七二年）、古屋哲夫『日露戦争』（中央公論社、一九六六年）、寺本康俊『日露戦争以後の日本外交』（信山社出版、一九九九年）など参照。
(57)　一九〇四年一月三日発、小村発駐英林公使宛電第五号（『外文37－1』日本国際連合協会、一九五八年）六頁。
(58)　一九〇四年一月七日発、駐露栗野公使発小村外相宛電第一九号、同前一五頁。
(59)　同前三一頁。
(60)　同前九二頁。
(61)　同前九三頁。
(62)　『外文37－別　日露戦争1』（日本国際連合協会、一九五八年）一四三頁。
(63)　辛亥革命への日本の対応については、おもに由井正臣「辛亥革命と日本の対応」（『歴史学研究』第三四四号、一九六九年一月）、臼井勝美『日本と中国――大正時代』、兪辛焞『孫文の革命運動と日本』（六興出版、一九八九年）、易顕石『日本の大陸政策と中国東北』（六興出版、一九八九年）参照。ほかに野沢豊・田中正俊編『講座　中国近現代史3』（東京大学出版会、一九七八年）、野

沢豊『辛亥革命』（岩波書店、一九七二年）、中村義『辛亥革命史研究』（未来社、一九七九年）参照。
(64) 一九一一年一〇月一三日発、駐清伊集院公使発林外相宛電第二五五号（『外文　清国事変（辛亥革命）』日本国際連合協会、一九六一年）四六頁。
(65) 一九一一年一〇月一七日、斎藤海軍大臣発在漢口川島第三艦隊司令官及在上海加藤中佐宛電、同前四八頁。
(66) 一九一一年一〇月二七日、駐清伊集院公使発内田外相宛電第三四四号、同前七一頁。
(67) 一九一一年一一月二九日発、内田発伊集院宛電第二四〇号、同前七一頁。また内田外相は一一月二日に伊集院に対して、北京・天津地方への「我陸兵の派遣」は「世間の耳目を聳動すへき重大事項」であり、少なくともイギリス政府と共同であたる決意が必要だとの姿勢も示していた（一九一一年一一月二日、内田発伊集院宛電第二四六号、同前五八頁）。
(68) 一九一一年一一月五日発、伊集院発内田宛電第四二九号、同前七三頁。
(69) 一九一一年一一月六日発、内田発駐英山座臨時代理大使宛電第一六四号、同前七四頁。一九一一年一一月九日発、内田発山座宛電第一六七号、同前七六頁。
(70) 一九一一年一一月一二日発、山座発内田外相宛電第二二八号、同前八二～八三頁。
(71) 一九一二年二月六日発、伊集院発内田宛電第八九号、同前三三二～三三三頁。
(72) 一九一二年二月八日発、内田発伊集院宛電第二五号、同前三三四～三三五頁。
(73) 一九一一年一一月一〇日発、内田発小池奉天総領事宛電第二〇八号（極秘）、同前二六五頁。
(74) 一九一一年一一月一二日発、石本陸相発内田外相宛通牒「関東都督に与ふる訓令」同前二六六頁。
(75) 一九一一年一一月二五日、斎藤実海軍大臣発内田外相宛通牒、同前六三～六四頁。
(76) 一九一二年一月一六日発、第二艦隊司令長官発斎藤海軍大臣宛電タナ一九番、同前二八八～二八九頁。
(77) 一九一二年一月一七日発、海軍次官発旅順鎮守府司令長官宛、同前二八九頁。
(78) 一九一二年二月二日発、内田発落合奉天総領事宛電第五三号、同前三一二頁。
(79) 一九一二年二月二〇日、内田発落合宛電第九八号、「日本の不干渉方針に関し英大使宛回答の公文大要」同前三五〇頁。なお、この数日前にはフランス側に対しても同様の見解を伝えている一九一二年二月一二日発、内田発山座宛電第四二号・伊集院宛電第三一号、同前五三七～五三八頁。

(80)『外交主要文書・上』二四一頁。
(81)『外文T3―3』(外務省、一九六五年)九四頁。
(82)同前九五〜九六頁。
(83)一九一四年八月八日、加藤発駐英井上大使宛電第九〇号、同前一〇六頁。
(84)同前一一〇頁。
(85)同前一四五頁。
(86)同前二一七頁。
(87)この「シベリア軍事干渉プランの最初の形態」であるフォッシュ・プランについては、細谷千博『シベリア出兵の史的研究』(新泉社、一九七六年)二九〜三〇頁。なお、シベリア出兵の経緯についても、おもに同書参照。ほかに原暉之『シベリア出兵』(筑摩書房、一九八九年)、細谷千博『ロシア革命と日本』(原書房、一九七二年)参照。
(88)前掲細谷『シベリア出兵の史的研究』四五〜四六頁。
(89)同前一三一〜一三二頁。
(90)『外文T7―1』(外務省、一九六八年)六四四頁。
(91)一九一八年二月二四日発、駐英珍田大使発本野外相宛電第一六九号、同前六六二頁。
(92)この〈条約論〉に関連するものとして、一九一八年三月一日付「西比利亜出兵と日英同盟条約及日米協定との関係」という外務省政務局調書がある。そこでは、ドイツがシベリアに進出すれば「日本の東亜に於ける領土権及特殊利益は危殆に陥」り「日本の満洲地方に於ける……特殊利益又は領土権か侵迫」され、また「東洋全局の平和か侵迫」されると認められるとし、それは日英同盟条約第一条のうたう権利及利益の侵迫に該当するがゆえに、日本が同方面に対しなんらかの措置をとる場合には、同条約「第一条に拘束」され、イギリス政府と協議する「義務」があると判断された(同前六七三頁)。すなわち日英同盟協約を根拠とした出兵は可能だが、イギリス政府との協議が必要であるとされたのである。
(93)一九一八年三月一六日発、英国外務省発駐米英国大使宛電、同前七〇六〜七〇七頁。
(94)一九一八年三月一五日、山縣有朋発寺内首相・本野外相・後藤新平内相宛覚書、徳富猪一郎編『公爵山縣有朋伝(下)』(山縣有朋公記念事業会、一九三三年)九八七〜九八九頁。前掲細谷『シベリア出兵』九八頁参照。

(95) 一九一八年三月一九日、日本外務省発駐日アメリカ大使館宛回答（『外文T7－1』）七一一～七一二頁。
(96) 一九一八年四月一九日付（ただし文書自体は四月二日にはすでに寺内首相に提出されていた）、本野外相「西比利亜出兵問題に関する卑見」同前七四二～七四四頁。
(97) 一九一八年四月「閣議案／東部西比利亜出兵及日支協同自衛の件」同前七五七～五七八頁。
(98) 『外交主要文書・上』四六二頁。
(99) 同前四四一頁。
(100) 在外自国民保護権の近現代における展開については、松隈清*「在外自国民保護のための武力行使と国際法」参照。
(101) 松隈清*「在外自国民保護のための武力行使と国際法」一二九頁。
(102) 一九〇〇年八月二四日、武井高千穂艦長・上野厦門領事発山本海相・青木外相宛電（『外文33－別1』）九一六頁。一九〇〇年八月二八日、青木外相発駐英林公使他宛電第二九号、同前九一九頁。
(103) 一九〇〇年八月三一日発、豊島福州領事発青木外相宛外機第二八号、同前九三二頁。
(104) 一九〇〇年八月三〇日発、駐仏栗野公使発青木外相宛電第六三号、同前九二八頁。
(105) 前掲一九〇〇年八月三一日発、豊島発青木外相宛外機第二八号、同前九三三頁。なお、豊島は「目下当地内外人は専ら本願寺の焼失を以て故意の手段に出てたるものにして暴徒蜂起の事実なしと風説す」と右外機第二八号別紙第二号で述べている（同前九三四頁）。
(106) 一九〇〇年九月六日、小田切上海総領事代理発青木外相宛電第二四四号、同前九四三～九四四頁。
(107) たとえば一九〇〇年九月一日、露国公使発青木外相宛訓電写（『外文33－別2』日本国際連合協会、一九五六年）三三七頁。および一九〇〇年九月四日発、駐露小村公使発青木外相宛送第五〇号、同前三三九頁。
(108) 『外交主要文書・上』四五七頁。この陸戦隊上陸問題に関しては、前掲細谷『シベリア出兵の史的研究』一三三～一三五頁参照。
(109) 田岡良一*『国際法上の自衛権』一二四頁、一五〇頁。
(110) 田岡が述べるのは、国家が自衛権を標榜した場合の内容についてである。これは国際法学者による定義として、正当防衛権的なものとしての自衛権という概念がなかったということではない。その時期でもそうした定義は存在していた。たとえば世界的に著名な国際法学者であったウェストレーキは「国際自衛権の活動は先方に罪過ある場合に限るべし」と主張していた（高橋作衛『平

時国際法』日本法律学校、一九〇三年七月、五二八頁）。

(111) 高橋作衛『平時国際法論』（日本大学、一九〇三年七月）五二八〜五三〇頁。

(112) 高橋作衛「満洲問題之解決」（『外交論纂　二』清水書院、一九〇四年二月）三二〜三九頁。

(113) ホルツェンドルフの著作より、横田喜三郎『*自衛権』二一頁による。原典は、Holtzendorff, *Handbuch des Volkerrechts. Zweiter Band:Die Volkerrechtliche Verfassnug und Grundordung der azuswartigen Staatsbeziehungen*, 1887,§§14。なお、自己保存権に関する説明も横田同書による。

(114) 立作太郎『*平時国際公法（前部）』（中央大学、一九一三年）三五〜三七頁。なお『平時国際法論』一九三二年版も基本的に一九一三年版と同じであり、少なくとも満州事変以前においては、立の自衛権規定には基本的に修正がなかったといえるだろう。

(115) 立作太郎『*時局国際法論』一四八頁。

(116) この点について、詳しくは前掲細谷『シベリア出兵』参照。

(117) 一八九四年八月一日、清国宣戦上諭（『外文27－2』）二六六頁。

(118) 一九〇四年二月二四日、駐英林公使発小村外相宛電第八六・八七号（『外文37－別1』）四六頁。

第三章　内政不干渉方針の展開と対中武力行使

はじめに

本章の課題は一九二〇年代における中国に対する武力行使が日本側でいかなる目的をもち、いかなる配慮のもとで検討され、あるいは実施されたのかを具体的に検討することにより、戦争違法化体制のもとにありながらにして武力行使拡大のメカニズムが形成されていった側面を明らかにすることにある。そのため本章では、日本の侵略的な欲求あるいは特定の対中政策といったものが、日本帝国主義のどのような経済的動態やどのような勢力によって形成されあるいは推進されたのかといった問題には直接立ち入らず、第一には、対中武力行使の必要性が具体的に検討される状況において、日本の政軍指導者は何を基準として武力行使に踏み切ったのか、あるいはそれを回避したのかということ、そして第二には、この二〇年代における対中武力行使の積み重ねはいかなる点で満州事変を準備したのかということに主要な関心をおく。

分析の対象事例としては、日本軍が直接中国側の軍・民間人に対して攻撃に及んだ場合はもちろん、すでに条約に基づいて中国領土に駐屯している日本陸軍の出動が検討・実施されたような場合や、日本からの陸海軍の中国派遣が検討・実施されたような場合を含み、具体的には奉吉抗争（一九一九年）、安直戦争（一九二〇年）、間島出兵（一九二〇年）、第一次奉直戦争（一九二二年）、第二次奉直戦争（一九二四年）、青島スト・五三〇事件（一九二五年）、郭松齢事件（一九二五年）、南京事件・漢口事件（一九二七年）、山東出兵（第一次〜第三次、一九二七〜二八年、完全撤兵は二九年）、錦州出動問題（一九二八年）の経過を対象とする。また本章の構成にはややなじまない面もあるが、本章の課題のうえで必要性があるとの判断によって、二四年の対支政策綱領の形成について検討を加える。

本章の視角との関係で研究史上とくに重要な位置を占めるのは、古屋哲夫と佐藤元英の研究である。すなわち古屋の「日中戦争にいたる対中国政策の展開とその構造」*は、「日中戦争を理解するためには、対中国政策のなかで、分離主義がどのように形成され、そこから如何にして現地解決方式が生み出され、さらに全面戦争を引きおこすまでに肥大化していったかを明らかにしなければならない」との観点から、日露戦争以後の対中政策の展開に分析を加えたものである。そして本章との関係でとりわけ重要なのは、一九一九年において「治安維持」を直接中国側に「要求」するという、「対中国政策における新しい方式」がつくられ、「満蒙治安維持」要求を根拠とした対中政策が展開されていったことを明らかにしていることである。またこの論文は、本章で取り上げる事件への言及も多く、教えられる点が非常に多かった。

また佐藤の『昭和初期対中国政策の研究』*および『近代日本の外交と軍事』*では主に田中内閣期の対中政策に実証的に詳細な分析が加えられている。そして本章との関係ではとりわけ田中内閣期に行われた山東出兵を「居留民保護」の展開という視角から分析した論考が重要である。前章で分析したように、筆者も「居留民保護」が対中武力行使の歴史のうえで重要な根拠とされたことを重視しているのであり、その点で佐藤の分析には学ぶものが多かった。

これらの本章と分析対象やアプローチがとくに近しい先行研究との関係でいうならば、本章ではそれらであまり検討されていない次の点にも検討を加えるつもりである。第一に、幣原外交と田中外交期の出兵の連関を検討することである。ここではとくに内政不干渉方針と出兵の関係に注目する。第二に、前述した、日本の政軍指導者は何を基準として武力行使に踏み切ったのか、あるいはそれを回避したのかということを考える意味から、他の列強による対中武力行使の形態・実態と日本のそれとの関連を検討することである。第三に、日本軍が出兵した現地においてとられた具体的措置が出兵ごとにどのような変容を示していったのかを検討することである。

一九二〇年代における日本の対中武力行使に以上のような検討を加えることは、本書全体の課題との関係からいえば、戦争違法化体制が当該期の日中関係に関してもっていた限界性を明らかにすることにもつながるであろう。

一　寺内・原・高橋内閣期の「内政不干渉」方針

1　内政不干渉方針の登場

一九二〇年代における「内政不干渉」方針の原点は、寺内正毅内閣が一九一七年一月九日に閣議決定した対中政策方針にあった。すなわち、その第三項は、「帝国は支那に於ける何れの政治系統又は党派に対しても不偏公平の態度を持し一切其の内政上の紛争に干渉せさること」と、内政不干渉・不偏不党を対中政策の方針として掲げたのである(1)(以下、便宜上内政不干渉・不偏不党の方針を総称して内政不干渉方針と呼ぶ)。

寺内内閣が右方針を決定したのち、中国では段祺瑞総理と黎元洪大総統との対立が激化し、五月末には内戦突入の様相を呈するに至った。この情勢を受けて陸軍中央は六月四日、関東都督、支那駐屯軍司令官など出先に「帝国政府は曩に中外に宣明せる対支方針に依り苟も我が重要なる利益の侵害せられさる限り絶対に不干渉の態度を維持し不偏不党以て時局の推移を観望」するとの方針を伝達した。(2) この指示は内政不干渉方針の限界を示していた点で注目される。すなわち、日本の重要権益が侵害されない間は内政不干渉を維持するが、日本の重要権益が侵害される段階になれば内政不干渉方針は放棄するというのがここでの内政不干渉方針であった。換言すれば権益擁護のための武力行使は内政干渉に当たると認識されていたのである。これは一見すると当たり前に思われるが、以後の内政不干渉方針の展開を見ていくうえで非常に重要な点なのである。

寺内内閣は右の内政不干渉方針をたてたものの、その後段政権に対する西原借款を展開し、日華軍事同盟条約締結を強要するなどの行為により内政不干渉方針をみずから徹底的に粉砕したのち崩壊に至った。

2　奉吉抗争

寺内内閣ののち、一九一八年九月二九日に成立した原敬内閣においては、内政不干渉方針はどのような動態を示したであろうか。一九一九年七月、満州において吉林軍閥孟恩遠と奉天軍閥張作霖の対立が高まり、内戦への突入が懸念される状況となった。(3) 七月九日、吉林の森田寛蔵領事は「居留民保護」のため警察官派遣と、相当兵力の出動などにつき関東庁長官とあらかじめ協議することを内田康哉外相に要請した。しかし内田外相は兵力出動はきわめて重大な結果をもたらすと、出兵に消極的な態度を示したうえ、孟に対して「自重」を申し入れるように指示した。中国内政に非軍事的な形で事実上の介入をすることで、満州での内戦を回避させようとしたのである。一方、関東軍は、七月一〇日に奉吉両軍への厳正中立と、鉄道および付属地の治安維持などの方針を隷下部隊に訓示した。

しかし満州の「治安」の危機を感じた北京の小幡酉吉公使は、七月一四日、内田外相に対して、日本が両者の調停を行うことと、北京政府側に満州治安維持の観点から厳重な警告を発することなどを具申した。(4) 内田外相は一八日、調停は「内政干渉の嫌あり」としつつ、「苟も満州の治安に動揺を来し又は延て日本の同地方に有する重要の利害に影響を及ほすか如き画策行動を敢てするには之に由りて生する重大の責任を負荷するの覚悟あるを要す」との申し入れを北京政府に対して行うよう指示するとともに、日本政府は張・孟どちらの軍も援助するものではないとの立場を表明していた(5)。

結局、奉吉両軍が開戦に至る事態とはならなかったため、それ以上の対応はとられなかったが、以上の過程からは次の特徴を指摘できる。①日本政府は張・孟どちらの軍に対しても中立的立場をとると標榜する一方、孟に「自重」を要望するという形で実質的に内政に介入したこと、②政府は日本軍の出動についてかなり消極的な態度であったこと、③関東軍も鉄道・鉄道付属地の治安維持という条約上の権利内での対応を志向したこと、④外務省出先がむしろ調停という形での内政への介入や警告に積極的であったこと、⑤政府は最終的に治安維持について中国側に警告を与える方針を採用したことである。

古屋哲夫は右の過程につき、「『治安維持』を直接に中国側に『要求』するというのは、対中国政策における新しい方式であった。そしてここに、のちの田中外交に特徴的に表れてくるような、満蒙治安維持政策の出発点をみることができる」とその画期性を強調している(6)。前章で分析したように、義和団事件に際して列国が清朝に対して居留民保護を要望するという例はあったが、「治安維持」というのが要望の焦点にされたケースは日本の対中出兵に関する動向では見受けられなかった。その点で、この古屋の指摘は重要である。ただこの奉吉対立に際して、政府・軍側においては軍事的対応がほとんど考慮すらされなかった点は、確認されるべき点であろう。

3　安直戦争

次に原内閣が直面したのは一九二〇年の安直戦争であった。この内戦は段祺瑞を中心とする安徽派と曹錕・呉佩孚らを中心とする直隷派の対立であったが、段祺瑞一派と日本が前寺内内閣期に癒着していたことや、段の主力軍（参戦軍）が日本の「援助」で形成され、そこには日本軍人が軍事顧問として配置されていたことから、この内戦での対応は原内閣の内政不干渉方針の大きな試金石となった。

安直開戦を前にして原内閣は、一九二〇年六月一六日、北京の小幡公使に対して、在支官憲および居留民が紛争に干与するような行動を「厳に之を警むる」よう指示し、[7]陸軍中央も内戦には「絶対不干渉主義」をとるよう関東軍および各派遣軍に訓示した。[8]日本政府・陸軍中央は「絶対不干渉主義」を徹底しようとしたのである。出先の支那駐屯軍においても「両派の衝突には不干渉の態度を執る」との方針がとられ、小幡公使もそれを支持した。[9]

こうした内政不干渉方針のうえで、北京・天津地域の治安維持や居留民保護については、列国と共同で対処する方針がとられた。まず七月八日には、居留民保護について中国政府が責任をもつべきことと北京市中を非戦闘区域とするよう求める協同勧告文が中国外交部に送致され、[10]一六日の列国軍司令官会議では不干渉方針が確認されたうえ、南次郎支那駐屯軍司令官が鉄道守備隊の行動は義和団事件最終議定書第九条による鉄道保安にとどめることを主張し、その旨が決議された。南はこの決議をふまえて、天津から二〇キロ余り北の楊村に派遣した日本軍守備隊を「戦闘の渦中に陥らしめさる為之を要すれは天津に引揚け」る方針をとった。[11]政府・陸軍中央も、義和団事件最終議定書で規定された天津周囲二〇清里内への進入禁止すらも「軽々に之を実行せは或は一党に偏するやの嫌いもあるに付差向の処不取敢曹〔曹錕、直隷派の中心的軍人〕の注意を喚起せむか為一応の警告に止め置くことと致度」[12]と、徹底的に支那駐屯軍の軍事的対応を抑制する態度をとった。

結局この安直戦争における日本軍の軍事行動は、日本政府の「絶対不干渉主義」と列国協調の枠に規定されて、義和団事件最終議定書を根拠とした租界・京奉鉄道の警備や居留民保護にとどまるものとなった。しかし、こうしたきわめて抑制的な対応は、とりわけ陸軍出先において一種のフラストレーションを蓄積することになった。というのは七月一九日に段祺瑞は下野声明を発し、直隷派を中心とした新政権樹立へと推移したが、陸軍出先はこの事態を親日的な安徽派（段祺瑞一派）の没落、親米的直隷派の権力掌握であり、中国の権益争奪戦における日本の後退であると認識したからである。段失脚直後の下旬から八月初旬にかけて南司令官が陸軍中央に宛てた電報ではその憤懣が率直に語られ、アメリカが「直隷派援助の為には国際条規〔義和団事件最終議定書〕の如きは毫も顧みさる程露骨の援助振を発揮」したのに(13)、日本が不干渉主義を維持して段の没落を招いたと悲嘆したのである(14)。

しかし、この時点で南支那駐屯軍司令官は、列国協調から逸脱した、軍事主義的な対中政策への転換を主張したわけではなかった。南は、英米仏などによる中国の国際管理化に対抗するうえで、日本が「侵略的意図なきこと」を中国に了解させ、「一般国民の対支那人感想を強圧的てなく平和的発展に導」くことが重要だと主張したのである(15)。

4 間島出兵

安直戦争では前述したようにきわめて抑制的な出兵方針を維持した日本が、それとは対照的に同じ一九二〇年にきわめて積極的な出兵方針を展開したのが、いわゆる間島出兵である(16)。

中国の間島地方に移住した朝鮮人が結成した反日団体は、一九二〇年になると、国境を越えて朝鮮に進入して日本官憲などに襲撃を加える活動を本格化させた。日本にとっては朝鮮支配の安定という観点から、間島の反日団体壊滅が課題となったが、間島は完全に中国の主権下にある地域であったため、二〇年七月に、朝鮮軍、関東軍、外務省出先など日本側現地当局は、間島の「不逞朝鮮人」についての日中共同捜査と日中共同出兵による「掃討」を張作霖奉天省長兼東三省巡閲使に対して要求した。張作霖もそれを受け入れ、共同出兵への下地づくりが進められていった。

そうしたなか九月一二日に琿春が馬賊約三〇〇人に襲撃される事件が発生した（第一次琿春事件）。さらに一〇月二日早朝には琿春の日本領事館などが襲撃され、日本人一三人と朝鮮人七人が射殺される事件が発生した（第二次琿春事件）。この第二次琿春事件発生を直接的契機として日本は間島地方への大規模な出兵を実行していくことになる。

日本軍の出兵は大きく二段階に分かれる。最初の段階は居留民保護論による出兵であり、次の段階は張作霖との協定に基づく間島の「不逞朝鮮人討伐」である。第二次琿春事件発生後最初の出兵は、事件当日一〇月二日午後に行われた琿春への越境出兵であった(17)。一〇月五日に小幡北京公使が顔恵慶中国外交総長に宛てた書簡では、九月の第一次琿春事件後日本側は地方官に日本人居留民の保護に関する要求をしていたとされているから(18)、客観的には日本側の要請にもかかわらず中国側が日本人居留民保護を全うできていない状況が存在したとも見られる。その点で一〇月二日の琿春への日本軍派兵は、従来の居留民保護論の枠内での出兵と見ることは可能である。

しかし一〇月六日から早くも第二段階への以降が開始された。この日、斎藤実朝鮮総督は内田外相に朝鮮軍の間島派兵を正式に提起したが、それは襲撃のあった琿春への出兵を維持したまま、「竜井村其他重要地点にも此の際出兵し不逞鮮人の武器全部を押収し馬賊団を徹底的に討伐する迄撤退せさる」ことを提起したのである(19)。竜井村は琿春から八〇キロも西にあり、琿春事件後の居留民保護とは直接関係はない。同日と翌七日朝鮮軍は合計四個中隊余りを竜井へ派遣した。そして原内閣は七日の閣議で、①琿春以外の「我総領事館、分館所在地たる竜井村、頭道溝、局子街及百草溝方面」の居留民保護のため軍隊を派遣することについて、張作霖から承認を求めるとし、それが得られない場合は「自衛的措置として出兵」する旨通告すること、②中国側に「不逞鮮人討伐」のため日中で「共同討伐」をすることを求め、それが容れられない場合は「自衛上已むを得ず単独に不逞鮮人討伐を実行すること」などを決定した。(20)

一〇月六日から七日にかけて日本政府・朝鮮軍において、第二次琿春事件を口実として、懸案だった間島地方全体の朝鮮人反日団体弾圧を一挙に達成する方針が確定的となり、そのための日本軍の行動は「自衛上」の措置であるとの立場が主張されることになったのである。ただここでの「自衛」という概念が、正当防衛権的自衛権として用いられているとはいえないであろう。なぜなら正当防衛権的自衛権としてこの行動が主張されるならば、張作霖側からの出兵への承認などが考慮されるはずはないからである。内田外相が七日、奉天の赤塚正助総領事に対して張作霖との交渉ぶりを訓令したなかで、共同討伐が同意されなければ、「帝国政府は自国の安全を防護し接境地帯よりする脅威を根絶する為め」単独で実行するが、これは「自衛上不得止の措置」だと述べていることが示すように、(21)ここでの自衛は、朝鮮植民地支配の安定化のためには他国領域での軍事行動も自衛として認められるという内容であり、自己保存権的自衛概念であるといえる。

また、とにかくも「自衛」と主張しているにもかかわらず、張作霖側の承認や共同討伐ということが考慮されているということは、こうした軍事行動を自衛の名のもとに一方的に展開することをはばかる意識が日本の支配層内に存在していたことを示していたといえよう。

それゆえ一〇月六日、七日の出兵後も、その位置づけはまだ居留民保護におかれていた。一〇月九日に田中義一陸相から大庭二郎朝鮮軍司令官に宛てられた指示事項では、「現下に於ける情況は共同若は単独討伐に移る為の前提として居留民保護の為行動しあるもの」であり、「討伐」行動は赤塚総領事の対張作霖交渉の結果が出てからとされたのである。(22)

赤塚は一〇月一一日張作霖と交渉し、張は「共同討伐」に同意をした。(23)その翌一二日の閣議は陸軍省が提出した閣議案を決定したが、そこでは「通化方面鴨緑江対岸方面にも一部隊を派遣」する方針が掲げられていた。(24)これらの地域は琿春から四〇〇キロも西の地域である。張作霖の「共同討伐」合意に付け込んで、間島地方にとどまらず、中朝国境一帯での「討伐」実施へと構想が一挙に拡大したといえる。そして一〇月一六日と一七日の日中間の合意成立(25)のうえで、日本は約一万五〇〇〇人に上る兵力を投入して、朝鮮人「討伐」作戦を展開した。日本軍は一二月以降撤兵を開始した。

以上の経過から指摘できるのは、①日本側が、中国内国境地帯の朝鮮人反日団体を壊滅するための軍事行動は「自衛」であると認識していたこと、②しかし居留民保護の範囲をはるかに逸脱した大規模な「討伐」作戦を「自衛」の名のもとに一方的に展開しうるとも確信されてはいなかったこと、③そのため日本側は、張作霖・奉天省側の同意がない場合は単独で討伐作戦を実施するとの意向を示しながらも、結局、中国側との了解あるいは協定のもとでの「討伐」作戦の実施という路線をとったことである。

5　第一次奉直戦争

一九二〇年の安直戦争において反安徽派という点で連合した張作霖率いる奉天派と曹錕・呉佩孚らを中心とする直隷派は、勝利後、連合して北京政府を支配したものの、両派は勢力圏の拡張をめぐり対立を深め、二二年には第一次奉直戦争が開始されるに至った。

この間、前述のように、間島出兵問題の発生により東北を支配する張作霖と提携する必要性が日本側ではいちだんと高まった。そして間島出兵の一段落後、二一年五月一七日、原内閣は「張作霖に対する態度に関する件」を閣議決定した。この閣議決定は、張作霖が中央政界進出の意思をもっているのは確かだとしつつも、「張作霖か東三省の内政及軍備を整理充実し牢固なる勢力を此の地方に確立する」のに対して「帝国は直接之を援助」するが「中央政界に野心を遂くる」ために日本の助力を求めてくるのに対しては「進んて之を助くるの態度を執らさること」との方針を掲げた。そして日本は「張個人」を援助するのではなく、「何人と雖も満蒙に於て張と同様の地位に立つものに対しては之と提携」するとの方針も掲げ、また張作霖側が求めている兵器供給についていは、列国の協定がある以上、応諾できないとしていた。(26) すなわち、ここでの日本政府の張支援方針は、満蒙の支配者であるものを支援するのが趣旨であって、張作霖という個人を支援する方針とは言い切れなかった。実際二一年一一月、内田外相は小幡北京公使に対して、北京政府の中心的存在である呉佩孚との間に「何等連絡の途を講じ」るよう指示しており、(27) 張没落をも想定した対中関係の形成を構想していた。

一方、一九二二年に入って、奉直両派の対立がしだいに高まりを見せると、直隷派に対抗する意図から、赤塚奉天総領事、小幡駐華公使、北京公使館付武官東乙彦少将、関東軍参謀長福原佳哉少将などは、奉天派（張作霖）へ武器を供給し支援すべきだと中央に具申するに至った。(28)

こうした路線の分裂のなかで日本政府は、一九二二年一月二五日に奉天の赤塚総領事を通じて張作霖に「自重」を要望し、「中央の政治に容喙することを避け」るよう申し入れた。(29) これは実質的に内政に外交的に干渉することで内戦の回避を図ろうとしたものといえる。そして二月一六日に内田外相が小幡公使に発した電報は、出先で高まった張援助論に全面的に反駁するものであった。すなわちまず内田は、イギリスに対抗して日本が張を援助するのは「支那の紛乱を益々助長せんとするもの」で「極めて危険なる政策」であると張援助方針を批難し、さらに列国が「一致協力して支那の康寧福祉を増すの方針」で進むべきはワシントン会議（二一年一一月一二日〜二二年二月六日）の結果からも明らかで、「小策を弄し以て大局の利益を毀損する」べきではないと述べた。そして奉直戦争が勃発した場合の軍事的対応については、首都北京付近においては戦闘させない手段について、英米側と打ち合わせておくように指示したのである。(30) ここでは政府は、中国の現場における列国の角逐という状況を政策決定の根拠とするのではなく、ワシントン会議で示された列国協調という理念を政策決定の根拠としたといえる。そしてそれは北京周辺の治安確保という、限定的な軍事的介入を列国（英米）と協調して行うという対応へつながったのである。

結局、この政府の方針は外務省出先の対張態度に貫徹された。三月二五日、張は赤塚総領事に対し日本からの援助を懇請したが、赤塚はそれは不可能であると拒絶したのである。(31)

四月に入って奉直両軍が戦闘態勢を固めつつあるなか、四月二二日に外務省は、日本は内政不干渉方針をとり、九ヵ国条約や武器不供給についての列国協定を尊重していると、対中政策における列国との協調姿勢を表明した。(32) 陸軍中央においても「過早に中央逐鹿界に立つこと無からしむるの主旨に於て彼〔張作霖〕を援助するを要す」と、二一年五月の閣議決定の範囲での張援助方針を維持していた。この陸軍側の意見について外務省芳沢謙吉アジア局長が「大体の趣旨には異存なし」とコメントしたように、外務・陸軍の中央での方針は一致していた。(33)

一方、四月下旬には北京・天津地域での奉直両軍の戦闘に対する列国の対応について協議が進められた。ここで焦点となったのは北京を非交戦地とすることと、北京・天津間での鉄道保護であり、前者については中国側にその希望を伝える方針で、また後者については義和団事件最終議定書を根拠として、列国軍による路線上の必要地点占拠、中国軍の駐屯拒否といった方針で臨むこととなった。(34)

四月二九日に第一次奉直戦争は開始された。日本政府は居留民保護の名目で五月一日に旅順から海軍の第一二駆逐隊を天津に派遣する措置をとったが、(35) 同日奉天の赤塚総領事からは、内田外相に対して、奉天軍が敗北したさいの居留民保護につき軍当局と折衝するよう要請がなされた[36]。五月四日に奉天軍の敗北は決定的となったが、翌五日に、内田外相は赤塚に対して、「居留民保護」のためであっても「我軍隊を移動せしむるが如きは今後主義として出来得る限り之を避け度く」、出動準備についても「止むを得ざるに至らざる限り我軍事当局との折衝を開始せざる方針」であるとして、保護は日本側警察力による一方、中国側に外国人保護への注意を喚起するよう指示した[37]。同日内田が加藤友三郎海相および山梨半造陸相に宛てた申し入れでも内政不干渉方針とワシントン諸条約ならびに決議の精神への準拠が強調され、陸海軍省が時局に影響を及ぼすような処置を出先にとらせる場合には、あらかじめ外務省と協議するよう要望したにとどまったのである[38]。

こうして奉天軍崩壊直後までの時点においては、日本の軍事的対応は列国協調で北京・天津方面の居留民および鉄道を保護する範囲に限定され、山海関以北の京奉鉄道保護についても「特に条約上の根拠」がないとして、積極的な保護論は浮上しなかった[39]。

ところが五月下旬には、満州での軍事的対応を要求する声が出先でさらに強まっていった。五月一八日、奉天総領事の赤塚は、張作霖軍を追撃して呉佩孚軍が奉天省に侵入すれば「東三省の治安」が破壊され「我鉄道附属地内外に居住する帝国臣民の生命財産は非常なる脅威を受くる」として、①奉直両軍の東三省での戦闘を禁止する大総統令発令の要求、②北京政府・奉直両軍に対する満鉄付属地などの中立化宣言という二方法が提起された。そして赤塚は、②の場合は奉直軍が中立地帯に進入した場合には「武力を以て之を防止するの覚悟を要する」ことにはなるが、日本がなんらかの措置を講じなければ「支那人の侮を受け我満蒙の地位及将来の発展に大なる支障を来す」だろうとして政府の対応を促したのである[40]。

この赤塚の提起は居留民保護を目的に掲げつつも、そのために武力行使をも含めた強硬な態度をとることを、日本の満蒙支配の拡大という点から必要だとしている。換言すれば、居留民保護は満蒙支配の強化という目的のために名目的に唱えられた側面が強かったといえる。

内田外相は同日、赤塚と児玉秀雄関東長官に訓令を発した。そこでは、日本政府が「内政不干渉不偏不党の根本方針を完全に遂行」しうるかは「国際信義の試金石」であり、将来日本が「平和的大陸発展を行ひ得べきや否やの岐路」であるとし、居留民保護については、満鉄付属地・租借地以外の邦人の生命財産保護は中国政府が責任をもち、付属地・租借地在住の邦人の生命財産保護は日本の警察が担当し、「兵力の使用は可成之を避くべきこと」とされたのである。さらに関東軍の行動をその「任務」である「鉄道沿線警備」に限定し、「特に一方に偏頗の処理をなせりとの誤解を受くへきか如き一切の行動を避くる」方針を徹底するよう指示した(41)。

さらに内田外相は二〇日、北京の小幡公使に、もし英米側と日本側とが中国の政争を介して相対峙する状況を呈すれば、「華盛頓会議以来世界の支那に対する政策が根本的変化を受け茲に列国協調して支那の自覚向上を援助するの新傾向を逆転するの結果に陥る」として、「飽迄列国協調して支那内乱の前途に処するの形勢を助長」するよう指示した(42)。そして同日内田外相は赤塚奉天総領事に対して、沿線付属地外で居留民保護は「附属地内に引上けしめ保護」すること、また「何等問題を惹起せざること明瞭なる場合」以外には、居留民保護のためであっても付属地外に日本警察官は出さないようにと指示した(43)。

右の内田の指示には、ワシントン体制の成立によって対中政策のあり方は根本的に変質したのであり、今後は列強との協調、平和的対中進出を図るべきだとの意向が明瞭に示されていた。そしてそうした意向が対中武力行使をかなり抑制させることになったのである。最悪の事態における兵力の使用までもが完全に否定されていたわけではないが、それは文字通りの居留民保護を逸脱しない範囲で想定されていたといえる。

一方、陸軍中央では一九日に、陸軍省軍務局側が外務省側に、関内での奉直両軍会戦に対して日本軍は「厳正中立」を維持し、関外で奉直両軍会戦の場合は「不干渉中立、南満鉄道の使用を禁し沿線の戦闘は制限す／居留民及既得利権の保護には特別の手段を執る」としたうえで、「張失脚し東三省の処分直隷派の手中に」落ちた場合は「代りたる統治者に対し従来の態度を維持す」との方針を示した。(44) ここでは基本的に不干渉方針をうたい、張作霖の没落も容認しており、二一年五月の閣議決定の路線が維持されていたが、満鉄沿線での奉直両軍の戦闘禁止が考慮されている点は注目される。ただ、この段階では直隷派の満州進攻を武力で阻止するところまでは積極的に考慮されておらず、武力行使は付属地内での実質的な居留民保護・権益擁護という範囲で考慮された傾向が強かったといえる。

第一次奉直戦争は二二年六月一七日にイギリス軍艦上で奉直両派代表による休戦合意が成立し、終結に至った。(45) ところがその内戦終結後に、山海関付近の秦皇島で日本軍と直隷軍の間に緊張が高まるという局面が生じた。すなわち、義和団事件最終議定書に基づき秦皇島駅に派遣されていた日本軍守備隊（支那駐屯軍の一部）の兵が、直隷軍兵士から暴行を受ける事件が六月二二日に生じ、翌日支那駐屯軍が現地に三個中隊を増派する情況になったのである。陸軍中央が大局的な見地から事端を惹起せぬよう支那駐屯軍に指示し、直隷軍側も謝罪・責任者処罰といった措置をとったため、事態はまもなく収束したが、(46) 注目されるのは二三日の支那駐屯軍の現地への増派理由である。すなわち同軍司令官鈴木一馬少将は山梨陸相に対して、直隷軍が「我軍の名誉を毀損すると共に条約上の我任務達成に妨害を加ふること頗る多」いこと、(47) また「秦皇島附近にては陰に英米人の使嗾に起因し対日感情は悪化し甚敷く侮蔑の念を増長するに至りしを以て之を放置する時は将来の為悪影響を及ぼすの惧れある」ことを増派の理由としてあげていたのである。(48) ここでは日本の中国に対する軍事的優越性を示すことが「将来」の対中政策の大前提であるという認識が滲み出ていた。こうした軍出先の軍事主義的対中進出論は中央の内政不干渉方針によりなんとか抑制されていたのである。

以上の第一次奉直戦争の過程に見られた日本側の対応の特徴としては、①政府・陸軍中央は張への自重を求めるという形で実質的に干渉しつつも、二〇年の安直戦争のさいと同様に、内政不干渉方針を掲げ、張作霖への支援や居留民保護を名目とした出兵を抑制しえたこと、(49)②ワシントン諸条約・決議に示された「列国協調」への政府・陸軍中央の能動的態度が右方針を維持する上で大きな意味をもったこと、③以上の点に規定されて、日本軍の軍事的対応は基本的に、安直戦争同様に義和団事件最終議定書を根拠とした租界や京奉鉄道の警備や居留民保護にとどまるものとなったこと、④その一方で、軍・外務省の出先においては、直隷派＝英米派という認識による張作霖援助論や、「将来」の対中政策上日本の軍事的優越性を示す必要があるとの武力主義的な対中政策観が浮上していたこと、を指摘することができるだろう。

以上、本節では安直戦争、間島出兵、第一次奉直戦争という一九二〇年から二二年にかけての事象を個別に見てきた。そこでの日本の対中政策の特徴は、次のように大まかに整理できる。①寺内内閣において登場した内政不干渉方針においては、権益擁護のための武力行使は内政干渉として位置づけられていたこと、②安直戦争・第一次奉直戦争に際して、当事者に「自重」を要望するという形で外交的に実質的な内政干渉がなされつつも、内政不干渉方針が唱えられ続けたこと、③該内戦に際して、政府・陸軍中央は、当事者の一方に軍事的援助をしないという点で内政不干渉方針を一貫して維持し、軍事的には条約（義和団事件最終議定書）上の権利に基づく列国協調による警備・居留民保護が実施されたこと、④原内閣は朝鮮支配の安定確保という自己保存権的自衛権論によって中国領土内での日本軍の恣意的な軍事行動も構想したが、結局は張作霖との協定に基づいて軍事行動を実施したこと、である。

二　国際管理論の浮上と対支政策綱領

前節でみた政府や陸軍中央におけるワシントン体制への順応性は、第一次奉直戦争での対応をピークとして早くも低下していく。その要因についてここでは検討しよう。

まず、この時期陸軍において、中国に対する日本の進出がいかなる路線をとることがイメージされていたのかを見ておこう(50)。

一九二三年においては、二月に中国国会が二一ヵ条の廃棄を決議し、また長江流域などを中心に各地で排日運動が展開されるなど、反日感情が高まりを示していた。当時漢口に駐在していた田代皖一郎歩兵中佐は、排日運動を抑圧するためには「已むを得されは国際公法の範囲に於て経済的或は武力的復仇手段も敢て辞せさる底《(ママ)》の厳粛なる態度を必要とす」と主張した(51)。これは軍の出先において、排日運動に対する軍事的復仇が正当視されていたことを示す。

しかし一方では北京の日本公使館付武官林弥三吉少将が、このさい日本は「対支貿易の振興発展策」を講じるのが「急務中の急務」であり、「低廉にして品質優れる独逸品又は米国品」にシェアを奪われているのは、「日本内地に於ける工業労働者の堕落に基くものにして工業立国を基調とする帝国は猛省を要す」と述べたように(52)、出先の軍人においても経済主義的な進出を重視する状況が生じていた。

しかしまた、その林自身が、対日蔑視や朝鮮・台湾支配の動揺につながるとの判断から、中国の二一ヵ条解消要求への譲歩は拒絶すべきだと主張していたばかりか(53)、「軍需諸資源の領有」の観点から華北攻略を論じ(54)、また対中全面戦争での武漢攻略の意義を論じたように(55)、軍事侵略路線が完全に止揚されていたわけではなかった。

陸軍中央においても、排日運動に対しては「直接的手段」として中国官憲に鎮圧能力がない場合は「断然威圧の途を講し以て近時著しく増大せる彼等の軽侮心を除去」するとする一方、「排日（貨）運動に対しては根本策として国内産業方法の改善（資本の合同、製産費の減小）輸出品種の選択（支那低級工業品に対し我は高級工業品を選むこと及嗜好に投すること）等に依り支那貨と競争を避け自然的に排貨を緩和する」、「経済発展の要は平時的商策を基礎とすへき」といった方針を掲げていた(56)。

以上のように、この時期陸軍における日本の対中進出のイメージは経済主義的な進出に重点がおかれ、軍事主義的路線はさほど積極的に主張されていたわけではなかった。こうした陸軍の態度は第一次奉直戦争への対応にも表れていたように、ワシントン体制がもたらした「国際協調」という枠組みの存在に規定される面が大きかったわけだが、この枠組みへの反発が二三年には台頭してくる。その契機になったのは臨城事件の発生により列国間で中国に対する財政・鉄道面での国際管理論が浮上したことである。臨城事件とは二三年五月に津浦鉄道臨城付近で、土匪が列車を襲撃し二〇余名の外国人を含む乗客を拉致した事件である。この事件後イギリス駐華公使によって鉄道の管理問題が提起され、それが中国全体に対する国際管理問題に発展することが、とりわけ日本側で懸念される情況となったのである。

北京公使館付武官の林弥三吉は、六月に報告書をまとめた。そこで林は、鉄道管理が「遂に永久支那の国際管理を誘発するの端緒となり東洋に於ける帝国の生存に著しき脅威を招来するに止まらす遂には黄色人種の敗滅を来すなきを保せさる」との危機感からその実現阻止を主張した。そして財政・鉄道経営面での国際管理が避けられない場合でも、「満洲は如何なる場合に於ても本管理の範囲に含ましむへからす」と林は主張したのである(57)。国際管理の実施は英米など列強の中国への支配力増大につながるとの危機感が、満州に対する日本の排他的支配欲求をより高めることになったといえよう。同様の反応は奉天特務機関の貴志弥次郎陸軍少将が執筆した報告書からも窺われ(58)、日本陸軍における一つの典型的反応であったといえるだろう。

そして国際管理論への警戒は、陸軍中央でも共有されていった。すなわち二三年七月、参謀本部は、「支那の共同監政は帝国の国防用兵上著しく不利」であり、その「実現を防止」するため「依然支那の内政には不干渉主義を取り内争に関しては不偏不党の態度に出て一方極東条約〔九ヵ国条約〕及同決議を尊重し該条文を利用して列強の新企図を阻止するを可とす(59)」とされたのである。前述した林の六月の報告書でも、「華府会議に於て決議せる支那主権を尊重する」建前によって「列強勢力の支那に蟠屈するを避くる」ことが主張されていた。

しかし一方で国際管理を排除することは、中国の中央政治の混乱の放置につながる側面をもっていた。この点について貴志は、国際管理を阻む一方、日本政府は「率先して支那政界の巨頭及実力者を説き統一実現（縦令不徹底なりとするも支那の死期を遷延せしむる目的を以て）に努力するを要す」とし、それが実現できなければ日本は「列国を誘ひ寧ろ内政に干渉し政府樹立に協力するを要す」と主張した(60)。当時、張作霖の軍事顧問であった本庄繁陸軍少将も同様の観点から「帝国は速に『支那統一』の実現を促進」するため「帝国主唱の下に支那統一に関する国際会議を開催すへし」と主張していた(61)。

以上のような対中政策論をふまえるならば、この時期関東軍参謀部がまとめた「支那国際管理問題に対する意見」という文書は、陸軍の対中政策のスタンスをバランスよく盛り込んだものといえるだろう。すなわち本文書は、基本的に国際管理に反対する一方、「支那の主権は飽く迄之を尊重する」として、中国に「関税自主権なきは主権毀損の大なるもの」であり、鉄道の警備権・運賃についても中国に「完全なる自主権」を与えるべきだと主張する。そして中国への経済進出に関しては、国際管理のもとで一国が「利益壟断的勢力範囲の構成」するのは最大の弊害であるから、日本は「常に華府会議の尊重、門戸開放、機会均等主義に依り極力之か防遏に努め」るべきだとされた。国際管理への反発から、中国の主権尊重や九ヵ国条約の原則が強調されたのである。そのうえで日本は中国を「国際管理の危機より速に脱逸せしむ」べきで、「現下混乱の大患たる直派の専横を矯め奉直の紛争を解き比較的公平の大総統を得茲に支那統一の気運を醞醸せしむ」るためには「多少内政に干与」してでも、中国時局の紛糾を解決させることが必要であると結論づけられたのである。(62)

こうして二三年に日本陸軍内の国際管理論への危機感は内政不干渉方針修正の気運を台頭させることになったのである。しかし、その内政不干渉方針修正論は、この時点ではストレートに九ヵ国条約体制を否定する方向に作用したわけではなかった。むしろ九ヵ国条約体制は国際管理論を抑制するための根拠として利用価値を認められていたのであり、出先の対中政策も満州の排他的支配という方向よりも、中国統一の実現への圧力行使という方向を向いていた。

また、この時期の対張作霖態度という点では、右の引用に見られるように関東軍参謀部が直隷派の「専横を矯め」と、実質的張支持を匂わせてはいるが、一方、北京の林は、「各地の実力派（独り軍閥のみならす実業界の実力家等）と提携を鞏固にし以て帝国の発展を期するを可とすへし」と主張した。(63)また林は第三国との戦争に備えて「平時より支那軍権者を掌握する」必要があるとして、「直隷派、奉天派、安徽派、孫派、雲南等と個々に帝国軍部と離るへからさらしむる」べきであると主張し、(64)直隷派を含んだ諸軍権者や実業界の実力者との連繋を提起していた。ここには満州（関東軍）と北京（公使館付武官）という位置的相違からの対張作霖態度での温度差が感じられるが、いずれにせよ張作霖援助が対中政策において絶対的要件と認識される状況にはなかったといえるだろう。

では、二三年中に陸軍内で浮上した以上のような方向性は、二四年春に決定を見た対支政策綱領にどのように反映されていったのだろうか。二四年一月七日に清浦奎吾内閣は外務省に中国政策の検討を指示し、外務・陸軍・海軍・

大蔵四省間で「対支政策綱領」の策定が開始された。まず外務省の出淵勝次亜細亜局長が二月二八日に草案を提出したが、そこでは「華府会議に於て協定せる諸条約及決議を尊重する」として「国際協調」がうたわれていたものの、一方では中国との「特殊関係」から「必要の場合には必すしも他に追随せす独自の主張に基き自主的行動に出つること」が主張された(65)。外務省においても列国との協調が対中政策における絶対的な最優先課題としては位置づけられなかったのである。

ところが陸軍側は、より明確に「国際協調主義」、「内政不干渉主義」、ワシントン諸条約遵守という従来の方針に対する批判を展開したのである。すなわち、三月一四日に畑英太郎陸軍軍務局長が提出した試案は、対中政策は「国際協調主義に陥ることなく専ら自主的態度を以て之に臨み支那民衆をして帝国を盟主と仰」がせ、「従来の消極退嬰の方針を改め必すしも内政不干渉主義に膠着せす」としたし(66)、翌一五日に陸軍側が出淵草案に付した意見では、「帝国か絶対に本会議〔ワシントン会議〕に信頼服従するは得策ならす」と述べられたのである(67)。

さらに同綱領策定過程では、ワシントン諸条約および決議は中国国際管理を制禦するための「道具として利用する」といった陸軍側意見や(68)、ワシントン条約および決議は「列国の野心を制禦し得へきに付支那と特殊の関係を有する我国に於て率先して之を尊重するの態度に出つること(69)」といった外務省側意見が示された。このことは、列国との協調それ自体の意義が重視されなくなったという意味で、ワシントン諸条約維持の建前化が陸軍と外務省を通じて進行しつつあったことを示していたといえる(70)。これは、ワシントン体制が空洞化される傾向が生じていたことを示していたとも表現できるだろう。

最終的に五月三〇日に外陸海蔵四相で承認された「対支政策綱領」では、「対支国際関係を律するに当たり支那に関する華府諸条約及付帯決議を以て其の基準となすへしと雖も日支両国の特殊関係に鑑み必要と認むる場合には常に自主的態度を以て機宜の措置に出つること殊に将来列国に於て支那に向て国際管理制度を強要せむとするか如き場合には之を阻止する為最善の方法を講すること」とされた(71)。文言のうえでは最初の出淵案と大差がないともいえたが、これが外務省の掲げる堅固とは言い切れない「国際協調」主義と、陸軍の掲げる反「国際協調」主義との擦り合わせの結果であった点が注目されるべきであろう。この折衷が堅固な「国際協調」主義ではなかったことは明らかである。

では、日本が内政不干渉主義を排する一方、北京の林が提起したような、中国統一に向けてのリーダーシップを日本がとるという路線を採用したかといえば、そうはならなかった。その路線は、三月一四日に畑軍務局長の私案において、「統一問題に触るることなく各地の有力者を支持して地方の改善を図り以て逐次勢力の伸張を期すること」と退けられていったのである(72)。そして、この点については、最終的には対支政策綱領第三項で「支那政局の現状に顧み差当り中央政府にのみ偏重することなく広く地方実権者との間にも出来得る限り良好なる関係を結」ぶとの方針がうたわれることになった。また張作霖に対しては、第八項で「既定の方針に従ひ引続き好意的援助を与へ且其の地位を擁護する」との方針が掲げられたのである(73)。

以上の二三年から二四年の対支政策綱領に至る対中政策の動向を見るならば、まず確認されるべきことは、林弥三吉に顕著に見られたように、出先の軍人においても、中国進出のあり方において経済主義的な進出を重視する状況が生じていたことである。しかし一方では、林が対中全面戦争の構想に基づく中国諸地域占領方針を検討していたように、武力侵略路線が完全に放棄されていたわけではなかった。そこでは国際連盟規約の存在などはまるで考慮されることなく対中侵略戦争が論じられていたといえる。

次に、二三年における最大の特徴としては、中国に対する国際管理論台頭への危機感から、ワシントン体制の掲げる「国際協調」路線からの離脱志向が高まったことである。こうした傾向は陸軍のみならず、外務省においても共有されており、二四年の対支政策綱領はその傾向を政府レベルでひとまず確定することになった。

第三に、内政不干渉・「国際協調」路線からの離脱志向が高まりつつあったとはいえ、それが中国統一に向けてのリーダーシップの発揮、あるいは張作霖の完全な傀儡化に向けての援助強化といった明確な政策決定には至らなかった。その点では陸軍や外務省も具体的な政策を打ち出せずに、従来からの張作霖援助方針を踏襲するにとどまっていたといえるだろう。

こうして二四年五月三〇日に策定された対支政策綱領は、六月一一日に成立した護憲三派（第一次加藤高明）内閣に引き継がれることで、幣原外交の対中政策のスタートラインとなったのである。

三　第一次幣原外交期における内政不干渉方針の展開

1　第二次奉直戦争

第一次奉直戦争後、北京政府は直隷派の曹錕・呉佩孚が支配していたが、二四年に入ると反直系の諸軍閥は連携を深めつつ、直隷派打倒の機会を窺っていた。そして九月三日に反直系の軍閥と直系の軍閥が浙江省・江蘇省一帯で戦闘状態に突入したのを契機に、張作霖・段祺瑞・孫文ら反直三角同盟は曹錕・呉佩孚討伐を宣言し、九月一七日に両派での内戦が開始されるに至った。第二次奉直戦争の開始である。

この間の二四年六月一一日に成立した護憲三派（第一次加藤高明）内閣で外相に就任した幣原喜重郎が、その就任まもない二四年七月一日の議会で対中政策の基本方針として内政不干渉方針を宣明したことは、つとに指摘される事実である。ただ、ここであらかじめ確認しておきたいのは幣原の内政不干渉論の内容である。幣原は後年の一九二八年に次のように述べている。

元来内政不干渉とは何を云ふか、畢竟支那の政界に於いて相対峙する諸党派中の一方に対し、何等か偏頗なる援助を与へ、他の一方の党派を排斥するが如き態度行動を一切避けるという意味であります。

さらに幣原は「内政不干渉の方針と権益擁護の方針」という「二個の方針は互いに抵触する所なく、両々並び行はるゝべきもの」であるとも述べている。(74)これは「軟弱外交」と非難されて外相の座を去った後で、自分の内政不干渉方針を単に合理化するためになされた強弁と見られるべきではなく、幣原の信念を率直に語ったものと受け止められる。この点については以後の過程が実際に証明するであろうが、とにかく、この第二次奉直戦争はまさに幣原の内政不干渉方針の試金石となったといえる。

奉直両派の対立が高まるなか、二四年八月以後になると、日本側では内戦への対処方針が提起され始めた。軍の出先においては、奉天特務機関で張作霖政権との連絡などにあたっていた貴志弥次郎陸軍少将は、張作霖に現時点で大規模な武器供給を実施するのは「危険」で、逆に「帝国の満蒙に対する術策窮するに至る」であろうとし、むしろ日本が奉直調停の主導権を握って、直隷派政権に対する張作霖の発言力を維持してやることが、張の日本への信頼獲得や「我満蒙進展」につながると主張した。(75)また児玉関東長官も張に「自制自重」を勧告すべきことを幣原外相に具申した。(76)これらの出先の軍や関東庁側の考えは、内戦に軍事的にではなく、政治的に介入することで、内戦の回避あるいは収拾を図り、張作霖勢力を温存しようとするものであったといえる。

それとは対照的に、外務官僚の側からは、張作霖敗北後の満蒙の秩序混乱という事態への対処という発想から、軍事的対応を求める声があがり始める。すなわち奉天総領事の船津辰一郎は九月四日、幣原外相に対して、張が敗北の形勢となれば、日本政府としては満蒙における「秩序を紊乱し我経済上の発展に対し何等かの妨害を来すか如き行為」は黙視できないとの口実のもとに、直隷派の遼河以東への侵入阻止のため「自ら実力を充用すること亦已むを得さるに非さるか」と具申したのである。船津はさらに、その場合、英米側は日本の行為は中国統一を妨害するものだとして圧力をかけてくる可能性があるが、中国のために英米が「実力を以て我に臨む迄の決意は有らさるへし」と述べた。日本が実質的に九ヵ国条約を蹂躙したとしても、英米が対日武力行使をする可能性はないと主張したのである。さらに注目されるのは、この船津の軍事介入論が居留民・満蒙権益や張作霖の擁護自体を目的としたものではなかったことである。船津は日本が軍事介入すれば、たとえ張が敗北しても「最近著しく濃厚となり来れる当方面の利権回収運動を制御し之を操縦する」うえでメリットがあり、直隷派の東三省支配という状況よりははるかに有利であるとの観点からそれを主張したのである。(77) すなわち船津の出兵論は、内戦に介入して張を援助するためにではなく、日本が中国ナショナリズムを抑圧する態勢を形成するために提起されているのである。そしてまた中央政府（直隷派）による満蒙支配の阻止を展望している点において、満蒙分離の発想であるといえる。ただし船津は後述のように別の形の介入論も提起する。

これに対して幣原外相は九月八日に船津に対して内政不干渉方針の維持を指示し、(78) 九月一二日の閣議は「差当り傍観の態度を執り追って満州の秩序紊乱するか如き場合に処すへき方針に付ては形勢の推移に応し更に決定すへし」との方針を決定した。この「傍観の態度とあるは不干渉の意味」であり、(79) 右閣議決定は内政不干渉方針の維持を決定したといえる。しかし、先に引用した幣原の内政不干渉規定に照らした場合、この閣議決定は内政不干渉方針を維持しつつ、「満州の秩序紊乱」への対処は必要に応じて実行しうるとの立場をとったものと見られる。つまり具体的にいえば、内政不干渉方針と満州秩序維持のための軍事的措置は矛盾しないとの立場が示されたということである。さらにいえば、これは寺内内閣において登場した内政不干渉方針においては、権益擁護のための武力行使は内政干渉として位置づけられていた点から見れば、内政不干渉方針の明らかな変質を意味していた。

北京の芳沢公使も九月一二日に幣原外相に宛てた電報で、英米の国際管理論を牽制する観点から、日本は「寧ろ華府条約の精神を楯として可成不干渉を主張すること得策」であると主張しつつ、直隷軍が遼河を越える事態に対しては、日本は満州治安維持の観点から「独力にて事態を処理するの覚悟を要す」と主張した(80)。ここでも内政不干渉方針と満州治安維持のための軍事的措置は矛盾しないとの立場がとられていた。

第二次奉直戦争は二四年九月一八日、山海関付近の戦闘で幕を開けた。九月二三日芳沢は重ねて幣原外相に対して、呉佩孚が満州に進入し「我勢力及利権を蹂躪する」場合、日本は「実力を以て彼を制するの外なく」なるとして、日本の満蒙権益擁護につき中国政府に警告を与えるべきだと主張した。こうした芳沢の介入論は、呉佩孚の満州進出を「巧みに之を利用」して「満州に於ける地歩を現在及将来に亘り確保」すべきであるとの認識を背景としていた(81)。同日奉天の船津総領事も同様の具申を幣原外相にしていた(82)。これら外務省出先の考えは、武力行使自体を目的として想定したものというよりは、呉佩孚に警告を与えることで、呉が満州を支配した場合でも、権益を擁護させる下地を形成しておこうとの発想によるものであり、張擁護方針によるものではなかった。

一方、開戦前には張への「自重」勧告を提起していた児玉関東長官も、奉直開戦後の二六日には、「南満州の治安維持の為機を逸せす最有効なる自衛的行動を取」る根本方針を確定し、その「自衛的行動」について列国から諒解が得られるようあらかじめ素地を作っておくべきだと幣原に具申した(83)。これはよりストレートに軍事的対応を志向したものであったといえる。

こうして九月下旬には、最悪のケースとして、呉佩孚軍が東三省に進入した場合は軍事的対応も必要であるとの認識においては、外務省出先・関東庁側のほぼ一致した認識となっていたといえよう(84)。

いわば情勢は、日本が内政不干渉方針を維持し、張作霖敗北による満州治安の混乱を受けて軍事的措置を講じるのか、日本が内政不干渉方針を放棄し、勧告などの非軍事的な介入をすることで、満州治安の維持を図るのかという岐路にあったといえる。こうしたなか駐日フランス大使は二四日、幣原外相に対して、日本政府が率先して戦闘中止を求める勧告案を列国に提議してはどうかと要請した。しかし幣原外相はそれを内政干渉にあたるとして拒絶し、翌日イギリス大使にも不干渉方針を重ねて表明した(85)。こうした幣原の対応は内政不干渉方針を地でいったと評価することはできるが、客観的には中国の内戦を放置することで、日本軍の治安維持出動への可能性を高めることにもつながったのである。

幣原外相は、内政不干渉方針の修正と、奉直両派への警告という芳沢公使の献策(86)を無視し続けたが、結局日本政府は一〇月一一日になって、警告(覚書)を直隷派(北京政府)と奉天軍に通達するよう芳沢公使と奉天の船津総領事に訓令した。覚書は、「満蒙地方」における日本の膨大な居留民と投資・企業にとって同地方の「治安秩序」は大きな影響をもち、内政干渉の意図はないが、「緊切なる日本の権利利益は十分尊重保全せらるへきことを最重要視する」と述べた(87)。覚書は訓令通り両者に手交された。

同日、英・米・仏・伊四国の駐日大使に覚書訳文を手交したさい、幣原は一般民衆が満蒙における日本権益保全について「感覚頗る鋭敏」なのは、日本が満蒙権益を日清・日露戦争の結果取得したものであり、「満州地方に於ける本邦人の多数の住宅又は巨額の財産にして兵火又は劫掠の危険に曝され又は同地方無秩序の状態に陥るか如きことあらむか日本国内の人心必すや激昂を極むるに至る」であろうから、そうした事態を予防するため警告を与えるもので、「何等干渉又は和平勧告の意味」をもたないと説明していた(88)。

こうした警告文と列国への説明、さらに前述した九月一二日の閣議決定をあわせて考えるならば、政府は居留民保護・権益擁護・治安維持について警告するが、これは内政干渉には該当しない、換言すればそうした内容の警告は内政不干渉方針とは抵触しないとの立場をとったものだといえる。ただし張作霖がこの警告を「奉天側にとり却て有利」と「悦て之を受理」したように、[89]警告が実態的に内政不干渉から逸脱した効果、すなわち張支援の効果を発揮したのは間違いなかった。しかしより重要な点は、児玉関東長官が一〇月二一日、条約上の日本の権益が侵害される場合は「武力に訴ふるも完全に之を保全」すべきであり、「満蒙の治安秩序を維持せんとせは勢ひ必要なる兵備を備へ置くの要ある」と、軍の出動態勢準備を幣原外相に促したことに示されたように、[90]この警告によって満蒙秩序維持のための軍事的対応を要求する動きに拍車がかかったことであった。

右の警告に関して古屋哲夫は、「『帝国自身の康寧懸りて同地方の秩序治安に存する所』という『満蒙治安維持』についての、従来に例をみなかった強い表現が、以後の幣原外交を拘束することになる」と、この警告が前例としての拘束性をもつことになった点を重視している。この指摘は幣原外交の対中政策を考えるうえで、非常に重要な、首肯されるべき指摘であると思う。さらに古屋は、「『帝国自身の康寧』が『満蒙の治安秩序』にかかっていることを認めてしまった幣原外交のなかには、このような方向〔陸軍・関東軍の力による「満蒙治安維持」問題の解決という方向〕を解体する力の発展を期待する〔の〕は困難であったということにもなろうか」とも評しているが、[91]この点については筆者はやや見解を異にする。

というのは、そうした「方向」を抑制するためには、安直戦争や第一次奉直戦争に見られたような、内政不干渉方針のもとであらゆる武力行使を抑制する方向性を維持する方が効果的であったにもかかわらず、前述したように幣原の内政不干渉方針はそうした方向性を含んでいたとは言い切れないからである。一〇月二三日の閣議で幣原外相は「一方を援助すること」は内政干渉であると批判しつつ、呉佩孚軍が奉天に進軍するには満鉄を越える必要があり、それには関東軍と交戦しそれを撃破することが先決条件となるが、呉軍にはそれだけの力はないだろうと発言した(92)。これは井上清が指摘するように、「日本軍が条約上既得の鉄道守備権を合法的に発動するという形で、呉に武力反対することを想定したものである」といえよう(93)。すなわち張援助のための武力行使は内政干渉となるから避けるが、日本の権益擁護のために行う武力行使は構わないというのが幣原外相の立場であったといえよう。それゆえ問題は、古屋が強調する警告が内包した論理にではなく、幣原の内政不干渉方針の原理的問題であったと筆者は考える(94)。

さて、ただし警告後の満州での武力行使路線は、この段階では関東軍の出動態勢についても具体的な展開を示さずに終わっていった。というのは一〇月二三日に呉佩孚の配下にあった馮玉祥は北京でクーデターを敢行し、捕捉した大総統曹錕に翌日停戦と呉佩孚の罷免を宣布させ、直隷派が満州に侵攻する可能性は消滅したためである。このクーデターには出先の陸軍軍人が関与していた(95)。この関与自体はすでに指摘があるように、内政干渉にあたるものであったといえる。

次に第二次奉直戦争に際しての北京・天津方面での状況について若干検討を加えておきたい。華北に駐屯する日・米・英・仏四ヵ国の軍隊および北京の列国外交団は、以前の内戦同様に基本的に義和団事件最終議定書を根拠とした協同動作態勢をとった。そして列国駐屯軍は、中国側から攻撃を受けた場合においても「兵器を使用するに先ち有らゆる温和手段を講する」とされ、基本的に居留民保護の枠内での行動を標榜したといえる(96)。具体的な協同行動としては、内戦期間中に北京・天津間の鉄道沿線からの中国軍撤退を数度要求した程度で(97)、条約上の権利内での行動にとどまったといえる(98)。

しかし条約上の協同出兵とはいえ、そこでは当然日本軍と中国軍とくに直隷軍が接する局面が生じるのであり、それが中国への強硬な意識を高揚させる契機ともなっていた。たとえば天津の吉田茂総領事は、中国兵の「無智不規律」と前線の「我兵力の過少」が直隷軍と日本軍守備隊との小紛争が絶えない原因であるとし、軍艦の派遣を要請した。[99] 北京の芳沢公使も同様の認識を示していた。[100] そして吉田は「北支政局は之より更に多事ならんとするに方り苟も我実力に疑を挿ましむるか如きは将来の関係上面白からさる」ので「断然増兵」するよう要望するに至った。[101] 条約の範囲内での出兵が、現地での中国軍との小衝突を派生し、そうした小衝突を予防するためと称してより大きな軍事的プレゼンスが要求されるという一種の悪循環に外交官もはまりこんでいったのである。そして、そのような思考は、日本の強力な軍事的プレゼンスを示しておくことで中国に対する政治的優位を確保するべきだという、対中政策の軍事主義化を招いていったといえる。結局、日本政府は一〇月二三日と二八日に、駆逐艦二隻、歩兵二個中隊および機関銃隊一小隊を天津に急派し居留民保護にあたらせる措置をとった。[102] 日本の増派部隊は、天津地域の状況が安定に向かった二四年一一月末には帰還した。

以上の第二次奉直戦争に対する日本の対応の特徴を指摘すれば、次のようになる。①外務省の出先から、直隷軍の満州、とくに遼河以東への進入という事態には軍事的対応をとるべきだという意向がかなり明瞭に示されたこと、②そして彼らは、そうした軍事的対応または警告が、居留民保護や既得権益擁護という消極的な目的のためではなく、日本の満州や華北での政治的地位を維持強化するために必要だと認識していたこと、③政府・幣原外相は奉天軍への軍事的援助や奉直両軍の調停に乗り出すような行為は内政干渉として拒絶した一方、満蒙の日本権益に戦禍が及ぶような場合に軍事的措置を講じることは内政干渉にあたらないとの態度をとったこと、④政府・幣原外相は②で述べた出先の意向をふまえつつ、最終的に警告を発する方針を採用し、天津への増派も承認したこと、⑤安直戦争・第一次奉直戦争ではなされなかったこの種の警告が実施されたことは、従来の路線からの修正を意味し、中国内戦に対する新しい前例となったこと（これは具体的には郭松齢事件で証明される）、⑥一方で、列国協調による北京・天津地域における軍事的対応は、義和団事件最終議定書を根拠とした、消極的なものにとどまったが、現地での状況次第で日本の軍・外務省出先からはより強硬な対応方針が浮上し、対中政策の軍事主義化を強めたことである。

2 青島ストと五三〇事件

第二次奉直戦争が直隷派の敗北で終息していくなか、北京政府は馮玉祥と段祺瑞、そして張作霖の三者により握られることとなった。そして段祺瑞を臨時執政とする政府を、米・英・仏・日など列国は、現存する条約を段政権が尊重し履行することを条件として、一二月九日に承認した。しかしこの間、馮玉祥は孫文・国民党への接近を明確にし、孫文は中国統一問題などを議論するため、一二月四日に航路天津に到着した。孫文が二万人に上る群衆の歓迎を受けたことは、民主的な統一政権の樹立と不平等条約体制の打破、さらには帝国主義の打倒を掲げる国民革命のイデオロギーが国民的な支持を獲得しつつあることを示していた。

そして帝国主義諸国は、中国ナショナリズム・反帝闘争をまさに暴力的に弾圧する諸事件を二五年にあいついで引き起こしていった。そうした事件の端緒となったのは、二五年春のいわゆる青島スト（日本紡績企業三社で起きた大規模なストライキ）弾圧である。日本側は長引くストを弾圧するため、五月末に張作霖配下の官憲に軍隊を投入してスト鎮圧を図るよう要求し、さらに駆逐艦二隻までも派遣して威嚇を加えたのである。(103)

この軍艦派遣方針について目を引くのは、五月二九日に幣原外相が堀内謙介青島総領事に与えた次のような説明である。すなわち、居留民保護のためとして関東庁警察官を青島に派遣するのは中国の「警察権侵害乃至内政干渉等の問題を惹起」し、「頗る面白からさる影響を及ほすの虞」があり、「居留民に対する目前の危害を自衛する為寧ろ軍艦を派遣する方得策」で、こうした措置は「現に関係列国の等しく執りつつある所」であるため、「感情上に於ても差迄懸念を要せさる」というのである。[104] 幣原は、警察官の派遣よりも軍艦派遣の方が中国の主権侵害や内政干渉といった問題を惹起しにくいと判断したのである。たしかに海軍による居留民保護は国際的に慣行化していた。しかし、明らかにストライキに威嚇を加えることを目的とした軍艦派遣を居留民保護と同列で語るところに、中国ナショナリズムに対抗する権益擁護のための武力行使も国際的に許容されるはずだという幣原の認識が示されていたといえる。

ただ、それは当時の列強の認識としては常識的なものであった。幣原が堀内に右の認識を伝えた翌五月三〇日、上海でいわゆる五三〇事件が発生し、六月一日に上海の日・英・米・仏・伊五ヵ国領事は、公益施設など保護を目的として陸戦隊合計二〇〇〇名を上陸させる方針を議決した。[105] また上海の工部局（上海租界の執行機関）では「群集が暴動化するか如き場合」には「群集に向て発砲すへき旨」の秘密訓令が一九一九年以来存在しており、[106] 租界警察のイギリス警官の発砲で中国人側に死傷者が出た。イギリスは、漢口や沙面に飛び火した反英運動の弾圧でも中国側に数十名の死者を出していった。こうした行動が列強により平然と実施される状況のもとで、青島への軍艦派遣が問題視される可能性は皆無に等しかった。居留民保護を名目とすれば相当な軍事的対応でも国際法上も、政治的にも、列強相互間では許容される状況にあったのである。

3　郭松齢事件

一九二四年一二月に誕生した段祺瑞政権を軍事的に支配した奉天軍閥張作霖は、その後馮玉祥（国民軍）や直隷系軍閥との対立を深めていった。そして二五年一〇月一〇日に直隷系の孫伝芳が奉天軍討伐の第一声をあげたのを契機に、直隷派の呉佩孚、孫文亡き後の国民党が張作霖打倒を宣言し、中国情勢はまたまた内戦突入の様相を深めていった。

一一月に入って張作霖は北京周辺から自軍を撤退することで、華北を地盤とする馮玉祥との連携を確保しようとした。ところが一一月二〇日、馮玉祥は、奉天軍のなかで最精鋭部隊を率いる第三方面軍副司令官郭松齢と、軍閥打倒などをうたった一種の政策協定を結び、二二日郭松齢は山海関の西七〇キロほどにある灤州において張作霖打倒方針を宣言した。郭松齢事件の勃発である。[107]

日本側では、国民党やソ連と関係のある馮玉祥を「赤化」（共産主義）勢力として警戒していたため、郭松齢に対しても同様の警戒感が一挙に高まった。二二日の郭松齢の宣言直後、関東軍参謀部では、「張作霖は目下奉天附近に若干の衛隊を有するに過きす彼は自ら手兵提て最後の決戦を為さんと云ふも其の実行に困難少からす」と張作霖の圧倒的不利を観測していた。[108]張作霖の指揮下にある奉天の留守部隊は一万ほどで、約五万とされる郭軍との差は歴然としていた。郭軍は二六日には奉天省内の錦西県方面にまで進出し、同日張作霖は奉天に戒厳令を施行した。

すでに第二次奉直戦争に際して日本は満蒙の日本権益擁護に関する警告を発した経験をもち、同様の措置をとる方針が浮上したのは当然といえた。二六日、関東軍は、郭軍が遼河を越えて奉天側に進入するのを阻止しようとするならば、なんらかの処置を講ずる必要があると陸軍中央に具申したが、[109]二八日には関東長官の児玉も、幣原外相に宛て、「我特殊の権利利益の尊重保全に関し自衛上採るへき具体的措置を講ずること」と「鉄道沿線に於ける治安の維持及居住民の権利利益の保護」に関して万全の策を講ずること、郭松齢軍への錦州以内への「侵入」停止と張作霖との和解勧告を発することを具申した。[110]これらは軍事的対応を積極的に要求するものであったといえる。

一方、外務省の出先は、一一月下旬においては、軍事的対応については消極的であった。奉天の吉田総領事は、日本は第二次奉直戦争の例にならって「我勢力関内に《ママ》於て軍閥の死闘を許さるの儀を鮮明にする」べきと主張しつつも、[111]「目下の形勢出兵を要する迄に進展せりとせは信する能はす」としたし、[112]また北京の芳沢公使は山海関付近で日本軍が郭松齢軍の進軍を阻止したとの情報をひいて、内政不干渉方針に反する行動は避けるよう徹底すべき旨を幣原外相に申し入れている。(113)

とはいえ外務省の出先においても、張作霖を擁護するべきだとの意識は強かった。一一月二九日、天津の有田八郎総領事は、張作霖敗北と郭松齢の満州支配が「赤化」運動の拡大につながることを懸念し、「東三省保安、我利益保護の見地」から張作霖支援を主張し、(114)吉田も一二月一日に同様の主張を述べ、「満州治安の維持を強調する往年の宣言」を繰り返すだけでも「不偏不党の方針を変せさるに拘はらす張をして無形に帝国の援助を受くの感を懐かしむ」る効果があると述べた。(115)

以上のような軍事的対応や警告を要求する出先の主張に対して、一二月一日の時点では中央の反応は冷ややかであった。この日、畑陸軍省軍務局長と協議した外務省の木村鋭市アジア局長は、外務・陸軍・関東長官など出先の意見は「余りに東三省殊に奉天側の立場のみより問題を考慮し日本官憲として対支関係を満州の一局部に限局し過き居るやの傾向」が見られると批判し、第二次奉直戦争に際しての警告のような「余りに張作霖援助を露骨に推測し得るか如きものは絶対に避け」なければならず、「東三省に於ける日本の特殊地位の如きは軽く之に言及するに止め度」いとの意向を伝えた。それに対して畑は、出先の露骨な張援助論には宇垣一成陸相も軽々しく同意できないとしつつ、張作霖以上に日本に都合のよい者があるとは思われないと、張援助に含みを残した。(116)

ところが、その会談と同じ一二月一日、関東軍は「奉天附近急を告くるに到れは」、「附属地内に砲弾を到達せしめさるを限度とし附属地外側の要点を占領」する、「朝鮮等より増援を受けたる場合には所要に応じ奉天以外の要点をも警備」し、その場合の「警戒線は更に前方に推進す」(117)と、条約上行動の権利をもたない鉄道付属地外へ広範に出動する方針を固めつつあったのである。

こうした関東軍に対して、陸軍中央では一二月三日に、張作霖に「隠忍自重」させて実力を保存させるとの方針を伝え[118]、さらに一二月四日には、「将来状況急迫に方り兵力の移動を行ふは固より〔関東〕軍司令官の権限に属」しているとしつつも、やむをえず鉄道付属地以外に出兵する場合も「真に必要の限度を越へさることに注意」するよう指示した[119]。

宇垣陸相は一二月四日の閣議で、張作霖以外の人物でも満州での日本の地位を無視する態度に出るとは考えられず、敗勢濃厚な張作霖を支援するため日本が積極的行動をとるのは危険で、当面は満鉄沿線における日本国民の「生命財産保護の手段を採ることに尽」き、状況によっては「軍隊を鉄道沿線一千米以内に出動」する必要があるかもしれないが、それは「最小限度の必要範囲に止む」るよう関東軍司令官に対して命令しておく必要があると述べていた[120]。右の陸軍中央の態度は、こうした宇垣陸相の意向を反映したものであったといえる。

また幣原外相は右閣議席上、宇垣の発言に同意を表し、声明（警告）に関しても、第二次奉直戦争のさいとは異なり、「大勢上馮玉祥及国民党か当分中央政局を左右する」のは確実で、「此際満州の一部の情勢のみを見北京長江方面の形勢を顧みすして帝国の態度を決するか如きは甚不得策にして且危険なる方法」で、右声明についても慎重に考慮中であると発言した[121]。翌五日、幣原外相は吉田に対して、政府は「絶対不干渉主義」を変更せず、増兵の必要も認めないが、声明発表は慎重考慮中であるとの方針と、陸軍中央が四日に関東軍に発した指示について電信した[122]。

しかし一方、奉天の吉田は完全に出兵論へと傾いていった。すなわち五日、吉田は内政干渉は絶対にだめだとしても、「両軍の兵を遼河の外に置き」、「全然地方治安の維持在留民保護の範囲に立脚」して、「張作霖の無条件下野」を主要条件とする「調停を斡旋」すべきであり、そのためには「相当兵力」の「出兵を必要」とすると幣原外相に主張するに至ったのである[123]。児玉関東長官も同日幣原外相に、速やかに軍隊を増兵するよう要請した[124]。

そして現地では奉天軍の敗走開始という情勢を受け関東軍の満鉄付属地外への出兵が実行されていった。一二月六日になされた付属地外への出兵は、奉天憲兵分隊長ならびに奉天領事館が中国当局からの諒解を得て行われたもので(125)、付属地から近距離の地点に警戒部隊を配置する態勢をとる程度であった(126)。しかし同日、児玉関東長官および関東軍側は、長春、営口、四平街などに対しても出兵を要望する可能性があることを陸軍中央に報告しており、いったん実施された付属地外出兵はその範囲を奉天以外へ急速に広げようとしていた(127)。

現地での付属地外出兵が開始されるなか、結局幣原は一二月七日に吉田に対して、関東軍司令官が張・郭両軍司令官に警告を発するとともに「鉄道付属地内遁竄並侵入部隊」に対して適当の措置をとり、両軍が希望するならば日本政府が斡旋の労をとるとの趣旨を双方に申し入れるとの方針を伝えたのである(128)。これらの措置は吉田の提起をある程度踏襲した措置であったが、警告が外交ルートではなく、関東軍司令官から発せられることは、関東軍の発言力拡大を実質的に外務省側が容認したことを示すものといえる。また幣原外相は、第二次奉直戦争に際しては内政干渉にあたるとして拒否した戦闘中止の勧告をもここではいとわないとしているのであるから、これは幣原自身が内政干渉に踏み切る姿勢を示したものといえる。

一二月八日、関東軍司令官が発した警告(第一次警告)は、日本政府の方針は「絶対」不干渉・不偏不党であるが、「鉄道付属地帯即ち我軍守備区域内は勿論其の付近」における戦闘が「帝国の権利利益を毀損」することは「軍の職責上黙視し得さる所」であり、本司令官は「必要の措置」をとるという内容であった(129)。これは日本の権益保護を標榜した軍事的対応は内政不干渉方針と抵触しないとの立場をとったうえで、鉄道付属地外である「其の付近」での戦闘をも関東軍が戦闘禁止区域に指定するものであり、条約上関東軍に認められていない行為であった。一二月一一日に郭松齢は、関東軍側に対して、そのような戦闘禁止区域設定についての条約上の根拠を示すよう要求したが、関東軍側は「条約並其の文句の如き云々するの要なかるべき」と突っぱねた[130]。

そして張・郭両軍の遼河付近での決戦が予想される状況となるなか、関東軍はさらに大胆に介入するに至った。すなわち一二月一三日、遼河の左岸に位置する営口に、本隊から先行して渡河上陸した郭軍の外務員に対して、関東軍は営口から三〇キロ以内に郭軍が進入することを禁止する旨を伝達したのである[131]。翌一四日には、張軍側に対しても営口への進軍を禁止する旨が通告された[132]。

この三〇キロという距離については、陸軍と外務省との協議の結果二〇支里（約一二キロ）に変更され、「鉄道付属地両側及終端より着弾距離（二十支里）以内に於て直接戦闘行為を禁止し且付属地の治安を紊る惧ある軍事行動を禁止する」旨を張・郭両軍に通知するよう一四日に関東軍側に指示された[133]。さらに同時に陸軍次官から関東軍参謀長に対して発せられた内訓では、二〇支里という距離は天津での例によったが、中国側の部隊との間で「法理上の根拠に関する論議」は「成るへく避くるを有利とす」と指示した[134]。条約上根拠のない戦闘禁止区域の設定に幣原外相が強く反対した形跡は見あたらない。

中央の指示による警告は、一五日に白川関東軍司令官名で第二警告文として中国側に示された。そして同日日本政府は「満州派兵に関する公表文」を発し、張・郭両軍の決戦の戦線が営口から鉄嶺（奉天の北東約七〇キロ）にわたるとして、朝鮮軍から約一〇〇〇名、内地部隊から約二五〇〇名を派兵する方針を明らかにした[135]。

一方、関東軍により営口侵入を禁止された郭軍側は当然強い反発を示し、郭軍を代表した殷汝耕は、一五日と一九日に重ねて日本側に、日本の行為は明確な張作霖援助であると抗議した[136]。なおイギリスの牛荘領事も、日本軍による郭軍の営口入り禁止は不当であると批判を洩らしていた[137]。

日本側でも批判はあった。芳沢公使は一二月一九日、幣原外相に対して、「付属地以外に於て広範なる地域に亘り支那軍の行動を禁止することは支那側より見て全然主権の侵害」となると指摘し、二〇支里以内の軍事行動禁止は「支那領土に対し斯かる禁止をなすは目下の場合余りに行過きたるの感あり」、付属地以外については日本側と中国側両交戦部隊との協議により区域を定めるべきであると主張した(138)。

戦局は一二月二二日夜に、奉天の西から北西にかけての大民屯、巨流河方面で張・郭両軍の本戦が開始され、翌日郭軍は敗走し始めた。そして二五日、逃亡中に張軍に発見された郭松齢は、即刻銃殺され、郭松齢事件は終焉をむかえたのである。翌二六日、関東軍司令官は警備区域を解除するとともに付属地外二〇支里以内の駐屯部隊撤退を開始した(139)。また朝鮮および内地からの派遣部隊も翌年早々までに帰還することとされた(140)。陸軍少将菊池武夫はこの直後に決戦での郭軍敗北の原因として、「主因」は「郭軍の内部的欠陥」にあったとしつつも、「間接的原因」として「日本軍の増兵が偶々以て奉軍の後患を除き彼〔奉軍〕をして一意戦闘に従事せしむるの結果を招徠した」と、日本軍の存在の意義を分析した(141)。

さて以上の経過の特徴を指摘すれば、次のようになる。①日本側とりわけ政府・陸軍中央は内政不干渉方針を維持すると表明し続け、その一方で警告、戦闘禁止区域の設定、満鉄付属地外への出兵、郭松齢軍の営口進入阻止という措置を承認したことである。これは実質的な内戦への軍事的介入であった。②そして、そういう介入を可能とさせたのは、第二次奉直戦争のときと同様に、日本の権益保護を標榜した軍事的対応は内政不干渉方針と抵触しないとの認識が日本側に存在したためであった。③一方、出先を含めた外務・軍の間で、張作霖を擁護するためには日本が軍事的に介入する必要があるという認識での一致は必ずしも見られなかった。張作霖下野ということが政策的視野のなかに存在していたことは散見された。④反面郭松齢軍および馮玉祥の国民軍は「赤化」勢力であるとの危機感が出先の一部では強く、出先は中央に対して日本の軍事的介入を促すことになった。⑤張作霖擁護は日本の政策としては確立されていなかったが、日本の軍事的対応は実態的には張作霖の失墜を抑止する機能を果たすことになった。

前述したように、第二次奉直戦争に際して日本は、治安維持・居留民保護・権益擁護のための軍事的措置は内政不干渉方針と抵触しないという認識のもとに「警告」を発したが、郭松齢事件に際しては同様の認識の下に右の軍事的措置が具体的かつ大規模に展開されたのである。ここでは関東軍が示した、中央の意向を大きく越えた戦闘禁止区域の設定という措置が、陸軍中央・政府・外務省側に追認されたのである。関東軍のとった方針は、幣原外相の許容範囲で実施されたともいえるだろう。かつて江口圭一は郭松齢事件について、「幣原が『内政不干渉主義』を唱えることを『すて』ず、その強弁によって軍部の推進した干渉を正当化し補完する機能を演じた事実」が問題なのであり、そうした幣原外交のあり方は第二次奉直戦争でも満州事変でも示されたと述べた[142]。筆者は、この江口の評価をふまえて、居留民保護などを標榜した武力行使は内政不干渉方針と抵触しないという論理あるいはそういう立場をとる政治手法が、この第一次幣原外交で日本の対中政策の基礎にビルトインされ、以後、発展的に継承されていく点をより強調するものである。

また郭松齢事件の推移は、そうした対応が列国からも容認されるものであることを日本の外交・軍事担当者に示す結果になったともいえる[143]。

4　南京事件・漢口事件

郭松齢事件後、華北では大沽事件[144]などを経て国民軍（馮玉祥軍）は北京・天津から完全に撤退し、北京政府は張作霖と呉佩孚の支配下におかれた。一方国民党は、一九二六年七月に蔣介石を国民革命軍総司令に任命し、北方の諸軍閥（北軍）の打倒による中国統一と「帝国主義打倒」による対外的独立の確立を目標とする一大軍事闘争、北伐を開始した。

この北伐のなかで一九二七年一月から二月にかけて、漢口と九江のイギリス租界ではイギリス兵と中国人・国民革命軍が衝突し、イギリス軍の租界撤退、そして租界返還という事態に至る。この間イギリス側からは、上海に国民革命軍が達する前に列国が陸戦隊を増派して上海での防衛体制を固めるべきだとの案が浮上した。一月一三日北京において、イギリス公使がリードする形で、日・英・米三国で四〇〇〇人の軍隊を出す方向が固まりつつあり(145)、一九日にイギリス公使はイギリスは単独でさらに二〇〇〇人を派遣する方針であることを芳沢謙吉公使に告げた(146)。

幣原外相は、日本の出兵は国民政府を反省させる効果がないばかりか、かえって中国全局の形勢を一層紛糾に陥らせるだけだと判断し(147)、結局、日本は増派をしない方針を決定した。そのため、イギリスは単独で三個旅団の陸兵を上海に派遣する措置をとった。

イギリスの派兵に対して北京政府外交部は一月三一日、イギリスの出兵は、ワシントン会議および九ヵ国条約における中国の主権尊重に関する規定ならび在華軍隊撤退に関する決議、さらに国際連盟規約第一〇条の規定の精神に背反するとの抗議書をイギリス公使に送付した(148)。

揚子江下流での列強と国民革命軍の緊張が高まるなか、三月二三日に国民革命軍は北軍側を打ち破って南京に入城した。そして翌二四日国民革命軍が英・米・日・仏・伊各国の領事館などを襲撃し、領事館員や居留民に対して暴行・略奪を加える事態が生じた。これに対して同日夕方から揚子江上の英米軍艦は南京城内に対して約一時間にわたって砲撃を加える強硬な態度に出て、中国側官民に多くの負傷者が出た。南京事件である。

この間日本領事館では二三日にいったん荒木海軍大尉以下一〇名ほどを配し、土嚢と機関銃で館を武装する態勢をとったが、翌二四日朝、森岡正平領事は「如何なる事件起るも無抵抗主義を執るの外なきをもって寧ろ党軍及民衆の敵愾心を挑発せさるか為」、荒木大尉の同意のうえ武装を撤去した。しかしそれからまもなく国民革命軍兵士が領事官邸、領事館事務所などに侵入し、日本人一人に銃創を負わせたほか、暴行・略奪におよんだ。一〇時半ごろに国民革命軍兵士は引き上げたが、午後三時四〇分に前述した英米軍艦の砲撃が始まった。森岡領事は日本軍艦が砲撃に参加すれば「城内在留日本人は全部惨殺を免れさるへし」と判断し、第二四駆逐艦隊司令吉田数雄海軍中佐に、「武力的直接行動に依ることなく」、動乱を鎮定するよう申し入れる伝言を発した。(149)一方、吉田司令も、「城内邦人の情況尚不明にして城内砲撃は其の虐殺を誘致すへき虞あり」と独自に判断し、砲撃には参加しない方針をとった。(150)翌朝吉田司令以下数名が領事館に救出に出向き、国民革命軍側の保護も得つつ、夕方には領事館に残っていた日本人すべてが日本の軍艦に避難を完了した。

現地領事は、居留民保護という観点からは、軍事的対応により中国側を刺激しない方が得策だという判断を一貫して守り、海軍側も砲撃は居留民保護にとってマイナスと判断して見送られたのである。

日本の陸軍中央の態度も比較的冷静であった。二八日に参謀本部第二部長松井石根少将が外務省に示した「対南方方針」では、蔣介石総司令を問責するとしつつも軍事的報復は考慮されていなかった。それは右「方針」が「蔣介石等南方派中の穏健分子を擁護」し、「殊に国民党右派との提携促進」を図るとうたっていたことが示すように、政治的配慮によるものであった。(151)

一方、二八日北京の日・英・米三ヵ国公使の協議により、仏伊二国も含めた五国で、南京事件について中国側責任者の処罰、賠償、謝罪、今後の保障という要求と「タイムリミット」を提示する方針が浮上した。(152)しかし回答期限（タイムリミット）内に列国の要求が実行されなかった場合、列国はさらに報復的措置をとらざるをえなくなる。

右の方針に対して、幣原外相は、国民党内の「健全分子」としての蔣介石を温存することの必要性、揚子江上流の日本人居留民二〇〇〇人の保護引き揚げの困難、右要求貫徹のうえでの封鎖・砲撃・軍事占領の効果の低さ、武力使用の結果としての日中貿易の長期的停滞といったデメリットをあげて、タイムリミットを付すことに強く反対した。(153)またアメリカも武力行使については消極的であった。その後四月二〇日には田中義一内閣が成立し、いわゆる田中外交がスタートしたが、田中外相は武力行使に消極的なアメリカを除外して進むことに反対する姿勢をとり、(154)結局、五月四日北京での五国会議でイギリス側も武力行使方針を放棄する態度を明らかにした。(155)

この間、漢口では日本人居留民が一時引き揚げる事態に立ち至った。漢口での対応は、この年一月にイギリス兵と中国側の衝突という事態を受けて日本側でも検討がなされていた。すなわち当時幣原外相は、海軍側と協議のうえ漢口の高尾亨総領事に対して、漢口で「群衆運動」が起きた場合、租界内は日本の領事館警察および海軍の陸戦隊により居留民保護を図ること、租界内に乱入した「暴徒」に対しては「成る可く対抗的措置に出つること無」いようにすること、(156)また上流諸地方駐在領事に命じ「居留民の即時引揚」を実行させることなどを指示した。(157)日本租界内の治安維持を中国官憲に依頼するのは避けるとしつつも、基本的には衝突を回避する方向で居留民保護を図ろうとしたのである。

懸念されていた衝突は四月三日についに発生し、租界内の日本人・日本人商店などが中国人群衆により襲撃される事態となった。高尾総領事はもはや「自衛手段」に出るほかないと判断し、海軍陸戦隊を揚陸して租界の治安にあてた。中国人の直接的暴行による日本人側被害は重軽傷者約二〇名であったが、中国側では日本軍の発砲などにより死傷者が出た。そして高尾総領事の指示で居留民引き揚げが実施され、数次にわたって計千数百名の居留民が下航したのである。その後事態の沈静化にともない、居留民は復帰していった。(158)

以上の経過から指摘できることは、①漢口・南京・上海における居留民保護について幣原外相は基本的に引き揚げ方針をとり、漢口・南京では日本海軍による引き揚げが実施されたこと、②海軍や陸軍も該地域で居留民を武力により現地保護することを幣原外相に求めなかったこと、③田中内閣になっても、南京事件をめぐる中国への報復措置については幣原外交時代の消極的な方針が維持されたこと、④南京事件、上海防衛問題に示されたように、とりわけイギリスは居留民保護を標榜した軍事的対応を日本以上に大規模に実施したことなどである。このように華中地域の居留民保護のための武力行使という点では日本と英米の間では対照的なところがあったが、英米の対応ぶりは、居留民保護を標榜すればかなり大規模な武力行使でも許容されるという教訓を改めて日本側に与えたと考えられる。

四　田中外交期の対中出兵

1　第一次山東出兵

国民革命軍の北伐は二七年三月には揚子江域に達した。北京の列国公使間でも四月六日に対応が協議され、英・米・仏三国公使は華北の混乱に備えて守備兵力を倍加する方針を提起するに至った。こうしたなか日本では山東省における居留民保護が一つの焦点として浮上してきた。とりわけ問題となったのは青島、威海衛といった港湾都市ではない、内陸の済南の居留民であった。済南には当時二二〇〇名余りの日本人居留民がいたが、日本の租借地があるわけではなく、当然日本軍は駐屯していなかったし、急に応じて海軍力で保護することは不可能であったからである。そのため四月一一日に幣原外相は済南の藤田栄介総領事に対して、陸海軍側と協議したが、「予め兵力を以て警備することは地理上又政治上困難」であるとして、最悪の場合、居留民を引き揚げるとの方針を指示した。(159)

その直後に台湾銀行救済問題でつまずいた若槻内閣は四月一七日に総辞職し、四月二〇日には政友会を与党とする田中義一内閣が成立した。一方、中国では四月中旬に一時停滞していた北伐が五月九日に再開され、国民革命軍の山東進出が現実的となった。この情勢を受け、田中内閣は五月二四日に閣議のうえ、陸海軍側との協議によって「済南方面居留民保護に関する件」を決定した。ここでは「居留民保護のため必要なる陸兵を済南に派遣することとし之か準備を整ふること」とされ、[160]幣原外相のもとでとられていた居留民引き揚げ方針から現地保護方針への転換が田中外相のもとでなされたのである。[161]

五月二七日には閣議で、歩兵四大隊余り約二〇〇〇人を満州からとりあえず青島まで派遣し「形勢を見て済南に前進」することが決定された。[162]翌二八日鈴木荘六参謀総長は、満州から青島へ派遣される第一〇師団歩兵第三三旅団に指示を与えたが、ここではいわゆる「不偏不党」方針を指示しつつ、「国家及国軍の威信を保持する為若は任務達成上真に必要上已むを得さる場合に限り武力を使用することを得」との指示が与えられていた。[163]これは、居留民保護とは直接関係がない場合でも、「国家及軍の威信保持」というきわめて主観的な基準による武力行使を許可することを意味していた。

歩兵第三三旅団は六月一日に青島上陸を完了したが、三日には旅団長と藤田済南総領事、参謀本部第二部長松井石根少将らの協議の結果、旅団の済南方面進出は「上司の指示に依る場合の外済南総領事の判断を基礎とすることに協定」した。[164]軍が完全に独走するのではなく、外務側（外交官）の「判断」を重視する方針がとられたのである。田中外相も、六月一七日に白川義則陸相が済南進出を提議したのに対して、「事早急に失し事件を激生するか如きことなき様希望」し、進出を先送りした。[165]結局、膠済鉄道が切断される危険が生じる情勢のなか、七月四日に藤田総領事が派遣軍の済南進出を田中外相に要請した。[166]この「済南総領事の判断」による要請を受けて、五日の閣議は歩兵第三三旅団の済南進出を決定した。一方、藤田は山東省軍政長官の張宗昌に膠済鉄道による日本軍輸送につき諒解をとった。[167]

翌六日、日本政府は日本軍の済南進出は「在留邦人の安全を期する緊急自衛の措置」であるとの声明を発表し[168]、七日には田中外相が英・米・仏・伊各駐日大使に事情を説明した。席上フランス大使から、鉄道線路の保護管理のため「日本兵も自然支那側の軍事行動に干渉するの止むを得さる事態」が生じれば、政府声明と済南進出との間に「観念上の矛盾」が生じるのではないかとの指摘がなされたが、他国大使からは出兵自体を問題とするような批判的発言はなされなかった[169]。

歩兵第三三旅団の主力は七月八日済南に到着し、同日の閣議で満州から第一〇師団の青島派遣が決定され、同師団は一二日に青島に上陸した（これにともない歩兵第三三旅団は第一〇師団隷下に復帰した）。第一〇師団長長谷川直敏中将は、青島－済南間で日本軍の設定した「警備地区に於ける一切の戦闘行為並同地区に危害を及すへき行動及戦闘行為は何れの軍たるとを問はす之を禁止す」るとし、それに反した軍は「武装を解除」し、また「我に抗する場合」は、「師団は自衛上直に之に対して攻勢を取り以て之を殲滅す」るとの方針を指示した。青島での戦闘禁止の範囲は二〇～二五キロが想定されていた[170]。これは郭松齢事件に際してとられた戦闘禁止区域の設定を踏襲した措置であったといえる。むろん条約上の権利ではなく、中国の主権を無視した、日本側の一方的な措置である。また日本軍に抗した場合は「殲滅」するとしていることは、自衛上必要がなくなっても攻勢を取り続けることを意味した。軍出先はこのように明らかに自衛の域を超えた攻撃的な方針で山東出兵に臨んだのである。

しかし戦況の変化などから、国民革命軍は八月中旬に北伐を中止するに至り、八月二四日に田中内閣は撤兵方針を決定した。三〇日には山東派遣部隊への撤退する命令が発せられた。

第一次山東出兵の特徴を指摘しておけば、①第一次幣原外交においては済南を含めて居留民の引き揚げ保護方針であったのが、田中外交において現地保護方針が採用されたこと、②青島から済南への進出については、田中外相自身は慎重な姿勢を示していたこと、③現地では山東省軍政長官の了承の下に兵の移動を行ったこと、④郭松齢事件にさいしてと同様に、日本軍は中国の主権を無視した戦闘禁止区域を広範に設定したこと、⑤陸軍中央および派遣軍においては、国家・軍の「威信」を宣揚することに目標がおかれ、居留民保護・自衛を逸脱した積極的武力行使が想定されたこと、⑥しかし居留民保護という名目が北伐の中断により消滅したため、長期間駐屯を継続できなかったこと、⑦英・米・仏など列強は、日本の出兵自体に異議を呈さなかったことである。

2　第二次・第三次山東出兵

一九二八年四月七日、蔣介石は北伐を再開し、早くも一二日には国民革命軍は山東省内に進攻した。四月一六日、済南の陸軍駐在武官酒井隆少佐は出兵を決心するよう参謀総長に具申した。青島の藤田総領事（二八年一月に済南総領事から転任）と済南の西田畊一総領事代理からも本省に同様の意見が具申された。こうした出先の要請をふまえて、翌一七日の閣議は「出兵は固より既定の事実なり」と、出兵方針を決定した。そして一九日閣議では、内地から約五〇〇〇名規模の部隊を、膠済鉄道沿線に派遣し「居留民の保護」に任ずることが決定された(171)。同日、第六師団（師団長福田彦助中将）に山東派遣が命じられた。済南には天津の支那駐屯軍から派遣された臨時済南派遣隊が、二〇日、一足先に到着したが、第六師団の歩兵第一一旅団は、二六日朝、済南に到着した。派遣された兵力は合計約七七〇〇名に上った(172)。歩兵第一一旅団長斎藤瀏少将は臨時済南派遣隊をも隷下におき、済南警備司令となった斎藤少将は済南商埠地の大部を警備区域とした(173)。

国民革命軍は五月一日以来ぞくぞくと済南に到着して、翌二日には済南付近の同軍兵力は約一〇万に達したと見られた。警備司令官斎藤少将は、国民革命軍の行動には比較的節制があり、防備の存続は逆に排日の口実を与える恐れがあると判断し、二日夜、自発的に商埠地の防備工事を撤廃し、国民革命軍の日本軍警備区域内への進入を認めた。いわゆる済南事件が発生したのはその翌日の午前中であった。事件の発端については資料的に確定が難しいが、参謀本部がまとめた戦史では、警備区域内の日本人居留民家屋に国民革命軍兵士が侵入して掠奪中との報を受けた日本軍一小隊（四名）が現場にかけつけたところ、国民革命軍兵士側が発砲したため、小隊側が応戦し、それが瞬くまに商埠地全域での両軍の銃撃戦になったとされている。(174)

三日、済南衝突の報を受けた参謀本部では、夕方第六師団長に対して「南京事件の行掛りもあり此際国軍の威信を傷けさる如く考慮を望む」と打電し、さらに同夜「内地より徹底的に増兵」されるので「此際断乎処置に出つるを要す」と打電した。翌四日の陸軍中央部首脳の協議では、鉄道沿線からの国民革命軍の掃討については異議がなかったが、その名目を「居留民保護」とするか「膺懲を主とす」るかに関し「議論沸騰」してまとまらず、とりあえず第六師団長に対して中国軍との停戦は「国軍の威信を顕揚し禍因を根絶するか如き条件」によるよう打電された。これに応えるかのように、同日、第六師団長からは、「支那問題解決に一歩を進むる為南方に対し断然たる膺懲の挙に出つるの好機なり」との具申がなされた。(175)右四日の陸軍中央の協議は、「居留民保護」が完全に名目化していることを暴露していたが、右引用からは、「膺懲」を掲げても攻撃の正当性を確保できるとの認識が存在していたことが窺われる。いずれにしても目的は「国軍の威信顕揚」におかれたのであり、居留民保護は完全に名目化したのである。

その後、済南での戦闘は断続的に行われたが、四日午後には国民革命軍は商埠地内から退去し、その周囲などに駐屯した。この時点で当面は商埠地内の治安は確保されたといえるだろう。ところが第六師団長は、済南衝突の主要なる原因は「既に扶植せられたる排日的悪感」に胚胎し、日本軍は国民革命軍に「殲滅的打撃を与へ過去に於ける日本侮蔑の総決算を為すの要あり」との認識から、七日午後四時、国民革命軍側に対して三日の事件に関係ある軍隊の

「武装解除」と高級幹部の「処刑」、排日的宣伝の禁止、国民革命軍の済南および膠済鉄道沿線両側二〇支里（約一二キロ）などへの進入禁止などを要求し、一二時間以内に回答を求めるに至った(176)。なお一二日には北軍側にも済南および膠済鉄道沿線への進入禁止が通告された。また海軍の第二遣外艦隊司令官も南北両軍に対して青島、大沽、秦皇島、営口などから二〇浬以内の海面において戦闘行為をしないよう通告した(177)。

国民革命軍側は蔣介石総司令がすでに済南を離れていることなどから、一二時間以内の回答は困難であると、期限の延長を要求したが、日本側はそれを拒否した。そして期限内に回答がなかったことを理由に、福田師団長は「自由行動を取るに決し」、八日朝、日本軍による済南周辺の国民革命軍に対する攻撃が開始された(178)。

一方、中央においては、八日に軍事参議官会議が開かれ、「済南事件軍事的解決」方針が検討された。それは、「済南事件は累年醸成せられたる支那人対日侮蔑心の具現」であり、「皇軍に対し挑戦」するものだとして、「支那全土を震駭せしむるか如く我武威を示し彼等の対日軽侮観念を根絶する」ことは「皇軍の威信を中外に顕揚し兼ねて全支に亙国運発展の基礎を為すもの」だとして、「済南事件を先つ武力を以て解決」するとの方針を掲げ、解決案としては第六師団長が蔣介石に示した要求要旨が示された。さらに参考のため示された「済南事件の善後措置案」では、問題解決まで膠済鉄道およびその両側地区の「占領」を行うこと、国民政府（南京政府）に済南・南京・漢口事件などの解決を求める「最後通牒的」交渉を行い、その交渉解決のため必要ならば「南京を保障占領」することまでもがうたわれた。また「備考」では「満蒙諸問題は此機会に於て迅速に解決」するとも述べられた。以上の方針を各参議官は了として会議は終了した(179)。同八日午後の閣議で陸相は右方針を提出したうえで増派を要求し、閣議は一個師団の派遣を承認した（第三次山東出兵）。翌九日、日本政府は、第三師団を居留民保護のため山東に、また支那駐屯軍の定期交代を繰り上げる形で五中隊を天津に派遣するとの声明を発表した(180)。これによって日本の山東派兵は総計約一万五〇〇〇名に達した。

外務省の出先でも強硬方針は支持された。北京の芳沢公使は、蔣介石が日本側からの責任追及に対して不満足な態度に出た場合は、「南京政府又は南軍に手応へある一撃を加」えて「南方側を反省せしめたる上交渉を開始し陳謝、損害賠償、将来の保障等の条件に付詮議を為すを適当とす」べきであると主張したばかりか、日本の関係する淄川炭坑保護のためには駐兵が必要であり、また交通維持のため済南など主要な駅に相当数駐兵するのはやむをえないとも主張した。(181)

以上のような陸軍中央、政府、外務省出先の一体となった強硬方針を背景に、第六師団は済南城に対する攻撃を実施し、一一日未明占領した。同日昼前、日本側要求に対する蔣介石からの回答が第六師団長にもたらされた。内容は基本的に日本の要求をのんだものであったが、第六師団長はそれを受理しなかった。

済南城および済南周辺を制圧したことで、第六師団の軍事行動は一段落した。そこで第六師団は「保障占領」に移る意図を、一五日、参謀本部側に伝達したが、参謀本部側は、一七日に第六師団に対して「膺懲的行動」の打ち切りを指示したうえ、保障占領については政府は全く考慮していないと、現地側の方針を却下した。(182)

これによって現地では、居留民保護を名目とした駐屯が継続することになったが、こうした状態のなか、済南進出に際して日本軍が定めた鉄道沿線二〇支里以内の非戦闘地域に、国民党系政治勢力の進出へどう対処するかが一つの問題となった。すなわち青島の第三師団側は六月に入ると、居留民保護と済南事件交渉のうしろだてのため、「鉄道沿線地方に対する南方勢力の浸潤を防止」すべきだとの方針に傾いたが、(183)六月一四日の第三師団参謀長倉岡直熊大佐が陸軍中央に示した方針では、「山東に於ける我地位を有利に確保する」観点からも「南方系分子の〔山東省〕政権獲得を絶対に拒止する」ことが必要であり、「已むを得されは武力を用ひて之か排除に努め」るべきだと、その目的と手段において、よりエスカレートしていった。[184] 青島の藤田総領事も、日本軍警備地域への「南方行政機関の進入は便衣隊其他の排日的策動を随伴すへく沿線地方の治安維持上面白からさる」との意向であった。[185]

しかし結局、六月二九日に外務省および参謀本部はそれぞれ出先に、国民党系政治機関の進入を容認するよう指示した。それは外務次官の説明によれば、一つには日本軍撤退後の居留民の安全を考えた場合、徐々に国民党勢力との関係を緩和することが必要だとの判断によったが、「一般的に政治機関の進入を拒否することは……世界一般をして首肯せしむることは聊か容易ならさる憾」があると判断されたためである。[186]

ところが出先の第六師団は総領事と協議のうえ、中央の方針を無視して現状を維持することに決定し、日本が指導して中国人側につくらせた治安維持会を利用しつつ、一方で「南方系政権は済南に侵入せしめさる」との指示を、七月九日、各隊に与えた。[187] 第三師団も同様の措置をとり、[188] 右方針は日本の警備区域内では依然維持されていったのである。

そして日本は山東省の膠済鉄道一帯を武力占領下においたまま、国民政府との済南事件解決交渉に臨むことになったが、その場合、済南事件と直接関係のない従来からの懸案の解決もこの交渉で目指すのかという点が問題となった。この点で、外務省の出先はかなり積極的な態度をとった。済南の西田総領事代理は、場合によっては山東還付条約中で中国側が不履行のもの、たとえば膠済鉄道沿線都市の開放、青島埠頭拡張工事遂行などを提議すべきであると主張し、[189] 芳沢公使は、陳謝・処罰および賠償などは「大体に於て八日以来の〔日本軍の〕砲撃に依り相殺せられた」との意向を示した一方、山東条約問題については「此の機会に解決を計るは機宜に適すへく」と積極的であった。[190] 前述の倉岡第三師団参謀長同様に、このさい山東進出の基盤を拡大しようとの発想は外務省出先にも共通していたのである。

しかし外務省中央にはそうした発想に否定的な見解が存在した。すなわち、事件解決と直接関係ない日本軍の駐兵権や膠済鉄道の日支合弁化、山東還付条約の実行などの要求を出せば、「日本の侵略的意図」として中国側に宣伝され、また要求貫徹のため武力行使の必要も生じるが、それは「華府九国条約にも反」し、列国も黙視しないだろうと判断されたのである。[191]これに対して参謀本部第二部では、「新たに利権を要求するか如きは之を避くへきも」、条約上未実行のものは実行を要求するという立場をとった。[192]結局、七月一〇日の閣議で決定された要求は、謝罪、処罰、損害賠償、将来の保障、漢口・南京事件の解決の五項目と諒解事項（日本軍の撤兵方針と、日本軍残留期間中の日本軍警備地域への中国軍の進駐拒否）とされ、山東条約問題のような具体的な権益問題は直接盛り込まれなかった。[193]それは「本件と余り関係無き事項を要求するか如き感想を与へ面白からさる」と最終的に判断されたためである。[194]

一九二九年三月二八日に芳沢公使と国民政府の王正廷外交部長との間で済南事件解決に関する交換文書が調印されるに至った。そこでは日本人居留民保護、排日運動の絶滅、膠済鉄道の交通確保、青島埠頭の完成、膠州鉄道沿線都市開放、山東条約・同細目協定の中国側義務の履行などを日本側が要求し、中国側がそれらを実行することを表明することが記された。[195]日本側から見れば新たな権益の拡大といえる内容にはならなかったが、武力行使の成果として、条約上の義務の履行を中国側に約束させる形にはなったといえる。そして同二八日、参謀本部は山東派遣部隊の内地帰還を命令し、五月二〇日に撤退を完了した。

なお済南事件直後になされた国民政府の国際連盟への提訴について付言しておこう。国民政府は二八年五月一〇日付で国際連盟事務総長ドラモンド宛に電報を寄せ、山東出兵および済南事件につき、連盟規約第一一条第二項に基づき理事会を開催し、日本に対して戦争行為の停止および即時撤兵を勧告するよう要望するとともに、事件の解決は国際的な調査または仲裁によるとの意向を伝えた。[196]

連盟事務総長ドラモンドは、連盟がこの時点では国民政府を正式に承認していないことを理由に正式な受理はできないと判断したが、すでに同政府の右意向が各国新聞で報じられていたことから、各理事に同政府からの提訴につき通告するとともに、それを公表する措置をとった。

列国はおおむね日本に好意的な態度をとっていた。フランス外務省は事務総長のとった不受理の措置を支持し、日中両当事者間で交渉中の案件に連盟が干渉するのはかえって事態を紛糾させるとの見解を、五月一五日に安達峰一郎フランス大使に伝えた。また五月一七日に北京のランプソン英公使は芳沢公使に対して、私見としては連盟が中国の時局に介入するのは賢明とは思われないと語った。

連盟事務局も列国も正式に受理する態度はとらなかったが、日本側では国民政府側に対抗する意味から声明書を作成し、五月末に連盟事務総長および英・仏・独・伊など列国に提出する措置をとった。基本的に日本の出兵を容認している列国側からの際だった反応はなかったようだが、アメリカの『ニューヨーク・タイムス』が日本側の主張を支持する論評を三一日に掲げるなど、世論レベルでは日本側に有利な傾向があった(197)。

以上の経過の特徴を指摘しておけば、①第二次出兵は第一次出兵を前例として、政府・軍において「規定の方針として」出兵が決定されたこと、②五月二日までは日本軍の行動は居留民保護の範囲にとどまったと見ることができるが、五月三日の国民革命軍側との衝突を契機に、陸軍中央・派遣軍ともに「威信」論を前面に押し出し、居留民保護・自衛を逸脱した武力行使へ向かったこと(198)、③日本軍は郭松齢事件・第一次山東出兵に引き続き中国の主権を無視した戦闘禁止区域を設定したこと、④武力衝突事件（済南事件）の処理をめぐって、現地では中国側の武装解除・謝罪・排日宣伝禁止・日本軍警備区域からの撤退が求められ、また陸軍中央では南京・漢口事件さらには「満蒙諸問題」をもこの機に解決しようとの気運が高まり、さらに交渉においては済南事件とは直接関係のない日本の条約上の権利擁護（中国側の義務履行）などを要求すべきという主張が外務省出先からも台頭したこと、⑤派遣軍においては居留民保護を標榜して日本軍警備区域への非軍事的国民党勢力の侵入まで禁止し、また治安維持会を中国人側に組織させたこと、⑥国民政府側が日中間の軍事紛争を連盟の介入を得る形で処理する姿勢を示したこと、⑦列強は日本の一万五〇〇〇人にも上る大規模な済南出兵と占領を容認し、国民政府の連盟への提訴を実質的に無視し、日中関係に介入しない姿勢をとったこと、である。

3 錦州出動問題

一九二八年五月三日に開始された済南での衝突後も国民革命軍は北上を続け、直隷（河北）省へ進入する情勢となった。当時、北京政府を実質的に支配していた張作霖の敗北は必至と見られた。

関東軍司令部においては、前年六月には東三省と熱河特別区に日本の「実勢力を扶植」するため、張作霖に「自治」の宣布、鉄道に関する新協約締結、開墾・鉱山採掘などの諸事業の遂行、日本人顧問の採用などを要求し、張作霖がそれに躊躇する場合は、別の「適任者を推挙して東三省長官とし」、要求を遂行させるとの方針を掲げるに至っていた[199]。そして二八年五月二日には、関東軍参謀長斎藤恒少将は「南北対戦の現時局は我満蒙問題の根本的解決を期すへき絶好の機会」であり、張作霖政権を排し、「新政権を擁立し」、国民政府に対する独立を宣言させることが緊要であると陸軍中央に迫ったのである[200]。

田中内閣は五月一六日に南北両軍に交付する「覚書」を閣議決定した。その趣旨は、戦闘による混乱が満州におよびそうな場合、日本政府は「満州治安維持の為適当にして且有効なる措置」をとるが、交戦者に対しては「厳正中立の態度」をとるというものであった。ここでも内政不干渉方針と治安維持のための措置（出兵）は抵触しないとの論理が踏襲されていた。そして同じく閣議決定された「措置案」によれば、その措置というのは、南北両軍の「武装軍隊の満州に出入りすることを阻止」するというものであり[201]、その阻止を実施する地点は山海関とする方針がとられた[202]。

右措置案では南北両軍に同様の措置をとるとしていたが、実際には「奉天派の勢力保持」が意図され、一方「南軍関外進入は絶対に阻止」するとされた。また「張作霖の下野勧告は行はす」との方針も明確にされた[203]。この方針を決定した一八日の閣議で、白川義則陸相は「更に満蒙問題の解決を期せん」とすれば増派が必要であると提起したが、他の閣僚は増派には「全然不同意を表明」した[204]。田中首相（外相）と閣僚が「満蒙問題解決」の交渉相手として張作霖を温存する線での介入を考慮しているのに対して、陸軍側ではより武力的に一挙に「満蒙問題解決」を図る意図をもちつつあることがそこでは示されたといえる。

しかし海軍側には、陸軍の満州での武力介入の真意が、満蒙懸案の武力的解決にあることに対する懸念が存在していた。右閣議の翌五月一九日、海軍省軍務局長左近司政三少将は外務省アジア局長有田八郎に意見書を送付した。そこでは、「満州に於ける我勢力の扶植充実」のための「方策は条約上の既得権益に立脚するを要し」、「何ら条約上の権益に立脚することなく満州全体を目的として皇師を進め武断的高圧策を敢行」すれば、第三国に介入の論拠を与えるとされ、「条約上の権利なく又は居留民保護の必要なき地方に他の如何なる理由を以て兵を用い得るや」、また「兵力行使の結果は明瞭なる内政干渉」となるといった問題が指摘された。そして「師団を関東州及鉄道沿線に待機せしめ我権益の犯されんとする場合直に自衛処置に出つるは第三者より異議反対すへき理なし然れとも自衛権の発動は受動《（マヽ）》的なると権益擁護は条約上による範囲より発すへく当初より満州全体を目的として行うへき理由なし」と主張されたのである[205]。ここでは満州の治安維持・居留民保護を名目として、陸軍が条約上の権利を逸脱して、満州全体に対する軍事侵攻を開始するのではないかということへの危機感と批判が率直に示されていた。

一方、関東軍はすでに四月二〇日に「山海関又は錦州付近」への出動の必要を中央に具申しており[206]、前述の「措置案」を受領した関東軍では、五月一九日朝、村岡司令官が、第一四師団は奉天に集結し、以後錦州付近に前進すべしとの命令を発した。(207) しかし「外務当局に於ては対外関係を顧慮」し「錦州出動は過早に失す」とし「参謀総長も亦之に関しては政府の諒解を経るを適当と認め」、一九日正午過ぎ、参謀総長は関東軍に鉄道付属地外への出動は別命あるまで差し控えるよう指示した。それに対して関東軍司令官からは再考が要望されたが、参謀本部側は「附属地外に向てする出動は政府と協調の必要もあり」として態度を変更せず、結局、錦州出動の命令は発せられなかった。(208)

錦州出動中止は、外務省・政府・陸軍中央が対外関係を顧慮した結果であるといえるが、それは五月一八日の「覚書」に対する列国からの批難があったためなのかは微妙である。すなわち、アメリカでは新聞が日本の覚書を「保護領設定の宣言と解するか如き」反応を示してはいたが、(209) 外交ルートでの正式な批難や抗議はなされなかった。また北京のランプソン英公使の場合は、一九日に芳沢公使に対して、「覚書」の意図は「能く之を諒解せり」と述べている。(210) 国民政府側からは九ヵ国条約を根拠に「覚書」を批難する声があがったが、それは二五日以降であったし、(211) そもそも日本が国民政府の批判を顧慮するはずはなかった。

とすれば錦州出動を断念させた対外関係上の顧慮とは、外務省・政府・陸軍中央の主体的判断であったと考えられる。そして、その最大の判断基準となったのは居留民保護を標榜できるかということであったと思われる。五月二〇日に斎藤関東軍参謀長から錦州出動計画を内示された林奉天総領事は、田中外相に対して「居留民生命財産保護と危急の際に於ける緊急措置とは自ら趣を異にするを以て右京奉線確保の軍事行動開始は予め政府の命令を待つこと是非とも必要なり」と請訓したのは、(212) この出動が居留民保護のためのものではないことが明白だったことを示していた。山東出兵もしょせんは済南に居留民をおいたままにしたことで初めて可能になったのであるが、錦州出動の場合、外務省・政府・陸軍いずれからも居留民保護問題は提起されていない。錦州での居留民保護論が成立しない以上、条約上関東軍が出動の権利をもたない地域へ出動し、中国軍を武装解除するという事態は、対外的に正当化が困難であると判断されたのであろう。

一方、戦況の方は、五月中旬以来直隷省内で北軍と国民革命軍との間で一進一退の攻防が続いていたが、五月下旬、ついに北軍側が撤退に転じ、張作霖の北京放棄が現実となった。しかし六月二日夜、陸軍次官から関東軍参謀長に対して、政府は国民革命軍の満州進攻はないと判断しており、錦州付近への出動は要求しないとの電報が発せられた(213)。最終的にここで錦州出動の可能性は完全に断たれた。

このあと六月四日、関東軍高級参謀河本大作の計画で張作霖が奉天到着直前の鉄路で爆殺されたが、爆殺後の関東軍出動という河本の計画は、実現せずに終わった。また六月七日に政府においても、満州が混乱状態に陥った場合の関東軍の新任務について議論がなされたが、田中首相は「混乱部隊」が満州に進入するような情況は「十に一つもあり得さるへく」、またハルビン（哈爾浜）や吉林にまで派兵を必要とする情況も起きないだろうから、そのようなケースにつき考えておく必要はないとの態度であった(214)。

こうして国民革命軍の満州進攻あるいは張作霖爆殺という事態を根拠として、満州を実質的に日本の軍事的支配下におくための関東軍の出兵計画は実行されずに終わったのである(215)。

以上の経過の特徴を指摘しておけば、①政府は「満州治安維持」を日本にとってのほとんど絶対的な課題とし、そのための大規模な武力行使も辞さないとの姿勢を示したこと、②そこでは日本の武力行使は治安維持のためであり、張作霖に与するような内政干渉ではないとされたこと、③田中首相兼外相はこの軍事介入を張作霖擁護の線で考慮していたこと、④陸軍側では中央も含めて、張作霖擁護に捉われない、満蒙懸案武力解決方針が浮上してきたこと、⑤海軍内からは陸軍の満蒙懸案武力解決方針に対して批判が出されていたこと、⑥政府・陸軍中央は最終的には歩調を一にして、錦州出動を中止したが、その最大の要因は居留民保護論による錦州出兵が困難と判断されたと考えられること、⑦張作霖爆殺後において田中首相は満州の治安が混乱する可能性は低いとの判断を根拠に関東軍の各地への治安出動に否定的な態度をとったことである。

おわりに

以上、二〇年代における主要な対中武力行使に関してその経過と特徴を述べてきた。ここでは本章の冒頭で設定した課題にそって、まとめを述べておきたい。

第一に、幣原外交期と田中外交期の出兵の連関についてである。

この点についてまず確認されておくべきことは、原内閣以来の内政不干渉方針と対中武力の関係である。原内閣・高橋内閣期の日本は、奉吉抗争、安直戦争と第一次奉直戦争という軍閥抗争に対して、満州での武力行使にはきわめて消極的な姿勢を維持したが、間島問題に対しては居留民保護を名目に一方的な出兵を実施したのち、張作霖側との間で共同討伐態勢をとって、中国内での武力行使を拡大した。この時期の日本は中国の軍閥同士が抗争する場合は、満州での武力行使を控えたが、日本の「内政問題」でもある間島問題については武力行使を積極的に実施したことになる。これは原内閣期に形成された内政不干渉方針が、内戦当事者の一方を支援すると受け取られかねない満州での軍事的措置を日本はとらないという形で形成されたことを示していた。この点で「元来内政不干渉とは何を云ふか、畢竟支那の政界に於いて相対峙する諸党派中の一方に対し、何等か偏頗なる援助を与へ、他の一方の党派を排斥するが如き態度行動を一切避けるという意味であります」という幣原による内政不干渉方針の規定は原・高橋両内閣以来の内政不干渉方針にもあてはまるものである。

しかし、原内閣においては内戦突入を前に一方の軍閥に「自重」を求めるといった対応は実施されていた。こうした行為を内政干渉にあたると見るかは判断が難しいが、注目すべきは、第二次奉直戦争に際しての幣原外相の態度である。このとき、幣原外相はフランス駐日大使からの和平勧告についての打診に対して、それは内戦干渉にあたるとの理由で拒否していた。この幣原外相の認識に従えば、原内閣などは内政干渉にあたる行動をとっていたといえるであろう。その意味では、原内閣期においてすでに内政不干渉方針は建前化しているといいうる。

しかしこの原内閣期・高橋内閣期の内政不干渉方針で重要なのは、実質的に居留民保護に限定した軍事的措置であろうと、内戦当事者の一方を支援すると受け取られかねない軍事的措置はとらないという姿勢が、政府・外務省中央・陸軍中央によって維持されたということである。換言すれば、安直戦争や第一次奉直戦争に際しては、満蒙治安維持・権益擁護のための軍事的対応も内政不干渉方針の枠のなかで考慮され、抑制されていたのである。

ただしそうした中央側の姿勢は、陸軍の出先（関東軍・支那駐屯軍）に強いフラストレーションを蓄積することになり、それが日本内部で中国政策をめぐる対立を生むことになった。すなわち彼らは、日本の内政不干渉方針は中国での親日勢力の没落を招き、ひいては日本がもつ権益の縮小につながるとの危機感を高めていったのである。そしてその危機感が二三年の国際管理問題を経る過程で、九ヵ国条約を建前化し、内政不干渉方針を放棄する潮流を形成するに至り、二四年初めには陸軍中央も「内政不干渉主義に膠着せず」(216)との姿勢を表明するに至ったのである。こうして幣原外交が登場する時点で、陸軍側の内政不干渉方針に対する姿勢は、第一次奉直戦争までとはかなり変化していたのである。

そして二四年の第二次奉直戦争に際して、内政不干渉方針と対中武力行使の関係には重大な変化が生じた。

二四年八月、第二次奉直戦争勃発が予見されるなか、軍や外務省の出先からは、内戦の回避あるいは収拾に外交的に介入することで張作霖を擁護するべきであるとの外交的介入路線と、内戦に軍事的に介入することで日本の満蒙支配強化を図るべきだとの軍事的介入路線が提起された。これらに直面した幣原外相は九月八日、外務省出先に内政不干渉方針を指示した。この段階での対立構造は、簡単にいえば、出先の干渉方針と幣原外相の不干渉方針の対立ということになる。そして幣原外相の不介入姿勢の強調は、中国情勢に対する出先の危機感を増進させ、一つには外務省出先（芳沢公使）や関東長官による内戦拡大に対する武力的治安維持路線としての軍事的対応要請という動きと、二つには陸軍出先による武力行使を伴わない形での張作霖擁護路線としての謀略＝馮玉祥クーデターという動きを浮上させることとなった。幣原外相が内戦への介入を回避しようとすればするほど、中国の軍事的混乱が放置される可能性が高まり、それが日本軍の謀略的・軍事的介入の必要性を高めるという状況が生じたのである。幣原外相は、内政不干渉の美名のもとにみずから中国問題における外交的対応領域を縮小させ、軍事的対応領域を拡大させるディレンマを招いたといってもよいだろう。幣原外相が対中武力行使の機会や範囲を縮小していく方向を追究するならば、中国内政に積極的に介入して内戦勃発や拡大を抑制することが不可避であった。しかし幣原外相がそうした対応を内政干渉にあたるとして退けていたことは前述の通りである。

ところがこうした不干渉方針をめぐる対立の一方で、じつは内政不干渉方針と対中武力行使の関係に変化が生じてきたことが、以後の対中武力行使の拡大を考えるうえでは重要である。すなわち、内政不干渉方針を掲げた九月一二日の閣議決定は、一方で「満州の秩序紊乱するか如き場合に処すへき方針に付ては形勢の推移に応し更に決定すへし」としていたのである。これは政府・軍中央が、満州治安維持への軍事的措置を内政不干渉という方針とは異なる次元の問題として考慮する立場をとったことを示していた。そして結局日本政府が一〇月一一日に、内政不干渉方針を掲げつつ、状況によっては満州の治安維持・権益擁護のため軍事的介入を行う警告を発したことは、治安維持・権益擁護を標榜した対中武力行使を内政干渉論の桎梏から解放したことを意味する。一〇月二三日の閣議において幣原外相が関東軍と呉佩孚の交戦を容認した発言を考え合わせれば、幣原外相も権益擁護のための武力行使を否定していなかったのは間違いないだろう。

前述したように安直戦争・第一次奉直戦争に際しては、内政不干渉方針に照らしてその種の軍事的対応が抑制されたが、第二次奉直戦争に際しては、そうした軍事的対応は内政不干渉方針と抵触しないとされたのである。さらに治安維持・権益擁護を標榜した武力行使は侵略（戦争）には該当しないものとされていたことはいうまでもない。いわば第一次幣原外交期に内政不干渉方針から治安維持・権益擁護を標榜した武力行使を抑制する機能が喪失されていき、治安維持・権益擁護を目的とした武力行使は内政干渉でもなければ、侵略でもないという立場が確立されたことにより、翌年の郭松齢事件での対応や田中外交における山東出兵、さらには満州事変の前提が形成されたのである。[217]

第二に、二〇年代における日本の武力行使と他の列強による武力行使との関連についてである。

ここでは列強も二〇年代半ばに中国での武力行使の規模をエスカレートしていった点がとくに重要であろう。安直戦争から第二次奉直戦争に際して北京・天津地域では義和団事件最終議定書を根拠とした列強協同の軍事態勢がとられた。こうした行動の過程では、第二次奉直戦争におけるイギリス青島領事が呉軍の艦船への砲撃を主張するといった一幕もあったが、基本的には実質的な居留民保護の範囲にあったといえる。しかし二五年の五三〇事件以降、とりわけイギリスは中国ナショナリズムとの正面衝突を辞さず、居留民保護や報復を標榜した陸海軍の増派と上陸、発砲、砲撃といった対応を大規模に展開していった。そしてイギリスが二七年春に上海において数千人規模の軍を展開したことは、日本が山東出兵や満州事変当初に数千人規模の軍を展開させる前例となったと考えられる。イギリスなどの列強が展開した程度の規模ならば、日本がやったとしても許容されると判断されたとしてもごく自然のことであっただろう。

第三に、日本軍が出兵した現地においてとった具体的措置の変容という問題である。

ここでは「朝鮮の治安維持」を目的に実施された間島出兵は次元が異なるので捨象する。中国の政治情勢への対応としての軍事的措置という点で見れば、まず奉吉抗争・安直戦争・第一次奉直戦争に際して、満州では鉄道付属地内での防衛が考慮されたにとどまった。第二次奉直戦争に際しては、満州でのより広範な治安維持態勢がとられる可能性はあったが、具体的な措置が講じられるまでにはいかなかった。郭松齢事件に際しては、軍事的対応や勧告などを求める外務・陸軍・関東長官など出先とそれに消極的な幣原外相、また満鉄付属地外への出兵を小規模にしようと考える宇垣陸相と広範囲に付属地外出兵を実施しようとする関東軍側といった相違があったのは事実である。しかし郭松齢事件に示されたように、陸軍中央が「状況急迫」に際しての兵力移動は関東軍司令官の権限に属していることを承認し、関東軍が付属地両側三〇キロの戦闘禁止区域を中国側に一方的に宣言し、さらに日本人租界のない営口への郭・張両軍の進入を禁止するといった措置が積み重ねられていったことは非常に問題であった。ここでは関東軍が中国の主権に対する感覚をほとんど麻痺させていることが示されていたのである。こうした状況を幣原外相が問題とした形跡は見あたらない。中国の主権を無視して関東軍が断行した措置を、日本政府が実質的に追認したのである。

第一次山東出兵における田中外相の発想自体は、居留民保護の範囲にとどまっていたと見ることは可能である。ただ田中外交において問題だったのは、条約に基づく租界があるわけでもない済南に陸軍を派遣し、鉄道とその沿線をも実質的に日本軍が占拠するという、中国に対するはなはだしい主権無視のうえでそれを敢行しようとしたことである。そして第二次・第三次山東出兵においては、国民革命軍との衝突が開始されたなかで、陸軍のみならず外務省側からも、山東省での日本の勢力拡大を図るために占領を継続することや、山東条約をめぐる懸案の解決することといった、侵略的欲求が噴出する結果を招いた。武力衝突事件をめぐる解決交渉において、事件とは無関係な懸案の解決まで求めるという手法[218]は、まさに満州事変の「解決交渉」のなかで幣原外相も採用することになる手法であった。また済南事件後には鉄道沿線の占拠と治安維持会の組織という発想も現れるが、これも満州事変での関東軍の対応を予感させるものであった（なお満州事変への第二次幣原外交の対応ぶりについては次章で述べる）。

第一次幣原外交、田中外交、第二次幣原外交の対中国認識や対中交渉における政策的優先順位やスタイルに相違がなかったということを主張するつもりはない。しかし第一次幣原外交期の郭松齢事件と田中外交期の山東出兵、そして第二次幣原外交期の満州事変を、いかなる軍事的措置が講じられたのかという観点から検討した場合、そこでの軍事的措置は発展的に継承されていると見ることができる。それは換言すればそれら三つの外交期はそれぞれ前外交期の軍事的措置の到達点を継承していったということである。それゆえ少なくとも対中武力行使という点において、幣原外交と田中外交はその現実的対応においては、断絶性よりは連続性、異質性よりは同質性が強かったと評価されるべきであろう。

最後に、戦争違法化体制は当該期の日中関係に関していかなる意味をもっていたのかという問題である。結論的にいえば、国際連盟規約および九ヵ国条約は、日本を含めた列強が居留民保護・権益擁護・治安維持を標榜して中国において実施した武力行使を抑止する機能を果たさなかった。連盟規約が存在しながらも、そうした形の武力行使が列強間で容認されていたことが、結局日本が侵略政策を拡大させる突破口に利用されていったことは確かであろう。一方、九ヵ国条約の場合は第一条において「（一）　支那の主権、独立並其の領土的及行政的保全を尊重すること」、「（二）　支那か自ら有力且安固なる政府を確立維持する為最完全にして且最障碍なき機会を之に供与すること」を規定していたが、これもまた右のような武力行使を十分抑止できる論拠とはならなかった。そして内戦に際しては、列強が内政不干渉方針のもとで少なくとも表面的には内戦状態を放置するか、逆に協調して軍事的措置をとるということになり、列強の恣意的武力行使は事実上野放しにされたのである。ただし、居留民保護を名目とした武力行使には一定の限界があると認識されていたのは間違いない。その点は田中内閣期の山東出兵から錦州出動問題までの対応にも表れていたといえる。

また注目されるのは、二七年一月に北京政府が列強の上海への出兵は九ヵ国条約や国際連盟規約に反すると非難したことであり、二八年には山東出兵に際して国民政府が国際連盟に介入を要請したことである。これらの動きは、中国側にそれらの国際法に依拠して、中国の主権を擁護しようとの意識が形成されていたことを示し、国民政府にあっては、日本の侵略を抑制する可能性をそれらの国際法や連盟がもっていると認識していることを示していた。国民政府の登場によって戦争違法化体制はようやく中国にとってその存在意義を確認されたともいえよう。国民政府のその要請が連盟に取り上げられなかった最大の理由は、国民政府が正式の政府として承認されていないという点にあった。それゆえ国民政府の承認後になれば、戦争違法化体制が日中間の軍事紛争の前に立ち現れるであろうことは、この時点で十分に予見できるものであった。

註

（1）『外交主要文書・上』四二四頁。
（2）一九一七年六月四日「支那事変に対する政府の方針の件」（旧陸海軍マイクロR. 101/T. 537）。
（3）以下、奉吉抗争への日本側の対応については、林正和「張作霖軍閥の形成過程と日本の対応」（日本国際政治学会『国際政治41 日本外交史研究――外交と世論』有斐閣、一九七〇年）による。
（4）一九一九年七月一四日、小幡発内田宛電第一〇〇〇号（同前林正和論文一二七頁による）。

(5)『外文T8―2下』(外務省、一九七〇年)一五四三〜一五四四頁。
(6) 古屋哲夫「日中戦争にいたる対中国政策の展開とその構造」三四頁。
(7) 内田外相発小幡宛電第三二八号(『外文T9―2上』外務省、一九七二年)四六四頁。
(8) 一九二〇年六月三〇日、田中陸相発関東軍及各派遣軍司令官宛電報「中国政局及動乱に絶対不干渉主義に出づべき旨訓示の件」同前四六七頁。
(9) 一九二〇年七月九日の支那駐屯軍司令官南次郎と小幡公使らの会談。一九二〇年八月、南次郎支那駐屯軍司令官「安直両派抗争の真相と支那駐屯軍の対応顚末」(以下「安直抗争の真相」と略記)(旧陸海軍マイクロR. 101/T. 542)。
(10) 一九二〇年七月一四日、内田外相発駐米幣原大使宛電第二〇六号(『外文T9―2上』)四八三頁。
(11) 一九二〇年七月一六日、南発上原参謀総長宛電天電第一五〇号、同前四八九頁。
(12) 内田外相発小幡公使宛電第三八七号、同前四七三頁。一九二〇年七月一〇日の「大臣より支那駐屯軍司令官へ電報案」では右小幡宛電と同趣旨が述べられており、陸軍側でも同様の見解を出先に訓示したと推測される(旧陸海軍マイクロR. 101/T. 540、三二一号「支那政局及び動乱不干渉に関する件」)。
(13) 一九二〇年八月八日、南軍司令官発参謀次長宛天電二〇一(前掲「安直抗争の真相」)。
(14) 一九二〇年七月二三日、南発陸軍次官参謀次長宛天電一七九および天津特報第一八八号(前掲「安直抗争の真相」)。北京の日本公使館付陸軍武官東乙彦少将も、新政権においては親日派が没落していることを指摘して、「如此悪結果の生し来れる原因を討究すれば畢竟我政策か優柔不断」であったためだと批判していた(一九二〇年七月二九日、在中国日本公使館附陸軍武官発上原参謀総長宛電支那五六二極秘電「対支政策意見」『外文T9―2上』五〇五〜五〇六頁)。
(15) 前掲南発陸軍次官参謀次長宛天電一七九。
(16) 以下、間島出兵の主要な経緯に関しては、基本的に李盛煥『近代東アジアの政治力学』(一九九一年、錦正社)一七一〜二二八頁による。
(17)(一九二〇年一〇月二日)、朝鮮軍司令官発陸相宛電第一六号(姜徳相編『現代史資料28　朝鮮4』みすず書房、一九七二年)二〇六〜二〇七頁。同電によれば琿春領事から出兵要請が来たとき、すでに朝鮮軍の慶源守備隊八〇名は出発していた。なお一〇月七日に陸軍省が提出した閣議案では「琿春には既に帝国領事の請求により歩兵二中隊機関銃一小隊を派遣しあり同隊は三日夜馬賊並不逞鮮人等と交戦し……」とされている（『外文T10－2』外務省、一九七五年）五二七頁。

(18) 一九二〇年一〇月五日、小幡発顔宛書簡第二〇二号（『外文T10－2』五二五頁）。なお同書簡はさらに、右要請にもかかわらず、第二次琿春事件のような事態が発生したのは遺憾であり、このさい地方官に対して「馬賊及不逞朝鮮人団討伐」のため適切な手段を講じる命令を出すよう要請している。

(19) 一九二〇年一〇月六日、斎藤発内田宛電、同前五二四頁。

(20) 同前五二六頁。

(21) 内田発赤塚宛電第一六三号、同前五二九頁。

(22) 同前五三〇頁。

(23) 一九二〇年一〇月一一日、赤塚発内田外相宛電第三四九号、同前五三一頁。

(24) 同前五三三頁。

(25) 前掲李『近代東アジアの政治力学』一九三頁では「日支共同討伐に関する協定」を張作霖と日本が結んだとされるが、『外文T10－2』五三七頁の「日支協同討伐に関する協定事項」では同協定につき日本側代表と「吉林鮑督軍代表町野中佐」が協定したとされている。

(26) 『外交主要文書・上』五二四～五二五頁。

(27) 一九二一年一一月二九日、内田外相発小幡公使宛電第六六八号（『外文T11－2』外務省、一九七六年）二七四～二七五頁。

(28) 一九二二年一月一四日、赤塚発内田宛電第二〇号、同前二六九頁。一九二二年一月一七日、東発尾野実信陸軍次官宛電支二、同前二七六頁。一九二二年一月二〇日、関東軍参謀長発参謀次長宛電関参発一九号、同前二七七～二七八頁。一九二二年一月二五日小幡発内田宛第四七号、同前二八二～二八三頁。

(29) 赤塚発内田宛電第三四号（別電）同前二八〇頁。

(30) 内田発小幡宛電第九六号、同前二八六～二八八頁。

(31) 赤塚発内田宛電機密公第二八号、同前三〇〇頁。

(32) 「中国時局に関する亜細亜局長談話」同前三〇九頁。

(33) 「張作霖に対する陸軍省軍務局の意見」同前三〇七～三〇九頁。

(34) この時期の列強間の協議については、同前三一一～三一六頁、三一九頁、三二四頁。
(35) この派遣は海軍が外務省と協議なしに実施した。その直後に外務省側は、派遣自体には同意するとしたうえで、今後同様の措置が必要とされた場合や、派遣隊の兵員上陸がなされる場合は、外務省と協議のうえで実施するよう海軍側に申し入れた（堀内海軍軍務局長植原外務次官を来訪会談、同前三一八頁）。
(36) 赤塚発内田宛電第一六一号、同前三二〇頁。
(37) 内田発赤塚宛電第七八号、同前三二二～三二三頁。
(38) 内田発加藤海相及山梨陸相宛亜一機密合第二六二号、同前三二一頁。
(39) 吉田臨時代理公使発内田宛電第二九九号、同前三二六頁。
(40) 赤塚発内田宛電第一九〇号、同前三四七～三四八頁。
(41) 内田発児玉及赤塚宛電第一七号・合第二〇〇号、同前三四二～三四三頁。なお一九二二年五月二二日の山梨半造陸相から尾野実信関東軍司令官宛訓令では「貴官は隷下部隊をして其の任務たる鉄道沿線警備を行ふこと以外に支那の交戦部隊の何れに対しても交渉を持たざること」が指示された（児島陸軍次官発植原外務次官宛陸軍省送達陸密第一二一号別紙、同前三五四頁）。
(42) 内田外相発小幡公使宛電第二七八号、同前三四九～三五〇頁。
(43) 一九二二年五月二〇日、内田発赤塚宛電第八五号、同前三五一頁。
(44) 「張作霖に対する態度要領」同前三四四頁。
(45) この休戦会談がイギリス軍艦上でなされたことに関して、日本の外務省側はイギリス政府の方針に基づく調停ではないかと懸念し、北京のイギリス公使館に説明を求めた。これに対してイギリス側は、休戦会談にイギリス艦内を提供するのは政府の方針に順応しないと提督に電報したが間に合わなかった、イギリスは不干渉の態度を変更したことはない旨を表明した（一九二二年六月一六日、川原旅順要港部司令官発加藤海相・山下軍令部長宛電筑摩情報第七八号、同前三七二頁。一九二二年六月一八日、奉天赤塚総領事発内田外相宛電第二五七号、同前三七四頁。一九二二年六月一九日、内田外相発小幡公使宛電第三四六号、同前三七六頁。一九二二年六月二三日、小幡公使発内田外相宛第四六一号、同前三七八～三七九頁）。
(46) この秦皇島での経緯については、一九二二年六月二三日、吉田茂総領事発内田宛北機第一二七号、同前三七九頁。一九二二年六月二三日、鈴木支那駐屯軍司令官発山梨陸相宛電、同前三七九～三八〇頁。一九二二年六月二三日、小幡発顔恵慶外交総長宛公文第九八号、同前三八七頁。一九二二年六月二四日、内田発吉田宛電第六二号、同前三八〇頁。一九二二年六月二四日、吉田発内田宛北機第一二八号、同前三八〇頁。一九二二年六月二四日、鈴木支那駐屯軍司令官発山梨陸相宛電、同前三八一頁。一九二二年六月二六日、鈴木支那駐屯軍司令官発児島陸軍次官宛電、同前三八二〜三八三頁。一九二二年六月二六日、鈴木支那駐屯軍司令官発山梨陸相宛電、同前三八三頁による。

(47) 一九二二年六月二三日、鈴木支那駐屯軍司令官発山梨陸相宛電、同前三七九〜三八〇頁。

(48) 一九二二年六月二四日、鈴木支那駐屯軍司令官発山梨陸相宛電、同前三八〇〜三八一頁。

(49) 池井優「第一次奉直戦争と日本」でも、「日本は第一次奉直戦争の時期においては、出先機関からの強硬な張作霖援助要請にもかかわらず、外務省は『内政不干渉』方針を強く打ち出し、結局その方針を堅持することに成功した」と評価されている(一九〇頁)。

(50) 以下、二三〜二四年の陸軍の対中政策については、拙稿「一九二三―一九二四年における陸軍の対中政策の一端」(『東京文化短期大学紀要』第一七号、二〇〇〇年三月)でより詳しく論じている。

(51) 一九二三年六月一九日付、在漢口陸軍歩兵中佐田代皖一郎〔参本付仰付〕「再ひ長江沿岸の排日に就て」(陸軍省『密大日記 T12―6―5』防衛庁防衛研究所図書館所蔵)。

(52) 一九二三年四月二五日付、支那在勤帝国公使館附武官林弥三吉「支常報第九号 二十一ヶ条問題の現状」(同前)。

(53) 一九二三年二月八日付、駐京〔北京〕帝国公使館附武官林弥三吉〔少将〕「支特報第三号 日支二十一ヶ条問題に就て」(旧陸海軍マイクロR. 101/T. 561)で林は、日本は日貨排斥運動などを恐れて「支那の要求に屈従すへからされは勿論縦し之を譲歩するも果して支那か日本を徳とすへきやは至大の疑問にして寧ろ日本は支那の蔑視を買ひ拝英米熱を昂上せしむるに終らんのみ／……加之隴を得て蜀を望むは支那国民の特性なるを以て誰か更に其累か朝鮮乃至台湾に及はさることを保証し得んや」と述べている。

(54) 一九二三年二月二一日付、支那在勤帝国公使館附武官林弥三吉「支特報第四号 北支那の攻略作戦に就て」(前掲陸軍省『密大日記 T12―6―5』)。

(55) 一九二三年三月二〇日付、支那在勤帝国公使館附武官林弥三吉「支特報第六号 中支那地方旅行報告」(同前)。

(56) 一九二三年七月一一日付、参謀本部「支那の現状に対する策案」(同前)。

(57) 一九二三年六月一六日付、支那在勤帝国公使館附武官林弥三吉「支特報第八号 支那国際管理に対する意見」(同前)。

(58) 一九二三年九月一〇日付、奉天〔特務機関〕陸軍少将貴志弥次郎「奉特報第八号 支那国際管理研究」(旧陸海軍マイクロR.

101/T. 574所収)。

(59) 一九二三年七月一一日、参謀本部「支那の現状に対する策案」(前掲陸軍省『密大日記　T12－6－5』)。

(60) 前掲「奉特報第八号　支那国際管理研究」。

(61) 一九二三年(月日不詳)、陸軍少将本庄繁(張作霖軍事顧問)「支那国際管理問題」(旧陸海軍マイクロR. 101/T. 574所収)。

(62) 一九二三年(月日不詳)、関東軍参謀部「支那国際管理問題に対する意見」(同前)。

(63) 一九二三年九月一二日付、支那在勤帝国公使館附武官林弥三吉「支常報第二四号　対支政策の転換に就て」(前掲陸軍省『密大日記　T12－6－5』)。

(64) 一九二三年一一月一四日付、支那在勤帝国公使館附武官林弥三吉「支特報第拾弐号　日本陸軍の国防上支那軍権者に対する方針」(同前)。

(65) 『外文T13－2』(外務省、一九八一年)七六七頁、七六九頁。

(66) 同前七七三頁。

(67) 同前七八八頁。

(68) 同前七八八頁。

(69) 同前七六七～七六八頁。

(70) なお、馬場伸也*『満州事変への道』は、「国際管理論」に対する関東軍の反発に注目しつつ、「対支政策綱領」に「張援助」に向かう「一つの新しい動き」を見い出せると評価している(一五六頁)。筆者は単に「張援助」の点だけに綱領の問題点を集約する立場はとらない。池井優*「第二次奉直戦争と日本」も関東軍の国際管理論への反発につき言及しているが、対支政策綱領との関係についてはとくに言及はない。井上清*「『満州』侵略」は、同綱領を「九ヵ国条約以前への逆戻り」と評価しており、そこでの一定の変化を強調しているが、その変化をもたらした要因を清浦内閣の「反動」性に帰しているようである(一九頁)。佐藤元英*「東方会議と初期『田中外交』」は、「英米との協調を志向し、中国における門戸開放、機会均等主義に立脚し、その枠内で可能な限りの権益を確保しようとする、ワシントン体制順応適合の立場」は二四年の「対支政策綱領」で「再確認」され、「第一次『幣原外交』を展開させ」たと評しているが(二～三頁)、筆者はこの評価には賛同しない。

(71) 『外文T13－2』八一七頁。

(72) 同前七七三頁。
(73) 同前八一八～八一九頁。
(74) 幣原平和財団編『幣原喜重郎』(幣原平和財団、一九五五年)二七六頁。
(75) 一九二四年八月、在奉天陸軍少将貴志弥次郎「中支那旅行報告」(旧陸海軍マイクロR. 101/T. 573)。
(76) 一九二四年九月五日、児玉発幣原宛電第七二号(『外文T13－2』)三四二頁。
(77) 一九二四年九月四日、船津発幣原宛電第二七五号、同前三四一頁。
(78) 一九二四年九月八日、幣原発船津宛電報案。池井優*「第二次奉直戦争と日本」二〇五頁参照。
(79) 『外文T13－2』三四六頁。
(80) 芳沢発幣原宛電第八一三号、同前三四七～三四九頁。なお外務省中央は九月二二日に内政不干渉方針とともに、諸外国中に内政干渉の計画があるとか直隷派援助の陰謀があるとの「風評」があるがそれは単なる「浮説」であるとの見解をも表明したが(同前三六六頁)、ここには芳沢らの情報に基づいて英米の干渉を牽制する意図が込められていたといえよう。
(81) 芳沢発幣原宛電第八八二号、同前三六六～三六八頁。
(82) 船津発幣原宛第三三七号、同前三六九～三七〇頁。
(83) 児玉発幣原宛電第九五号、同前三七四～三七五頁。
(84) なお『外文T13－2』には二四年四月二八日付で斎藤朝鮮総督が加藤首相に宛てたとされる文書が収録されている。加藤高明が首相に就任したのは六月であり、また内容から見て四月二八日というのが誤りと思われるが、同文書は情況によっては「満洲を一時御保管相成候迄の決心」を日本は示すべきではないかとしつつ、「此際満州に於て猥りに軍事行動を取り治安の妨害を為すものあれは延て満鉄沿線租借地及朝鮮の治安を攪乱するに至るへきを以て帝国は自衛上已むを得す兵力を用ひて之を鎮圧せさるへからさることを内外に宣明」すべきであると具申していた。朝鮮総督の場合でも、ほぼ同様の認識であったということができる(斎藤朝鮮総督発加藤首相宛文書、同前三三五～三三六頁)。
(85) 一九二四年九月二九日、幣原発芳沢宛電第五九七号および五九八号、同前三八〇～三八一頁。
(86) 一九二四年一〇月四日、芳沢発幣原宛電第九四九号、同前三八四～三八五頁。
(87) 一九二四年一〇月一一日、幣原発芳沢宛電第六二八、六二九号、同前三九一～三九二頁。

(88) 一九二四年一〇月一一日、幣原発芳沢宛電第六三五、六三八号における説明、同前三九三〜三九四頁。
(89) 一九二四年一〇月一三日、奉天船津総領事発幣原宛電第三八九号、同前三九九頁。
(90) 児玉発幣原宛電無番号、同前四一〇〜四一一頁。
(91) 古屋哲夫「日中戦争にいたる対中国政策の展開とその構造」四九頁。
(92) 幣原喜重郎『外交五十年』（読売新聞社、一九五一年）一〇〇頁。
(93) 井上清『「満州」侵略』二二頁。ただ、井上はこの引用の前に、「張にとって最悪のばあいには」と述べるが、この幣原外相発言は張擁護というよりも日本の権益擁護の観点から武力行使の可能性に言及したものと筆者は考える。なお、池井優「第二次奉直戦争と日本」二一四頁参照。
(94) なお、この一〇月一一日の声明については、馬場伸也『満州事変への道』のように、覚書の内容が「至極穏便なものであった」と評価し、のちの田中内閣による警告との対比を強調するものもある（一五九頁）。また第二次奉直戦争については「やはり幣原の不干渉方針の貫徹を評価すべきもの」（臼井勝美「対中国不干渉政策の形成」六九〜七〇頁）といった評価や、幣原外交は「『軍事力による干渉』を一切行わない『絶対不干渉』を採用しようとした。そのことを示す典型事例が、第二次奉直戦争と郭松齢事件である」（服部龍二「原外交と幣原外交―日本の対中政策と国際環境：一九一八〜一九二七―」（神戸法学会『神戸法学会雑誌』第四五巻四号、一九九六年三月、七八〇頁）との評価がある。筆者の評価は本文に記した通りである。
(95) この点についての実証的研究としては、池井優「第二次奉直戦争と日本」、坂野潤治「第一次幣原外交の崩壊と日本陸軍」参照。
(96) 一九二四年九月、支那駐屯軍司令官「排外運動の場合に於ける北支那列国駐屯軍協同動作計画」（旧陸海軍マイクロR. 101/T. 589）。
(97) 一九二五年二月二八日、支那駐屯軍司令部「大正十三年秋季第二次奉直戦に於ける列国軍の採りたる処置」（旧陸海軍マイクロR. 102/T. 605）。
(98) 一方、列国内にも軍事的に強硬な手段をとることを主張する声は存在していた。それは呉佩孚が乗船した船が青島に上陸するという観測が一一月初旬に流れたためである。青島の日・英・米領事団は、居留民保護の点から上陸を拒否すると決議したが、イギリスの青島領事はやむをえなければ撃沈すべしとまで主張したのである。結局、日本政府・海軍やアメリカ本国が、呉佩孚軍の上陸阻止は、不干渉の趣旨に反するとの立場をとったため、現地領事団は上陸阻止方針を撤回することになった（一九二四年一一月

六日、〈青島〉対島艦長発海相・軍令部長宛電対馬機密第二五番電、一九二四年一一月六日、海軍次官発対馬艦長宛電、および一九二四年一一月七日、在青島堀内総領事発幣原外相宛電第三二九号、『外交T13－2』四三三頁、四三四頁、四三九頁)。

(99) 一九二四年一〇月一四日、吉田発幣原宛電第一五一号(『外文T13－2』)四〇二頁。

(100) 一九二四年一〇月二一日、芳沢発幣原宛電第一〇四一号、同前四一一頁。

(101) 一九二四年一〇月二三日、吉田発幣原宛電第一六八号、同前四一三頁。

(102) 一九二四年一〇月二四日、小林海軍省軍務局長発出淵亜細亜局長宛、同前四一八頁。一九二四年一〇月二八日、幣原発吉田宛電第八三号、同前四二二頁。

(103) 青島ストと五三〇事件の経緯については、臼井勝美「*不平等条約の打破へ」参照。

(104) 一九二五年五月二九日、幣原発堀内宛亜二機密第三二号(『外文T14－2下』外務省、一九八四年)五三頁。

(105) 一九二五年六月一日、在上海矢田総領事発幣原宛電第一七八号、同前五九頁。

(106) 一九一九年六月一三日、在上海矢田総領事発幣原宛電第二一九号、同前八五頁。

(107) 郭松齢事件については、おもに臼井勝美「*不平等条約の打破へ」、江口圭一「*郭松齢事件と日本帝国主義」、土田哲夫「郭松齢事件と国民革命」(『近きに在りて』第四号、一九八三年)を参照。

(108) 関東軍参謀部「大正十四年支那時局詳報　其一　自十一月一日至十二月十五日」(旧陸海軍マイクロR.103/T. 627)。

(109) 同夜参謀次長は関東軍に対して内政不干渉および権益擁護の方針の範囲内で秩序維持に努めるよう指示した(前掲関東軍参謀部「大正十四年支那時局詳報　其二」)。

(110) 児玉発幣原宛電第三五(?)《ママ》号(『外文T14－2下』)八一三頁。児玉発幣原宛電第(不明)《ママ》号、同前八一三～八一四頁。

(111) 一九二五年一一月二七日、吉田発幣原宛電第二〇三号、同前八〇五頁。

(112) 一九二五年一一月二七日、吉田発幣原宛電第二〇八号、同前八〇九頁。

(113) 一九二五年一一月二八日、芳沢発幣原宛電第一〇七六号、同前八一一頁。

(114) 一九二五年一一月二九日、有田発幣原宛電第一六四号、同前八一九頁。

(115) 吉田発幣原宛第二一八号、同前八二三頁。

(116) 木村亜細亜局長畑陸軍省軍務局長会談、同前八二五～八二七頁。

(117) 前掲関東軍参謀部「大正十四年支那時局詳報　其一」。
(118) 密支第六七七号、陸軍省軍事課「支那時局対策に関する件」次官より関東軍参謀長へ電報（旧陸海軍マイクロR.102/T. 627）。
(119) 一九二五年一二月四日、陸軍次官発関東軍宛電報（前掲関東軍参謀部「大正十四年支那時局詳報　其一」）。
(120)「〔一九二五年〕一二月四日閣議の際中国時局に関する雑談要領」（『外文T14－2下』）八四四頁。
(121) 同前八四五頁。
(122) 一九二五年一二月五日、幣原発吉田宛電第九七号、同前八四三～八四四頁。
(123) 吉田発幣原宛第二二六号、同前八四九頁。
(124) 児玉発幣原宛電第四〇号、同前八五二頁。
(125) 憲兵司令官松井兵三郎発陸相「時局に対する奉天に於ける警戒状況の件報告」（旧陸海軍マイクロR.102/T. 627）。
(126) また関東軍は同日、菊池少将に対し「総領事より請求あらは附属地外に一部を出すも可」との指示も発している（前掲関東軍参謀部「大正十四年支那時局詳報　其一」）。
(127) 同前「大正十四年支那時局詳報　其一」。
(128) 幣原発吉田宛電第九九号（『外文T14－2下』）八五五頁。なお、この警告と「斡旋」の関係について、古屋哲夫は幣原外相が和平調停を構想していた点を重視しているが（古屋「日中戦争にいたる対中国政策の展開とその構造」五五頁）、筆者は幣原外相がこの時点で具体的な和平調停構想といえるものをもっていたか、またそれを自身のイニシアティヴで追求する意思があったかについては疑問に思う。
(129) 一九二五年一二月七日、幣原発吉田宛電第一〇〇号（『外文T14－2下』）八五六頁。
(130) 一九二五年一二月二〇日、関東軍参謀部「特報（支那）第一三〇号　郭松齢と浦参謀の会談（第一次十一月二十七日）（第二次十二月十日同十一日）の要旨」（旧陸海軍マイクロR.103/T. 627）。一九二五年一二月二二日、斎藤関東軍参謀長発金谷参謀次長宛関電第六一八号（『外文T14－2下』）九三三頁。
(131) 一九二五年一二月一三日、牛荘棚谷領事館事務代理発幣原宛電第六五号（『外文T14－2下』）八八六～八八七頁。この営口進入禁止に関して、臼井勝美「『幣原外交』覚書」は、幣原外相自身は郭軍の入市を容認する意向であったとして、関東軍などの「露骨な援張政策は、幣原外相の意図を裏切って実施されたとも云い得る」とし、そこに「満州問題に対する幣原外交の消極性」が示されていると評価している（六三～六四頁）。しかし筆者は、幣原の意図と軍の方針に異なるものがあったとしても、営口進入禁止に幣原外相がそれを結果的には許容したこと、付属地外二〇支里の戦闘禁止をも許容したことを重視している。

(132) 一九二五年一二月二〇日、関東軍参謀長発陸軍次官宛電関参二一二号（旧陸海軍マイクロR.102/T. 627）。

(133) 一九二五年一二月一四日、幣原外相発吉田総領事宛電合第二三一号（『外文T14－2下』）八九三頁。

(134) 一九二五年一二月一四日、陸軍次官発関東軍参謀長宛電、陸三九八号（旧陸海軍マイクロR.102/T. 627）。

(135) 一九二五年一二月一五日、幣原発吉田宛電合第二三二号（『外文T14－2下』）八九九頁。この派兵に関しては、宇垣陸相の日記にある「一二月一四日晩出兵不必要論を外務当局が強調し」たとの記述をめぐり、江口圭一*「郭松齢事件と日本帝国主義」が「いずれにせよ幣原は宇垣の要求に同意し、出兵に賛成した」（一一五頁）と結果を重視して評価を述べているのに対して、馬場伸也*『満州事変への道』は、幣原は「あくまで出兵に反対であった」（一六〇頁）とし、「郭松齢事件でも、関東軍は『満蒙の秩序』を守るため、出兵も辞さずとする中国の内政干渉への急先鋒に立ち、参謀本部がそのあとに続き、外務省は牽制するというパターンがとられた」（一六一頁）と、陸軍側と外務省の対立的側面を強調した評価を述べている。これらは宇垣と幣原の対立を前提としているが、坂野潤治*「第一次幣原外交の崩壊と日本陸軍」は、宇垣が「実際においては、かなり外務省の不干渉政策に協調的だった」として、「宇垣の消極的な張作霖擁護と幣原の絶対不干渉政策とは相互補完的な関係にあったのではなかろうか」と評している（一四八～一四九頁）。

(136) 一九二五年一二月一七日、天津有田総領事発幣原宛電第一九二号（『外文T14－2下』）九一〇頁および吉田発幣原宛第二七二号、同前九二七頁。

(137) 一九二五年一二月一七日、牛荘棚谷領事館事務代理発幣原宛電第七六号、同前九〇六頁。

(138) 一九二五年一二月一九日、芳沢発幣原宛電第一一七四号別電、同前九二一～九二二頁。

(139) 一九二五年一二月二七日、吉田発幣原宛第二九一号、同前九五九～九六〇頁。

(140) 一九二五年一二月三一日、芳沢発幣原宛電公第七六八号、同前九八三頁。

(141) 一九二五年一二月三〇日、陸軍少将菊池武夫「張郭両軍遼河附近の開戦詳報」（旧陸海軍マイクロR.103/T. 627）。

(142) 江口圭一「郭松齢事件と日本帝国主義」一二一頁。

(143) 英米の直接的反応ではないが、たとえば二五年一二月一八日「デーリーメール」の大陸版は、張作霖の敗戦は満州一帯の無秩序化と外国商業の危殆をもたらすものであり、中国政府確立までは「日本に満州の委任統治権を与へ外国商業の確保赤化運動の防止に当らしむるは列国に取り支那時局救済の最良策なり」との論評を掲げた（駐仏松島臨時代理大使発幣原外相宛電第四三三号（『外文T14－2下』）九一八頁。

(144) 一九二六年三月一二日、大沽を占拠していた国民軍が商船を護送して川を遡上する日本軍艦に射撃を加え、日本軍が応戦するという衝突事件（大沽事件）が発生した。この事件に対して、一七日に幣原外相は、日本の軍艦に対する射撃は「理由の何たるを問はす過失に出つる場合に於ても其責任極めて重大」であり、日本が「自由行動」をとる場合もあるとの強硬な姿勢を表明して、砲台責任者処罰、負傷者への賠償、謝罪、再発防止の保障を北京政府側に申し入れるよう北京の芳沢公使に指示した。結局、事態がそれ以上拡大することはなく、日本も「自由行動」をとるには至らなかったが、この幣原の反応は幣原外交の強硬な一面を示したものといえた。以上、大沽事件については、藤井昇三[*]「大沽事件をめぐる日中関係」参照。

(145) 一九二七年一月一三日、芳沢発幣原宛電第六一号（『外文S1－1－1』外務省、一九八九年）四二二頁。

(146) 一九二七年一月一九日、芳沢発幣原宛電第九九号、同前四二五頁。

(147) 一九二七年二月四日、幣原発駐英松井大使宛電第三六号、同前四三九頁。

(148) 一九二七年二月一〇日、幣原発駐英松井大使宛電第四二号、同前四四六頁。

(149) 「南京事件真相に関する報告（森岡領事）」同前五六一頁。なお、日本領事館襲撃経緯については、同資料五五六～五六三頁および「自昭和二年三月至同二年九月　南京に於ける支那兵の暴行及略奪事件」（外務省マイクロR. P58～59）による。

(150) 前掲「南京に於ける支那兵暴行及掠奪事件」五頁。

(151) 一九二七年三月二八日、参謀本部第二部「対南方方針」（『外文S1－1－1』）五一九～五二〇頁。

(152) 一九二七年三月二九日、駐華芳沢公使発幣原宛電第三〇九号、同前五二五頁。

(153) 一九二七年三月三〇日、幣原発芳沢宛第一五四号、同前五二九～五三〇頁。一九二七年四月六日、幣原発芳沢宛第一六八号、同前五六三～六六四頁。臼井勝美[*]「『幣原外交』覚書」は、幣原外交の満州問題での「消極性」と青島ストでの対応に見られたような中国本部での「強硬」ぶりを対比し、「幣原外相の対中国政策の根本には、輸出市場としての中国の安定保存が主要な目的とされ、殊に我が対中輸出の大半を占める中国本部の重要性が強く認識され、その確保維持のためには、相当強硬な手段を実施して憚らない点がある」と述べる（六四頁、六八頁）。しかしこの論理では二七年の漢口・南京・上海における幣原外相の「消極性」は説明できないのではないだろうか。

(154) 一九二七年五月一日、田中発芳沢宛電第二四五号（『外文S1―1―1』）六二一頁。

(155) 一九二七年五月四日、芳沢発田中宛電第五一九号、第五二〇号、同前六二四～六二五頁。

(156) 一九二七年一月一二日、幣原発高尾宛電第一〇号、同前三八二～三八三頁。

(157) 一九二七年一月一四日、幣原発高尾宛電第一四号、同前三八五頁。

(158) 漢口事件については、一九二七年一二月、「漢口四三事件経過調」同前六六〇～六六五頁。

(159) 一九二七年四月一一日、幣原発藤田宛電第一五号、同前六七九頁。

(160) 一九二七年五月二四日、「済南方面居留民保護に関する件」同前六八四頁。

(161) 馬場明「第一次山東出兵と田中外交」*は「首相田中義一の意図した満蒙分離政策から一元的に山東出兵＝北伐阻止の結論を導くことには些か疑問なきを得ない」（一三五頁）との視角から該出兵の経緯を分析し、そこでの田中首相の「慎重」さを指摘している（一五八頁）。しかし「田中内閣による派兵、居留民の現地保護政策を、さきの若槻内閣において執られるはずであった居留民の引揚げ策と見くらべるとき、対華政策における両内閣の相違を知り得よう」と評価している（一四七頁）。また前掲馬場伸也『満州事変への道』*も第一次出兵での田中の意図は北伐「阻止」や「満蒙の秩序維持」ではなく「単に現地保護主義のたてまえ」でなされたと評価している（一八八～一八九頁）。なお、この居留民保護方針の転換については、佐藤元英『近代日本の外交と軍事』*、同『昭和初期対中国政策の研究』*が詳しい。

(162) 一九二七年五月二七日、閣議決定（『外文S1―1―1』）六八九頁。

(163) 参謀総長「指示」（参謀本部編『昭和三年支那事変出兵史〔復刻版〕』〈以下『出兵史』とする〉巖南堂書店、一九七一年）二四頁。

(164) 『出兵史』二六頁。

(165) 同前二七頁。

(166) 一九二七年七月五日着、藤田発田中宛電第一七八号（『外文S1―1―1』）七二七頁。

(167) 一九二七年七月五日、藤田発田中宛第一七九号、同前七二七頁。

(168) 『出兵史』二九頁。

(169) 一九二七年七月七日、「大臣会見録（十八）」（『外交S1―1―1』）七三二～七三四頁。

(170) 『出兵史』三五頁。
(171) 同前四〇～四四頁。
(172) 佐藤元英『昭和初期対中国政策の研究』二四六頁。
(173) 『出兵史』五八～五九頁。
(174) 同前六〇頁。二八年五月三日付藤田総領事発田中宛電第一五五号および陸軍省新聞発表（『外文S1－1－1』三四四～三四五頁）参照。日本側では国民革命軍兵士側の不当な掠奪行為さらに発砲に対する日本側の攻撃は「自衛手段」であるとした。しかし四月三〇日以降日本軍兵士が、掠奪阻止や通行阻止の名目で中国人を刺殺したり、射殺する事件が発生していたのであり（外務省マイクロR. P69/P. V. M. 55、三三～三七頁。なお、楽炳南『日本出兵山東与中国排日運動』台湾、国史館、一九八八年、一五三～一六〇頁なども参照）、不当な行為が自国民側に加えられた場合、該国軍隊はその行為を加えた相手国軍隊に「自衛手段」であるとして攻撃を開始する権利があるとするのであれば、中国側にこそ、その権利があったとも考えることは不可能ではない。
(175) 『出兵史』八九～九二頁。
(176) 同前九七頁、二九四～二九五頁。
(177) 同前七九頁。
(178) 同前六三頁。
(179) 同前九九～一〇〇頁。
(180) 同前一〇四頁。
(181) 一九二八年五月八日着、芳沢発田中宛第五八〇号（『外文S1－1－2』外務省、一九八九年）三五〇～三五一頁。なお、芳沢は六月二〇日の田中宛電第九一九号では、五月八日の日本軍側の攻撃に関して、「我軍隊か支那軍の攻撃に先たち先つ発砲したるは如何に考ふるも居留民保護の範囲を超越したるものと見做さるを得す」と述べるに至る（同前四三七頁）。たしかに五月八日電では日本軍が先に攻撃してでもとは述べられていないものの、かなり積極的に軍事行動を支持した内容であったことは間違いないだろう。
(182) 『出兵史』一〇九～一一一頁。
(183) 一九二八年六月二日、第三師団司令部付磯谷廉介「山東善後方案」（『外文S1－1－2』）三九五頁。なお六月三日、谷寿夫第三師団参謀長発南参謀次長宛電三参第七八号（同前三九四頁）も参照。

(184)『出兵史』一二三～一二四頁。

(185)一九二八年六月下旬の藤田の外務省中央への具申（前掲P. V. M. 55）一八三頁。なお、六月一三日、藤田発田中宛電第四三九号（『外文S1－1－2』）四二七～四二八頁および七月二日、藤田発田中宛電第四六六号、同前四五四頁も参照。

(186)『出兵史』一二六～一二九頁。

(187)同前四五八頁。

(188)同前五六六～五六七頁。

(189)一九二八年六月六日、西田発田中宛電第三一七号（『外文S1－1－2』）四〇二～四〇三頁。

(190)一九二八年六月二〇日、芳沢発田中宛電第九一九号、同前四三八～四三九頁。

(191)一九二八年六月一一日、「済南事件交渉方針に関する件（試案）」同前四一九～四二〇頁。

(192)一九二八年六月二三日、参謀本部第二部「山東問題交渉方針案」同前四四八頁。

(193)一九二八年七月一一日、田中発芳沢宛電第三八八号、同前四五九～四六〇頁。

(194)一九二八年七月一三日、田中発芳沢宛第三四九号、同前四六一頁。

(195)『出兵史』付録五、一七～二〇頁。

(196)連盟規約第一一条第二項は「国際関係に影響する一切の事態にして国債の平和又は其の基礎たる各国間の良好なる了解を攪乱せむとする虞あるものに付連盟総会又は連盟理事会の注意を喚起するは連盟各国の友誼的権利なることを併せて茲に声明す」というものである。連盟理事会の招集を規定しているのは第一項の方なので、これは資料上の間違いかもしれない。

(197)前掲外務省マイクロP. V. M. 55、一三〇～一五五頁。なお、後藤春美「山東出兵と日英関係」（木畑洋一ほか編『日英交流史1600－2000　1　政治・外交Ⅰ』東京大学出版会、二〇〇一年、二九七頁）によれば、「済南事件の最中および直後に、英国は全般的に中国よりも日本に同情的であった」とされる。

(198)こうした済南事件をめぐる日本陸軍の対応方針の問題性は、関寛治*「満州事変前史」、臼井勝美*『日中外交史』、井星英「昭和初年における山東出兵の問題点(1)(2)」（『芸林』第二八巻第三号・第四号、一九七九年九月・一二月）、佐藤元英*「第二次山東出兵と済南事件」などで指摘されるところである。

(199) 一九二七年六月一日、関東軍司令部「対満蒙政策に関する意見（要旨）」（旧陸海軍マイクロR.103/T.635）。
(200) 一九二八年五月二日、関東軍参謀長発参謀次長等宛関電九七「対満蒙策意見」（一九二九年四月二四日、関東軍司令部「関東軍出動政史資料」旧陸海軍マイクロR.115/T.1027）。なお、張作霖の後継者としては「張学良を予定」していた。
(201) 一九二八年五月一六日閣議決定、「支那南北両軍に交付すへき覚書」および「措置案」（『外文S1―1―2』）七五頁。
(202) 一九二八年五月一六日、田中発芳沢宛電第二一〇号、同前八〇頁。
(203) 一九二八年五月一八日閣議決定「支那軍隊武装解除の主義方針」同前八五頁。二八年五月一七日「陸支七四」（前掲関東軍司令部「関東軍出動政史資料」）。
(204) 『出兵史』一二〇頁。
(205) 一九二八年五月一九日、左近司政三「時局に対し満州治安維持に就て」（『外文S1―1―2』）八五～八七頁。
(206) 一九二八年四月二〇日、関東軍参謀長発参謀次長等宛関電八二「満州治安維持に関する件」（前掲関東軍司令部「関東軍出動政史資料」）。
(207) 『出兵史』六二〇～六二一頁。
(208) 同前一二一～一二三頁。なお、一九二八年五月二〇日、参謀次長発関東軍司令官宛「新任務予告」（前掲関東軍司令部「関東軍出動政史資料」）参照。
(209) 一九二八年五月二二日、田中発駐米松平恒雄大使宛電第一〇一号（『外文S1―1―2』）一〇三頁。
(210) 一九二八年五月二〇日、芳沢発田中宛電第六九二号（『外文S1―1―2』）九七頁。
(211) 一九二八年五月二五日、国民政府は羅外交総長名で、日本の方針は中国の領土主権の点から黙過できないとの抗議を芳沢公使に提出し（二八年五月二五日、芳沢発田中宛機密第六三〇号、同前一一三頁）、さらに翌二六日には外交部がステートメントを発表し、日本のとろうとする行動は「一九二二年華府九国条約に於ける二原則即ち列国は支那の独立主権並に其の領土的及行政的保全を尊重すること及特別の権利又は特権を求むる為支那に於ける情勢を利用することを差控ふることとする原則に違反するもの」であると批難した（二八年五月二六日、芳沢発田中宛電第七四六号、同前一一三頁）。
(212) 前掲関東軍司令部「関東軍出動政史資料」。
(213) 稲葉正夫「解題付録　張作霖爆殺事件」（『出兵史』所収）一六頁。

(214) 同前稲葉「張作霖爆殺事件」二一頁、五四~五七頁。なお、『出兵史』一二二頁では、張爆殺事件発生後「参謀本部主任部は其後満洲問題に関し所要の兵力を増派し関東軍司令官をして満洲内所要地方治安維持の実行に移らしむるを要すとの意見を以て陸軍省当局を通し屢々外務省当局に折衝せしも政府特に外務省当局は本件に関し依然楽観的判断を抱懐し形勢を観望するの態度を執」ったと述べられている。

(215) この錦州出動問題について、佐藤元英「満州地方の治安維持と日本陸軍」九二頁は、「『田中外交』の在留邦人の現地保護政策から派生した満州の治安維持政策は、従来から主張されてきた対ソ戦略、特殊権益擁護論に加えて、より現実的に陸軍の政治介入を助長させる結果となった」と述べている。居留民保護を突破口として結果的に陸軍の対中方針の影響力が拡大していくという見方に筆者も同感である。

(216) 『外文T13―2』七七三頁。

(217) 臼井勝美は「日本の中国政策は原(敬)内閣にいたって、新しい局面を展開する転換期にあったことを指摘し、幣原外交(第一次)がその新方向を完成させた」との視角から、内政不干渉方針の展開に焦点をあて、「中国が共産化しても、それは『他国』のことであるから干渉の余地はないとする姿勢を見せている点に、筆者は対中国不干渉政策の一応の成熟を見ようとする」と述べ、一方「田中(義一)の中国政策は、原内閣以前の大隈・寺内時代へ逆行するものであった」と評価している(臼井「対中国不干渉政策の形成」九〇~九二頁)。筆者は本文で述べたように、内政不干渉方針をこうした観点からは位置づけない。なお藤井昇三「戦前の中国と日本」は、幣原外交をめぐる評価が分かれている主要な理由の一つとして、「幣原外交の主観的意図と歴史的役割ないし客観的意義とのどちらを重視するかということであろう」と述べつつ、「結論的にいうならば、幣原外交は中国の民族解放運動に対して正しい理解と真の同情をもたず、国際協調、内政不干渉、平和外交などの美名で偽装されつつ、本質的には中国における日本の列国に優越する地位と諸特権を維持して、中国を不平等条約下の半植民地状態につなぎとめておこうとする帝国主義外交の一表現にすぎなかったのである」と評価している(三三頁、三五頁)。筆者はこの藤井の評価に基本的に賛同する。

(218) こうした手法がこれ以前に存在しなかったわけではない。ある意味では、自衛を標榜した戦争での勝利後に権益・領土を獲得するというのは、本質的に同じである。また古屋哲夫は、辛亥革命から第二革命の時期の日本の出先の対応にこうした傾向が見られ、満州ではそれ以前からこうした傾向があったのではないかと指摘している(同「対中政策の構造をめぐって」〈古屋ほか編著『近代日本における東アジア問題』吉川弘文館、二〇〇一年〉)。

第四章　満州事変と戦争違法化体制

はじめに

本章では戦争違法化体制の下で日本が満州事変を拡大しえたのはなぜかという視点から、満州事変初期、具体的にはおもに第二次若槻礼次郎内閣期における経緯を再検討する(1)。

周知のように満州事変は関東軍幕僚の計画により開始されたのであり、国家意思の発動として戦争が開始されたものではなかった。日中関係は鉄道敷設や土地商租実施といった懸案をめぐり行き詰まっていたが、若槻内閣が戦争を計画したわけではなかった。また陸軍中央においては懸案解決のためには武力行使もやむをえないとの方針に傾いてはいたが、具体的な戦争計画を立案していたわけではない。柳条湖事件が実質的な侵略戦争に転換するためには、陸軍中央と政府が関東軍に同調し、対中武力行使が国策として確定されていかなければならなかった。

その過程で日本は戦争違法化体制に直面することになった。連盟規約、九ヵ国条約、不戦条約との抵触のポイントとなる動向は、まず一つには、撤兵問題をめぐる動向である。国際連盟規約および不戦条約のもとでは国際紛争の平和的解決が定められていた。軍事紛争が生じた場合は、紛争の原因そのものの解決はさておいても、停戦・撤兵が求められることになる。そこで日本軍撤兵の早期実現が焦点となる。日本がそれにどのような態度をとったのかということが、それらの国際法への違法性の点で問題となるのである。そして早期撤兵を拒絶した段階で、日本は満州事変という紛争を平和的に解決することを拒絶したということになるといえる。二つには、「満州国」樹立方針決定に至る動向である。中国の領土・政治的主権・行政的統一は、連盟規約および九ヵ国条約により擁護されていたから、それを侵害する行為は違法となる。この点では、「満蒙」を中央政府（国民政府）の支配から切り離そうとする「満蒙分離」方針が政府の方針とされた時点で日本はそれらに違反したことになる。

関東軍、陸軍中央、若槻内閣・幣原外相という三者は、満州事変の拡大のなかでそうした国際法との抵触問題を意識しつつ、中国侵略を国策として確定していったといえる。日本はどのような過程を経て、どの時点で違法な戦争を国策（国家政策）として確定したのであろうか。

本章はこうした点について検証を加えたうえで、満州事変の拡大において第二次幣原外交が果たした役割、戦争違法化体制が存在したことの意味などについて考察を加えるものである。

一　満州事変の開始と〈撤兵先決路線〉の有力化

まず柳条湖事件開始以前の関東軍と陸軍中央の満蒙問題処理方針自体の問題性を確認しておこう。

柳条湖事件の中心的人物となった石原莞爾は、関東軍の作戦主任参謀に就任する前年の一九二七年末には満蒙「領有」化の必要を主張していた(2)。そして関東軍の参謀たちの間で、三〇年には「将来戦に亘り速に満洲及蒙古の一部を占領し之を完全に我勢力下に置き以て対外長期作戦の為め資源其他に関し確固たる策源地を獲得すること」を「満蒙占領の目的」とするとされたように、[3] 満蒙「領有」化方針は日本の軍事的欲求のための占領支配という性格をいっそう強めながら共有されていった。そして三一年五月には関東軍参謀の間では、「謀略」により関東軍の軍事行動の「機会を作製」するという方針が明確にされるに至ったが、[4] この段階で注目されるのは、関東軍高級参謀板垣征四郎大佐が「終局の目的は之を領土するに在り」として、商租権や鉄道敷設などの権益問題解決にとどまることなく、「領土」化と北満進出を目指す必要を強調していたことである。[5] すなわち関東軍は、北満を含めて満蒙の領土化が達成されるまでは軍事行動を停止しないという方針のもとに柳条湖事件を開始することになるのである。

日本が武力により中国領土の一部である満蒙を「領土」化することが、連盟規約第一〇条、九ヵ国条約第一条に違反することは改めて述べるまでもないであろう。また、この武力発動は国策実現の手段であるから、実質的に不戦条約第一条の精神を蹂躙するものである。[6] さらに「謀略」により軍事行動を開始するというのであるから、当時日本を代表する国際法学者であった立作太郎の自衛権規定に照らしても（第二章参照）、自衛権が成立する余地はなかった。

一方、陸軍中央の計画はどのような「満蒙問題処理」を考慮していたのか。三一年四月に参謀本部がまとめた満蒙問題解決に関する「情勢判断」によれば、〈第一段階〉としては「条約又は契約に基き正当に取得したる我か権益か支那側の背信不法行為に因り阻害せられある現状を打開し我か権益の実際的効果を確保し更に之を拡充することに勉む」ることが設定され、満蒙の政権としては学良政権に代えて「支那中央政府の主権の下」にある「親日政権」を樹立することが考慮されていた。〈第二段階〉は、中央政府から断絶した満蒙独立政権の樹立であり、〈第三段階〉が「満蒙占領」であった。[7]

この〈第一段階〉の特徴は、権益をめぐる懸案の解決に重点をおき、満蒙における国民政府の主権を容認している点にあった。陸軍中央の〈第一段階〉は、権益をめぐる懸案の武力解決路線といってよいであろう。ただし、それとしても、連盟規約第一二条および不戦条約第二条の国際紛争の平和的解決という取り決めに抵触する方針であった。〈第二段階〉や〈第三段階〉においては、中国の領土的統一や政治的統一を破壊することが明白であり、その違法性は関東軍の計画と同様である。この〈第三段階〉の「占領」は実態的には関東軍が掲げる「領土」化に限りなく近いものと考えられる。

陸軍中央の構想における〈第三段階〉の達成を目指して軍事行動を開始する関東軍と、当面の武力行使を〈第一段階〉の線で位置づけていた陸軍中央、さらに満蒙問題の解決手段としては自前の武力行使方針をもっていなかった政府、この三者のギャップがいかに埋められていくのかが、満州事変当初の焦点となる。

関東軍が柳条湖において満鉄線路を爆破し、これを合図に北大営に駐屯する中国軍に対する攻撃を開始したのは三一年九月一八日午後一〇時半ごろであった。奉天の林久治郎総領事のもとへの第一報は午後一一時一一分、奉天憲兵分隊長からのものであり、午後一〇時半ごろに北大営北方満鉄付近で関東軍と中国軍が「衝突し目下交戦中」との内容であった(8)。衝突の原因は述べられていなかった。

一一時半、関東軍高級参謀板垣征四郎大佐は、林総領事の指示で特務機関に赴いた森島守人領事に対して、午後一〇時半北大営の「中国軍」三〇〇～四〇〇名が北大営西南方鉄道線路を爆破したため交戦となり、関東軍（虎石台の中隊）は北大営の敵兵（五〇〇～六〇〇名）と交戦の上、北大営の西北隅を占領し交戦中であると説明した(9)。この時点で外務省出先は関東軍から、中国軍の鉄道爆破に対する出動であると説明されたのである。

一方、午後一一時一五分と一九日午前〇時に中国側（交渉署日本科長）から「無抵抗主義」をとる方針が電話で告げられたのをふまえて、林総領事は板垣に対し、日中両国は「正式に交戦状態に入りたる訳にあらさる」だけでなく、中国側は「全然無抵抗主義」に出る旨声明しているので、事件を拡大せずに「外交機関を通し事件を処理する様」申し入れた。林は中国側からの攻撃が先になされたとの関東軍の説明を受けながらも、紛争を外交交渉に移行することを提起したのである。しかし板垣は「国家及軍の威信」に関する問題であり、中国軍が日本軍を攻撃した以上「徹底的にやる」方針であると、林の提案を拒絶した。(10)板垣は「自衛」を称しながらも、早くも自衛の範囲を超えた武力行使におよぶ姿勢を表面化させていたのである。

では、政府では柳条湖事件発生をどのように受け止めたのか。一九日朝、閣議(11)を前に若槻礼次郎首相は、南次郎陸相に対して、「真に〔関東〕軍の自衛の為に執りたる行動なりや斯く信して可なりや」と念を押し、陸相は「固より然り」と答えた。若槻首相は、「自衛」論が成立するのかを重大なポイントとして認識していたのである。

閣議前には幣原外相のもとに、「今次の事件は全く軍部の計画的行動(12)」である可能性があり、関東軍が広範囲での積極的行動を開始しつつある一方、中国側は無抵抗方針を表明していること、事件のきっかけとなった鉄道爆破による被害自体はすでに修復されていることを含んだ林総領事から電報が届いていたようである。(13)

午前一〇時ごろから開始された閣議では、幣原喜重郎外相が外務省側情報を朗読し、陸軍側を牽制した。陸軍側の記録によれば、その発言ぶりは「それと無く今回の事件は恰も軍部か何等か計画的に惹起せしめたるものと揣摩せるもの」とも、「頻りに本事件の突発は出先軍憲の策謀的技術に端を発せるが如き口吻を洩らし」たともされている。幣原は、林総領事からの情報に依拠し、関東軍の謀略である可能性を指摘したのである。南次郎陸相は「外相の電文朗読並に口吻を聴き意気稍々挫け」、朝鮮軍の満州派兵を提議することができなかった。

首相が自衛論の成立を懸念し、外相が日本軍の謀略の可能性を指摘したにもかかわらず、陸軍側の資料によれば、閣議で関東軍の満鉄付属地内への撤退や攻撃中止が議論された形跡はない。閣議の結論はいわゆる「不拡大方針」であった。参謀本部第二課の記録は、「然れとも要するに本閣議の議決は／事態を現在程度以上に拡大せしめさるを方針とするに在りき」（第二課日誌一一五頁）と、閣議の結果について記している。この「然れとも」という言葉には、謀略の可能性が示唆されながらも、関東軍の撤兵が要求されなかったことへの参謀本部側の意外感が示されているように感じられる。

しかも、この不拡大方針は「支那兵が満鉄線路を破壊」したことを事件の原因と断定したうえで唱えられていた[14]。これは、関東軍の謀略という可能性が示唆されながらも事実関係を調査することすらなく、関東軍の行動を「自衛措置」として政府が承認したことをも意味していた。とすれば、この不拡大方針は、関東軍が「自衛」を標榜した軍事行動を恣意的に開始することを放任するに等しいもので、その名に値する実態をもったものとはいいがたいものであった。

こうしてみると一九日の不拡大方針の決定は、政府が事態の拡大を積極的に抑止する方針を決定したものというよりも、事態を積極的には拡大しないで収拾の機会を窺う方針を決定したものといった方が実態に近いであろう[15]。

一方、陸軍中央も柳条湖事件の発生をもって、事態を一挙に軍事占領へ拡大する方針を決定したわけではなかった。満州事変開始の時点では、北満を含めた満蒙領有を目指す関東軍の方針と、軍事衝突の開始を契機に懸案解決を目指す陸軍中央の方針の間には、格差があった。

そもそも南次郎陸相・金谷範三参謀総長といった陸軍中央トップにおいては、「九月中旬中村事件の善後処理に関連し陸軍に於ては此の機を逸せす満蒙諸懸案の一併解決に邁往するの議を練り三長官会同して対策を決し陸軍大臣は最後の決意を以て之を内閣に迫ることとせるか此の秋に方り偶々支那側の暴虐に依り這次の事変勃発」したのであり、「世界の大勢と国内の事情とは一気に理想の実現を望み難きものあり　内外の情勢を洞察し大局の見地より慎重考慮を加へ可能の範囲に於て企及し得へき限度を考定し決定」するとの態度で事態に臨んでいったのである[16]。

そして陸軍中央においては、参謀次長・陸軍次官といった次官クラス以下が九月一九日から方針の検討を積み重ねていった。まずこの日午前中、陸軍次官杉山元中将・参謀次長二宮重治中将が協議の結果、本事件を「満蒙問題の解決の動機となす陸軍の方針を確定した」が、この「問題の解決」とは、「条約上に於ける既得権益の完全なる確保に存し全満洲の軍事的占領に及ふものにあらす」（第二課日誌一一五頁）というものであった（これを便宜上〈方針1〉とする）。これは前述した三一年四月の参謀本部情勢判断の「第一段階」の実行を主眼とした方針であった。[17]

一九日午後、参謀本部内の首脳会議は第二課起案の「満洲に於ける時局善後策」を承認した（以下〈方針2〉とする）。この方針の特徴は、政府の不拡大方針には強いて反対しないとしたうえで、「軍の出動後に於ける現時の態勢を維持」し、「現勢を基調として強く外務官憲を動か」すとしていることであり、出兵を中国に対する圧力としてというよりも、むしろ対内的な外務省側に対する圧力として位置づけている点である。そしてもう一つには、政府が陸相の主張を認めない場合は陸相辞職による「政府の瓦解」をいとわないと強硬な姿勢を示しつつも、「軍部の主張を認め現勢の基調（旧態に復せしめさるの意）として対満蒙解決策を執るに決しその処置を開始するに至らは適宜軍を終結することあるへきは之を考慮して可なり」とした点である。ここでの「解決」方針として、「満蒙に関する諸懸案と一併に中村大尉事件及今次の鉄道線路爆破事件の解決」という「一併解決」方針が決定された（第二課日誌一一六頁）。〈方針2〉は撤兵を考慮している点で「第一段階」の範囲になおとどまったが、〈方針1〉に比較して、出兵という状況を外務省側が「一併解決」に着手するまでの対内的な政治圧力として利用する方針を明確に打ち出した点に最大の特徴があった。

しかし翌二〇日午前、陸軍次官・参謀次長・教育総監部本部長（荒木貞夫中将）らは協議の結果、〈方針2〉を踏襲しつつも、「本事件解決迄は断して関東軍を旧態勢に復帰せしめさること（傍点引用者）」を「最も重要」な事項として決定し（以下〈方針3〉とする）（第二課日誌二一七頁）、それぞれ長官に同意を求めることとした。すなわち〈方針2〉が早期撤兵をも視野に入れていたのに対して、〈方針3〉は懸案解決交渉中の撤兵を否定したのである。

このように陸軍中央の次官クラスは、九月一九日から二〇日にかけて、〈方針1〉から〈方針3〉へと、懸案解決を主要な目的とすることでは共通しつつも、撤兵のタイミングという点において急速に転換を遂げたのである。そしてこの九月二〇日の〈方針3〉の段階で、陸軍は懸案「解決」までは関東軍を撤退させないという方針、すなわち日中間の懸案（＝国際紛争）の武力解決路線を確定し、陸軍トップを突き上げ始めるとともに、政府に対しては「陸相辞職」を恫喝の材料として圧力をかける姿勢を固めたのである。

九月二一日の閣議では、全閣僚が懸案の「一併解決の意見に一致」し、陸軍中央の方針が政府の方針に引き上げられたものの、「右解決の為に関東軍を如何なる態勢に置くへきやに関し現状の儘とする者と旧態復帰を可とする者各々約半数宛」という状況となった。「現状の儘」とは関東軍を鉄道付属地外に駐屯させたままで懸案解決交渉を開始しようとするものであり（これを〈懸案先決路線〉と呼んでおく）、「旧態復帰」とは関東軍を満鉄付属地に撤兵させたうえで懸案解決交渉に着手しようとするものであった（これを〈撤兵先決路線〉と呼んでおく）。

〈懸案先決路線〉は、国際紛争の武力的解決を目指す路線であるから、国際紛争の平和的解決を定めた連盟規約第一二条および不戦条約第二条との抵触が国際的に問題とされることは避けられなかった。〈撤退先決路線〉の場合、いわば中国に恫喝を加えたうえで懸案解決交渉に臨むことにはなるが、国際法との抵触は国際的にはほとんど問題とされないであろう。こうして見るならば、閣僚の半数が国際法を無視して〈懸案先決路線〉を支持したこと自体が、国際法への無視あるいは無知という深刻な問題をはらんでいたといえる。

いわばこの段階で、日本は連盟規約および不戦条約に違反する国際紛争の武力的解決路線をとるのかとらないのかという岐路に立っていたのである。しかし若槻首相は懸案解決と撤兵のどちらを先決とするかは「今後之を決定する」として、議論を先送りしてしまったのである。若槻首相以下、閣僚はこの問題の重大性をほとんど理解していなかったといわざるをえない。そればかりか若槻は朝鮮からの増兵についても、海相を含む他閣僚全員が不要としたのに対して、陸相とともに一人だけ「要す」との立場をとった（第二課日誌一一九頁）。若槻は〈撤兵先決路線〉で内閣の意思統一を図るリーダーシップを発揮するどころか、軍事行動の拡大に対して文官閣僚中もっとも妥協的であったといえる。こうした若槻の姿勢はよく知られている朝鮮軍独断越境をあっさりと追認する対応へつながったといえよう。(18)

翌二二日に開かれた閣議でも、陸相が「関東軍現状維持満蒙問題一併解決」を主張したのに対し、幣原外相は「陸相の意見は交渉を有利ならしむる為には尤なるも済南事件の例もあり縦令現状配置に於て交渉開始に入るとするも結局は旧態に復せさるを得さるに至るへし」と反駁した（第二課日誌一二四頁）。ここで幣原外相が主張したのは、最終的には関東軍は撤退せざるえないということであり、「現状維持」のまま、すなわち関東軍の出兵を維持したままで「満蒙問題」の「一併解決」交渉に入るということには、消極的な姿勢が窺えるものの、強硬に反対する姿勢をとったとも言い切れない。陸軍が望むように関東軍の出兵を維持したままで懸案解決交渉を開始するのはやむをえないとしても、できるだけ早期に撤兵を実現するというのが、この時期の幣原外相の事変終結構想であったといえるだろう。また、後述するように、その過程においては国際連盟が介入するのを排除することが望ましいと考慮されていたといえる。

しかしまずそのためには、関東軍を政府および陸軍中央が完全にコントロール下におくことができ、しかも陸軍中央が〈懸案解決路線〉から逸脱しないことが前提条件となるはずである。この点では、政府がすでに関東軍の行動を自衛として容認していたことに加えて、二一日に幣原外相が鉄道保護や居留民保護のため「機先を制して沿線各地支那軍隊の武装解除乃至付属地付近軍略的要所の占拠」をすることは必要な措置だとの立場をとったのは[19]、右の条件をさらに突き崩す意味をもった。なぜならばこの機先論によれば、関東軍は中国側から実際に危害が加えられていない地点へも自衛を標榜して出動することが可能となるのである。機先論を承認したことは、少なくとも論理的には、関東軍の独断による出動に対する政府側のコントロールをいっそう困難にすることを意味した。

しかし、こうした論理的弱点は、この時期はまだ陸軍中央トップが関東軍の行動を抑制する姿勢を維持していたことで現実的にはカバーされていた面があった。すなわち九月二二日参謀本部側は、関東軍の「頗る活潑」な行動は、参謀総長が「是認」する政府の不拡大方針に適合しないと認識しており、ハルビン（哈爾浜）進出は「中央部との了解を得るに非れは厳に許されす」との指示を関東軍側に伝えたのである（第二課日誌一二四頁）。同日、若槻首相も、ハルビンの居留民の現地武力保護は行わないとの方針を天皇に上奏しており（片倉日誌一九一頁）、政府・陸軍中央トップの足並みはほぼ揃っていた。

そして二三日に、陸軍次官・参謀次長が関東軍による北満数地点の占領を決議したのに対して、南陸相はすでに閣議で吉林以外には派兵しないと言明した関係から反対し、参謀総長を説得して自説に同意させたのである。陸相は次長、次官らのさらなる説得をも受け入れず、「全兵力を附属地内に入れ軍の任意自由なる配置をとり以て満蒙問題の根本解決を計る素地となすへく」との意見を崩さなかった（第二課日誌一二六頁）。翌二四日には、参謀総長は「総長の決心」として「満鉄の外側占領地点より部隊を引揚くへきこと」を命ずるよう次長に指示した（第二課日誌一二七頁）。陸相・参謀総長という陸軍中央のトップは二三日から二四日にかけて満鉄付属地内への関東軍の撤退という〈撤兵先決路線〉へ移行しつつあった[20]。もしこのトップの意向が貫徹されたならば、関東軍撤兵後に懸案の「一併解決」交渉に着手するという〈撤兵先決路線〉が実行されることになったであろう。政府、なかでも幣原外相が構想したのはこうした展開であったと思われる。

ここで連盟の動向に対する幣原外相の対応を振り返っておこう。満州事変は第一二回連盟総会の最中に勃発した。九月一四日の総会で非常任理事国に当選したばかりの中国が連盟に提訴をする事態は十分に予想された。二〇日、芳沢謙吉帝国連盟代表（駐仏大使）から幣原外相に宛てられた電報は、中国代表が連盟総会で不戦条約と規約の適合問題に関連し、「他国の領域内に於て戦争行為にあらすと称し乍ら事実上戦争行為となるへき行動に出つるものに対し防遏制裁の手段を講せさるへからす」と主張しており（第一章参照）、「出来得る限り本件を連盟公然の問題とせさる様早きに及んて努力し置くこと肝要」と警告した。[21]これに対して幣原外相は二一日に返電し、連盟総会や理事会が事件を問題とするのは日中両国の国論を刺激し事態を紛糾させるだけだと、その介入に反対する姿勢を示した。[22]一方、中国側は二一日、規約第一一条により連盟に正式に提訴し、理事会の招集を要請した。[23]さらに二二日には、中国は理事会において日本軍の撤兵監視のオブザーバー派遣を要請したが、幣原外相はそれに反対する方針を指示した。

こうした状況のなか九月二四日に日本政府は第一次声明を発表し、自衛的措置の名目での軍事行動拡大の可能性を否定しない一方で、不拡大方針を表明するとともに、連盟理事会議長レルーからの通牒に対して、「日本軍隊は現在概ね鉄道附属地内に復帰し」ているとの回答を発した。[24]この回答は、日本の立場に同情的でもあった列国とくにイギリスの理解をえることに成功し、二五日夕方の理事会では、イギリス代表から理事会での満州事変についての審議を打ち切ることが提起されるに至った。[25]

内においては陸相・参謀総長が〈撤兵先決路線〉に傾斜し、外においては連盟が介入をとりあえず差し控えるという状況は、幣原にとって自分の路線を貫徹しうる状況の出現と認識されたであろう。ここで幣原はやや強気に転じた。すなわち二六日の閣議において幣原は、関東軍の吉林駐屯は外交交渉上の障害となるとして、「若し陸軍にして吉林より撤退を肯せされは辞職すへし」との意向を示したのである。それに対して南陸相は、もし外相が「満蒙問題一併解決」を期すならば吉林撤退を考慮すると答え、閣議後に陸相は撤兵につき金谷参謀総長の同意を求めた。総長は建川第一部長の反対を退けて、吉林撤退が関東軍に命令された（第二課日誌一二九頁）。さらに参謀本部は「関東軍か独断哈市〔ハルビン〕に出兵せさること」を二八日に指示することと決定した（第二課日誌一三〇頁）。[26]

こうして九月二二日から二八日の段階では政府と陸軍中央トップは〈撤兵先決路線〉寄りのコースを歩み、吉林撤退、ハルビン不進出に見られたように、満鉄の遠隔地への出兵は抑制される方針がとられたのである。

二八日の理事会において芳沢代表が早期撤兵方針を表明したのは[27]、右の国内情勢に照らせばそれなりの根拠をもったものであった。そして、その方針を日本が宣明したことは列国の信用を得て、三〇日の理事会決議は日本政府の態度を是認して、早期撤兵の実現を希望する内容となり[28]、対日批判めいた文言は一切含まれていなかった。この決議を採択して、理事会は二週間の休会に入った。

二 〈分離政権路線〉の浮上

しかし、〈撤兵先決路線〉が有力化するかに見えた裏面では、中国の領土保全を侵害する分離工作が進展していった。

九月一九日深夜、関東軍の石原・板垣両参謀は奉天において参謀本部第一部長建川美次少将に対して、「一挙第三段階の満蒙占領案」に向うべきだと主張した[29]。このように関東軍は、事件開始直後には計画通りの領有案を主張していたものの、九月二二日に関東軍幕僚は、「我国の支持を受け東北四省及蒙古を領域とせる宣統帝を頭首とする支那政権を樹立」するとの「満蒙独立国案に後退」した方針を掲げるに至った（「満蒙問題解決策案」、第二課日誌一二四頁）。一定の後退をすることで陸軍中央との妥協点を見出そうとしたのであろう。この時点で関東軍の方針は〈領有路線〉から独立国家樹立を目指す〈独立国家路線〉へ変わったといえる。

〈独立国家路線〉にそって関東軍幕僚らは「着々新政権樹立の運動を開始」し、さらに九月二五日には奉天特務機関長土肥原賢二大佐と板垣、石原らが会合しそのための「謀略」について「具体的方策を決定」した。この間の二二日には参謀次長が新政権樹立についての「謀略開始」を「承知」した（片倉日誌一九二頁）。早くもこの段階で、陸軍中央の次官レベルから分離政権樹立を目指す〈分離政権路線〉に一定の容認が与えられたことは、政府・陸軍中央トップが構想する〈撤兵先決路線〉が突き崩され始めたことを意味した。

参謀本部内部での新政権の位置づけは、二九日の参謀本部第二課内での議論においては、満蒙問題解決の交渉相手として南京政府をあげる声も存在する状態であったが、三〇日に同課が策定した「満洲事変解決に関する方針」に至って、「満蒙問題解決の目標」として「満蒙を支那本部より政治的に分離せしむる為独立政権を設定し……帝国は裏面的に此政権を指導操縦して……懸案の根本的解決を図り満蒙に於て帝国の政治的経済的地位を確立すること」を掲げ、張学良、南京政府との交渉は行わない方針に統一された（第二課日誌一三〇〜一三二頁）。この段階で参謀本部内で、満蒙を国民政府の支配から分離して独立政権を樹立することを目指す〈分離政権路線〉が有力になったのである。

この間、政府側では、二六日の閣議において若槻首相が「満洲政権樹立に関しては一切関与すへからさる旨」を表明し、同日、南陸相は本庄関東軍司令官に対して「此種運動には干与することは厳に之を禁止す」との指示が打電された。また一〇月一日に政府は、満州における「中国人の政権樹立の策動に対し帝国文武官か何等の奨励又は支持を与ふることを厳禁すると共に一切適法の手段を尽して本邦人か此の種の策動に関与することを取締り居る次第」と中国側に説明したが、[30] このような取締りは現地では実際にはなかったに等しいのであり、政府・陸軍中央の不関与指示は実質的な効果を期待されていない、事実を隠蔽する一種のアリバイ工作のようなものであったと評すべきであろう。

一〇月五日に参謀次長・陸軍次官は「交渉の相手を南京政府とするは不可にして満蒙に樹立せらるへき新政権を之か交渉の相手となす」とする案を承認し（第二課日誌一三四頁）、参謀本部第二課では「関東軍をして満蒙新政権樹立を統制せしめ成るへく速に之か成立を図ること」との方針が浮上し、陸軍中央は〈分離政権路線〉に大きく傾いたのである。

実際翌六日、閣議で南陸相は「満蒙問題は満蒙に於て解決する」よう主張したが、これは懸案解決の相手を分離政権とすることを意味していた。それに対して幣原外相は「支那中央政府と交渉するを要し且之と交渉せされは効果なし」と反論し、結論が得られなかった。しかしこの日、閣議後にもたれた首相・陸相・海相・外相・蔵相（井上準之助）ら七閣僚の協議の結果、「各閣僚は其大綱に関しては概ね陸軍の意嚮を是認し、且概ね左の如き意見に落ち付くことになった。[31] すなわち「満蒙新政権の樹立には日本人は一切干与せす其樹立せらるへき新政権の性質に関しては何たるを問はす」「時局解決条項は／一、既得権益の確保／二、本事変の善後策／（三、将来の要求事項は今直に表面に顕はさす将来新政権樹立後機を見て提出する如くし保留す）」というのがその意見であった。

こうしてみると、この協議の結果、満蒙に張学良政権に替わる新政権が樹立されるという点では陸軍側と各閣僚の間で認識がほぼ統一されたと見られる。問題はその政権樹立への日本人の干与であって、政府としては日本人は干与させないという方針をとったが、「南陸相の真意は何等かの方法あらは之か樹立を促進すへき意嚮」と見られ、ここに一つの齟齬があった。しかし、すでに述べたようにこうした政府の方針が本気で日本人の干与を阻止する意志をともなっていたとは見られないのであり、日本人は干与させないとの建前のもとで実質的に関東軍による工作を黙認する姿勢をとったといった方がいいだろう。その意味では新政権樹立工作自体についての政府と軍中央・関東軍との実質的対立はこの段階で解消されたといえる。また「新政権の性質を問わない」ということは、新政権が国民政府からの独立を表明することも厭わないということであり、この段階で〈分離政権路線〉が隠然とではあるが、政府の方針となったといえる（第二課日誌一三五頁）[32]。

幣原外相はどう考えていたのだろうか。右協議席上、幣原外相は「満蒙問題の解決は支那中央政府と交渉するを原則とし細部事項に限り満蒙政権と交渉する」べきだと主張したが、これは満蒙に新政権が樹立されることを承認することと必ずしも矛盾する発言ではない。満蒙に新政権が樹立されるとしても、懸案解決交渉自体は国民政府を相手とする必要があるというのが幣原の立場であったといえるように思う。

右協議から二日後の一〇月八日、陸軍側は「時局処理方策」を陸軍三長官会議で決定した。同方策は「満蒙問題は支那本部より分離して満洲に樹立せらるへき新政権と交渉し根本的解決を期す」（第二課日誌一三五頁）としていた[33]。九日、南陸相から右「時局処理方案」を提出されたのに対して、若槻首相は「陸軍側の主張は大体に於て了解せる」旨を答えた（第二課日誌一四四頁）。この「了解」とは、この時点で若槻が右方針を全面的に是認したことを意味したと必ずしも解されるものではないが、参謀本部第二課の一六日の日誌では、「首相は右陸相の提言に刺戟せられてか自己の成案を得たるものの如く数日前来重臣及在野政党首領を訪ひ時局に関し諒解を求めつつありしか其結果国家首脳部の意見急速度に一致の気運を醸成しつつあり」（第二課日誌一四四頁）との観測が記されている。そして一六、一七日には、若槻以下全閣僚は新政権樹立につき、「裏からやるならば已むを得ない」ことを認めるに至り、大綱協定（後述）の交渉は国民政府を相手とするとの立場に後退した[34]。

三 〈大綱先決路線〉の確立

幣原外交は九月末に連盟の対日宥和的対応を導くことに成功していたが、一〇月に入ると右で見たように、国内では〈分離政権路線〉の台頭に直面するようになった。こうした最中に政府・陸軍中央の「不拡大方針」の粉砕を目指した関東軍は、参謀本部の反対を無視して、張学良が臨時に省政府をおいた錦州を八日に爆撃した。(35)

従来、日本政府の立場は、九月二四日の第一次声明と連盟理事会議長宛通牒に示されたように、日本軍の行動は「居留民の安全、鉄道の保護及軍隊自体の安固」を目的とした自衛行動であるというものであった（これを〈居留民保護論〉と呼んでおく）。(36)そして九月三〇日、連盟理事会決議はそうした意味における日本軍の出兵を容認したのである。ところが錦州は満鉄沿線の都市でもなく、爆撃という軍事行動は居留民保護から逸脱したものであったため、錦州爆撃は日本の〈居留民保護論〉に対する列国の疑念を一挙に高めることになった。(37)

錦州爆撃による自衛論の動揺をもっとも敏感に感じ、まっ先に対策を提起したのは帝国連盟代表の芳沢謙吉（駐仏大使）であった。芳沢は一〇月八日、錦州爆撃直後、幣原外相に対して、従来の〈居留民保護論〉では「畢竟受身の立場に立つの外なし」として、「実は事件の遠因は数年来支那官民の条約違反に胚胎するもの」であり、今回日本の出兵は「在満邦人の生命財産を保護すると共に支那側をして我条約上の権利を尊重せしむるの外他意なき事」、すなわち「我方論拠を生命財産保護論に加へ事変の真因たる条約尊重論に立脚して論陣を張る事とする方」が一般輿論に対しても日本の立場を強固にすると献策したのである。(38)

幣原外相は芳沢の提案を受け入れ、満州の日本の権益は条約上の根拠をもち、歴史的沿革を有し、また「我国民的生存の必要条件」であり、「此等権益に対する脅威は即ち我国民的生存に対する脅威に外なら」ず、「今次事変の由来」は「遠大深刻」であり「本件の根本的禍因に触るる所なく之を偶発的事件として処理するか如きは日本国民の到底承認し難き所なり」との立場をとるよう芳沢に指示した。(39)

この段階で幣原外相は、日本軍の出兵を正当化する根拠を〈居留民保護論〉から、日本の条約上の権益を擁護するための出兵であるとの論理、すなわち〈条約尊重論〉へシフトさせたのである。(40)

実際、同九日にはそうした日本政府の転換を明らかにする措置があいついだ。すなわち、同日重光葵駐華公使から国民政府に提出された抗議書は、「満洲事件は中国に於ける多年の排日思想か我軍隊に対する挑発的態度となり我軍に於て自衛措置を執りたるもの」であり、中国の排日運動は政府と一体的な国民党部の直接間接の指導のもとに「国策遂行の手段として行はるるもの」であり「武力に依らさる敵対行為を意味する」と断じた。(41)また幣原外相がみずから起案したといわれ（第二課日誌一三八頁）、同日、中国公使に手交された公文は、両国間において「数点の大綱」を協定し、「国民的感情の緩和」が見られれば日本軍は撤兵すると提起したのである。(42)ここでは大綱協定成立を撤兵の前提とするいわば〈大綱先決路線〉が示されたのであり、事変当初幣原外相が主張していた〈撤兵先決路線〉は放棄されていた。(43)

日本が権益問題を盛り込んだ大綱の協定を撤兵条件としてにおわせ始めたことに連盟側は難色を示した。すなわちドラモンド事務総長は、一〇月一二日、芳沢に対して、従来日本は付属地外駐兵は日中間懸案交渉とは別個の問題であると保証しており、九月三〇日、理事会決議によっても「生命財産の保障を条件として日本軍撤退し以て日支交渉開始の段取りとなることと諒解し」た(44)と、〈大綱先決路線〉に否定的な立場を表明したのである。

この時点で大綱の具体的な内容については、当の中国側に対してもまた連盟に対しても明らかにされていなかったが、幣原外相は一〇月一三日の電報で沢田節蔵連盟帝国事務局長に、大綱協定腹案を初めて提示した。それは次のような内容であった。

一、侵略的政策若くは行動に出てさることを相互的に宣言すること
二、敵対的運動抑圧の為総ての可能性ある手段を執ることを相互的に約定すること
三、日本は満州を含む支那の領土保全を尊重する其規定方針を再ひ確言すること
四、支那は満州の各地方に居住し若くは旅行し平和的業務に従事する日本臣民に有効なる保護を与ふることを約定すること
五、両国政府は破滅的競争を予防し満州に於ける鉄道に関する現存日支条約の規定を実施する為日支鉄道系統の間に必要なる取極を取結はしむること(45)

理事会が再開された翌一四日、大綱の内容は内々に理事会議長ブリアン(仏外相)に提示されたが、ブリアンはとくに第五項を日本軍撤兵前の交渉範囲に含めることに難色を示した。(46)イギリスも大綱第五項に難色を示した。一〇月二一日、カドガン英国連盟局長は沢田に、大綱第五項を撤兵条件とすれば、いつ撤兵できるかは不明となるから、「連盟としては到底之を認むること能はす」と語った。(47)

それに対して幣原外相は、大綱を協定することなく撤兵を実行するのは「九月十八日以前の危険状態を再現すること明瞭なり」として〈大綱先決路線〉を堅持する姿勢をとっていた。(48)

先に折れたのは連盟側であった。すなわち連盟理事会では日中両当事国を除いた協議のすえ、日本軍は決議成立後三週間以内に撤退を完了し、大綱協定交渉は撤退完了日に開始されるとする決議案を一八日にいったんとりまとめた。しかし一〇月二〇日、連盟事務総長ドラモンドは日本側に連盟の対応について三つの案を示し、その第一案として、

理事会はただちに日中両国が撤兵および安全保障につき直接交渉を開始することを慫慂し、いったん理事会を三週間延期するという方針を提示した。これは、九月三〇日の理事会決議が大綱協定を撤兵条件としては本来含んでいなかった点に目をつぶり、また撤兵前に大綱協議を開始することについて中国側の了承をとらずに理事会を延期するという点で、一〇月一八日の決議案よりも大幅に日本に譲歩した内容であった(49)。

駐欧の日本外交官たちは、このドラモンドの第一案を日本にとっては最良の案であるとして、幣原外相に強くその採用を要請した。

その根拠は一つには、〈大綱先決路線〉の問題性にあった。この点につき駐英大使松平恒雄は、「突発的」な事変に乗じて「諸懸案を精算せんとするか如きは不自然且困難」であると批判したし(50)、駐ベルギー大使佐藤尚武も、大綱第五項は「日本は出兵を機とし年来の紛糾せる鉄道問題を解決せんとするものなりやの感想を抱かしむる惧れあり」と警告した(51)。

二つには、連盟国としての態度の問題であった。この点につき駐独大使小幡酉吉は、日本に「連盟規約遵守の義務あるは勿論」であり、理事会が満州事件に介入することは正当であるとし(52)、佐藤も「何処迄も連盟国として存続すへきものならは規約の範囲内に於て事を処する外なく」と指摘した(53)。

三つには、ドラモンドの第一案を拒絶することの国際政治的影響への懸念である。この点につき小幡はドラモンド提案はおそらく連盟最後の妥協案であり、もし政府がこれを拒絶するならば「列国一致の結合に対抗して立つの最後の決心を固めらるるの必要あるへく事態頗る危険なるものあり」と警告し(54)、佐藤は「事務総長の言に依れは……今回の日支紛争は単に両国間の係争問題に非すして連盟の死活問題なりと言へり右は寔に其通りにして満州問題に関し連盟か平和維持上何等の貢献を為し得さりしとせは欧州問題に於ても連盟の信望地に墜ち存在の理由を失ふへく又連盟ありての軍縮問題の如きも何れかに霧散し形骸を止めさるに至るへく而して連盟の消滅に対し日本は唯一の責任者として目せらるるか如き破目に陥るは本邦として絶対に避けさるへからさるや論なし」[55]と断じ、松平も日本が態度を固守して「連盟を窮境に陥らしむる時は華府会議以来帝国の鋭意蓄積し来れる国際協調平和確立に対する我世界的信用を一擲し国際的孤立の状況に陥る」との懸念を表明した。[56]

これらの外交官の主張からは、日本は連盟国として連盟規約に従うべきこと、満州事変は世界平和の問題であり、連盟の平和維持機能を日本が破壊すべきでないことなどがほぼ共通認識として存在していたことが窺われる。そして、その認識のうえで、ドラモンド提案を拒否することが日本と連盟の関係を決定的に悪化させることになるかもしれないと懸念されていたのである。こうした駐欧外交官の姿勢と幣原外相の姿勢のどちらがより「国際協調」的であったかはいうまでもないであろう。

ところがこうした駐欧外交官の懸念とは裏腹に、この時期、幣原外相は日本の立場をかたくなに正当化し続けていた。

すなわち右理事会決議案の審議と並行して、列国では日本の〈大綱先決路線〉は国際紛争の平和的解決を定めた不戦条約第二条に抵触するとの批判があがり、一〇月一七日には列国から不戦条約第二条への注意を喚起する通告が日中両国に発せられた。中国にも発したのは露骨に日本のみを非難する形を避けるためであり、実質的には日本に向けられた警告であった。こうした批判については、沢田も「確に根拠ある意見なり」と幣原に注意を促していた。[57]

ところが幣原外相は二二日、駐日イギリス大使に、日本は「中国との諸懸案解決の為戦争〔これは宣戦布告などによる国際法上の明確な戦争を指しているといえる〕に訴ふるか如きは帝国政府の全く考慮せさる所」であると、不戦条約第一条との抵触の可能性を否定したうえで、中国側の「組織的排日運動」や「自ら法権を簒奪」する態度は不戦条約第二条に合致しないと主張した。[58] ここでは不戦条約第二条に反しているのは日本ではなくむしろ中国の方だと主張したのである〈排日・出兵同列論〉。

しかし一〇月二四日にブリアン理事会議長が、連盟規約一〇条、不戦条約二条に言及し、兵力の使用がこれら条約の精神に違反することはきわめて明白であると、日本の行動を厳しく批判したように、[59] 武力行使とボイコットを同列に扱う論理が説得力をもつはずはなかった。

また二二日に幣原から沢田に発せられた指示は次のように述べていた。[60]

此の儘理事会の大勢に屈服せむか支那は永久此の妙味を忘れさるへく今後事毎に同国殊に満州の事情に暗き連盟に縋りて非違を遂けむと試むる一方我国の抵抗に遭へは排日排貨を以て対応すへく斯くては帝国に取り実に死活の問題たるを以て今や我国内朝野を挙け政党政派の区別なく各階級を通し一大決心を以て国難に膺らむことを期するに至りたる次第にして貴理事等の背後には国民一致の後援あることを此の際特に銘記ありたし。

幣原は続けて、日本が「確固たる方針」をもって進めば連盟の「反省」や中国側の「直接交渉開始を促進する機運」が生じるかもしれないとの展望を述べるとともに、五大綱目は「最少限度の協定案」であり、〈大綱先決路線〉についての日本政府の確信は「如何なる圧迫も之を翻すこと能はす又如何なる環境に臨むも之を動かし難きもの」であると述べた。

松平らの説得を受けても〈大綱先決路線〉を崩さなかった幣原は、さらにはドラモンド第一案の「三週間」という期限について、「一旦理事会を延期し爾後直接交渉の経過は随時日本政府より連盟に通告す」と修正を提起するよう沢田に指示した。[61] こうして幣原外相は一〇月二二日にドラモンド第一案を拒否し〈大綱先決路線〉を堅持するとともに、満州事変への連盟の介入を排除する姿勢をいっそう明確にしたのである。

幣原外相の強硬な対応でドラモンド提案は立ち消えになっていった。そして連盟理事会は、結局、撤兵先決要求を維持した前述の決議案の採択へと向かっていった。幣原外相は、この決議案に対し、中国側に十分の満足を与え、日本の立場を「全然無視」したもので、撤兵を先決とする勧告は「日本に於て如何なる内閣と雖同意し難き」ところであると、決議案に歩み寄る姿勢をまったく欠いていた。(62)

結局二四日の理事会では、中国代表が決議案の受諾を表明したものの、日本代表が受諾を拒否したため決議案は不成立となった。理事会が提示した紛争解決案を拒否した以上、日本はみずからがどのような紛争解決案を考慮しているのかを世界に示す必要に迫られたのは当然であった。一〇月二六日、日本政府は満州事変に関する第二次声明を発表した。声明は、日本の出兵は居留民保護のためであり、日中間の紛争を武力的に解決するためではないとの態度を宣言し、さらに従来公表してこなかった大綱の内容を公表した。(63)そこで示された大綱は基本的には一〇月一三日に沢田宛で示された腹案と同様だが、従来の第五項が「鉄道」問題に限定されていたのが、ここでは「満洲に於ける帝国の条約上の権益尊重」との言いまわしで、より広く定義されていた。

こうした日本の態度は、駐兵の事実と政治問題の交渉とを関連させず併行的に行おうというものと受け取られたものの、しかしドラモンド事務総長が「撤兵は何と言ふも連盟として先決問題」である述べたように、依然連盟側では撤兵先決要求を放棄しようとしなかった。(64)

このような行き詰まりのなか、幣原外相は日本軍により警察的措置を講じる一方、中国側「地方治安維持機関の発達」を促し、右警察的措置を漸次これらの機関に移して「同地方平常状態恢復に努めつつ支那側の直接交渉応諾を待つ」との方針を提示した。(65)治安維持を撤兵の条件とするこの〈治安確保先決路線〉を幣原は駐日フランス大使に対して「全然自分限りの思付に過きさる」と語っていたから、(66)同方針がこの時期の幣原自身の構想となっていたのは間違いないだろう。この構想は山東出兵時の治安維持会設置という経験（第三章参照）から浮上したのではないかと推測されるが、満州事変下ではこうした方針は関東軍による占領支配の定着を容認するにすぎないものとなったであろう。

連盟側では日本の撤兵がいっこうに実施されないことにいらだちを高めつつあった。ブリアン理事会議長は一〇月二九日、芳沢代表に対して、一〇月二四日の理事会決議の表決は「全く道徳的の効力を保有」し、九月三〇日の決議は「法律上」有効でかつ「一切の執行力を保有する」と理事会決議の拘束性に注意を喚起し、早期撤兵を希望する旨を申し入れた(67)。さらに翌一〇月三〇日には、ドラモンドも杉村次長に対して、付属地外の「二千数百の軍は単に警察措置の為なりや又は直接交渉に対する一種の圧迫の為なりや」と疑念をぶつけた(68)。日本側が「何時迄も正当防衛を名として占領を継続」するならば敗残兵は続々「土匪」となり、日本側の「正当防衛」の措置は際限がなくなると(69)、連盟側では日本側の主張の矛盾を見透かしていたのである。

幣原外相と連盟側が方針を互いに譲らないなか、芳沢代表は幣原に対して、〈大綱先決路線〉を「譲歩」して「撤兵の完了を促進する」べきで、手順としては国民政府を相手として大綱に関する議定書作成の交渉開始の手続きをとる一方、現地で撤兵交渉を開始することとし、また「自衛的措置」としての出兵と「条理一貫」させるため、あらかじめ撤兵協定成立後一週間以内に撤兵を完了する旨を明言しておくことを提案した。さらに芳沢はこのままでは「日本か連盟及米国を敵とせらるるや味方とせらるるやの重大時機に逢着」すると警告した(70)。

しかし幣原外相の態度は相変わらずで、一一月三日には中国側に「大綱協定問題並軍隊の満鉄附属地内帰還問題」に関する協議開始を申し入れたが(71)、中国側は日本政府の〈大綱先決論〉は九月三〇日の決議からの「態度の変更」であり、「軍事占領の下には直接交渉に入るを得すとの態度を変更せす」と、相手にされなかった(72)。

四　〈分離政権路線〉の確立と〈段階的独立路線〉の浮上

関東軍参謀らは一〇月二一日、「満州建国第一次の具体的策案」である「満蒙共和国統治大綱案」をまとめ、傀儡国家の下で実質的に政治・軍事・経済面での特権を確保する方針を掲げた（片倉日誌二二九頁）。この段階で〈独立国家路線〉の内容を具体的に示し始めたのである。そして二四日、関東軍司令官と参謀長は、「独立新満蒙国家」建設を掲げた「満蒙問題解決の根本方策」を決裁し、同日陸相と参謀総長に具申した（第二課日誌一四七頁、片倉日誌二三二頁）。

これに対して三〇日、陸軍中央は関東軍側に三長官会議の結果として、交渉の相手は「実質的には独立」した「新政権」とするとの〈分離政権路線〉を伝え（片倉日誌二四〇頁）、〈独立国家路線〉を否定した。後述するように陸軍中央は〈独立国家路線〉は九ヵ国条約との抵触問題を避けがたいと判断していたのである。

前述のように一〇月一六、一七日には全閣僚が〈分離政権路線〉を承認するに至っていた。一一月一日、幣原外相は桑島主計総領事（天津）に、満州に「独立国」を形成するのは「直ちに華府九国条約第一条第一項抵触の問題を生し」るもので、「此点は中央軍部に於ても首肯し居る所」であると、陸軍中央との認識の一致を強調した。そして同時に幣原外相は「独立国家」樹立運動が「現地に於ける建設的方面の仕事に事実上取掛らむとする我方折角の計画にも多大の支障を生すへし」との懸念を表明した。[73] これは幣原外相は「独立国」の形態をとらない「建設的」行動、すなわち「分離政権」樹立は許容する立場をとっていたことを示すものであったといえる。

すなわち一〇月六日以後政府と陸軍中央トップの間で進展を見せ始めた路線の調整は、一〇中旬から月末には〈分離政権路線〉としてほぼ確定されたといえる。そして右に見たように幣原外相もその方針を容認するに至っていたのである。幣原のそうした態度は一一月中旬になるといっそう明確に示されてくる。すなわち、一一月一三日、幣原は沢田（連盟帝国事務局長）への電報で、「今後不幸にして時局長引く場合には九国条約等の規定を考慮しつつ目立たさる方法に依り南満に於ける我か既得の地位を固め其の勢力を漸次平和的に北満に浸潤せしむること適当と思考」するとの意向を示した。(74) また一〇月中旬においては交渉相手は国民政府とする線が維持されていたが、一一月一五日には芳沢に対して大綱を「条約」として締結する相手を「南京政府又は其の承認ある地方政権に限ることは実際問題として不可能」であると打電したのである。(75)

これらを総合すれば、この時期の政府と陸軍中央トップにおける事変処理構想は九ヵ国条約との抵触問題を逃れるため南満州を支配範囲とする分離政権を樹立し、それとの間で大綱を条約として締結し、北満にも漸次勢力の浸透を図るというものであったといえる。幣原は一〇月末から一一月前半までの時期にはほぼこの構想を容認するに至っていたと考えられる。

こうして見れば幣原外相が一〇月末に、日中の紛争を国際司法裁判所に提訴してはどうかというドラモンド事務総長からの提案(76)にまったく取り合わなかったのは当然であった。一〇月九日以後日本が軍事紛争の背景には中国側の条約不履行という問題があると主張し始めたのであるから、ドラモンドの示唆はきわめて妥当なものであった。中国側は二四日に日本との条約問題を仲裁裁判または司法的処理により解決する意図を表明したが、(77) 幣原は三〇日に、満州に関する諸条約はすでに効力を発生しており、対華二一ヵ条については列国側としても異存がない状態であり、「今更其の効力を国際法廷の審議に付すへき性質のものに非す」と裁判を拒絶したのである。(78)

この時期にはもはや幣原外相が連盟側の求める早期撤兵に歩み寄る可能性はなかったといえる。前述（二二〇頁）

の一〇月二九日のブリアンからの要望に対して、日本政府は一一月七日にそれを実質的に拒否した。(79)ドラモンド事務総長は八日、杉村事務次長に対して、この回答は「撤兵と交渉とを結び付け武力の圧迫に依り日本側の主張を貫徹せんとするの意思を明にしたるもの」であると批判し、満州で独立政権の樹立を目指す「日本側の遣口」は不戦条約や九ヵ国条約に照らして容認できず、日本の政策は「連盟規約を無視」するものであると非難した。(80)ドラモンドがこのような認識を示したことは、日本が国際紛争の平和的解決を拒否したと判断しうる状況が一一月初めの段階で生じていたことを意味していたといえる。

こうした状況で、政府・陸軍中央にとっては実質的に連盟の介入を排除しつつも、連盟が日本を侵略国と認定し制裁を発動するような状況を回避し、〈分離政権路線〉を実現することが課題となった。この点で決定的に重要だったのは関東軍の北満進出を抑制することであった。

北満をも含めた「独立国」樹立を企図する関東軍の北満進出は、一〇月末までは中央の命令で抑制されていたが、一一月初めに起きた中国側による嫩江橋梁爆破を絶好の「口実」(片倉日誌二四二頁)として北満占領が強行される様相を呈した。

それに対して参謀本部は、一一月五日に「関東軍司令官隷下及指揮部隊の行動に関し其一部を参謀総長に於て決定命令する」措置を講じ、以後それを「統帥権の侵害」として反発する関東軍側と深刻な対立を生ずるに至った(片倉日誌二四四頁)。

一方、連盟側では関東軍の嫩江出兵に対し、一一月七日ブリアン理事会議長は「兎に角戦闘行為の繰返されたる以上戦争と称すへからさるも戦争の状況にあるものと称すへく」とまで芳沢に語った。(81)同日、ブリアン議長は幣原外相に宛て事態拡大に対する警告を発し、(82)翌八日には、連盟が同地方に視察員を派遣する方針についての打診が、ブリアンから幣原になされたのである。[83]

陸軍中央の最大の懸念は、北満進出により日本軍の自衛論が破綻することであった。すなわち一一月一二日に、参謀次長は関東軍司令官に対して「国際連盟の形勢我に不利なるも尚国民一致難局打開を決意するに至れる所以のものは一に貴軍か自衛権の範囲に公正なる行動に出てあるを確信しある結果に外ならす」として、とりわけチチハル（斉々哈爾）南方近郊の昂々渓方面に対し攻勢に出るのは「全然国策に反するものにして参謀総長の絶対に許されさる所なり」と打電した（片倉日誌二六五頁）。北満進出が国民からも「自衛権の範囲」外と認識されることが懸念されるならば、連盟側からいっそうそのように認識されることは陸軍中央においても明らかであった。

一一月一三日、芳沢理事は、従来の日本の説明に反するチチハル出兵が実行されれば、もはや「理事会に出席し得るものに非す」、またついには「全然世界より見離（ママ）され憂を百年の後に貽す事となる」として、チチハル出兵の中止を幣原外相に嘆願したが、[84]幣原外相は「外務陸軍協議の結果」として、状況によっては中国軍やソ連軍に対して、日本軍は応戦するほかないと、戦闘の拡大をも是認する方針を返電した。[85]

一方、一一月一四日に参謀総長は関東軍司令官に対して黒竜江省の馬占山軍への「自衛上必要と認むる自主的行動」を容認する方針を指示した（片倉日誌二六八頁）。とはいえ参謀本部では北満の占領に着手するのには依然消極的であり、一一月一六日に二宮参謀次長は本庄関東軍司令官に対して、「元来自衛権と既得権益の確立とに出発せる今日無理に武力を用ひて一挙に北満に迄手を伸すは我一般官民の信念に疑惑生せしむるの虞あり」として、「徒に広汎なる土地の領有或は遠隔せる地点への派兵等は努めて制御」するよう申し送った。また関東軍の「錦州政権の覆滅」方針についても同様の理由から「直接に我武力を用ふる事」には「直に同意を表し得さる」とした（第二課日誌一五二頁）。軍事占領は南満の満鉄沿線に限定しようとしていたといえる。

陸軍省側が認めようとしたチチハル占領についても、一一月一六日の閣議では陸相以外の「全閣僚は一様に不同意」を唱え、その方針を抑制した。(86)

関東軍と馬軍との戦闘は、一一月一八日朝に開始され、関東軍は正午過ぎには昂々渓にまで進出し、さらに「親日政権」樹立に着手する方針を中央に打電した（片倉日誌二七二頁）。それに対して参謀本部側は「北満経略の目的を以て『チチハル』附近に占拠するは許されす苟も政権樹立治安維持等に拘り軍の進止を謬り内外の疑惑を受けさること に配慮を望む」と指示した（片倉日誌二七三頁）。そして二四日には、参謀総長はチチハル付近から二週間以内に完全に撤兵する方針を指示したが（片倉日誌二七六頁）、関東軍側はそれに強く反発し、参謀総長が指示の服行を迫るという緊迫した事態となった。その結果、関東軍の本庄繁司令官は、委任命令を履行したうえで辞任すると考慮するまでになった（片倉日誌二七六〜二七七頁）。結局、関東軍は天津での日中両軍の衝突という事態を受けて、チチハルには少数を残置し、関東軍主力は錦州・山海関方面への転進する奇策に出て、参謀本部との決定的な対立を回避した（片倉日誌二七七頁）。

しかし参謀総長はすでに一一月二三日の時点で幣原外相に対して「今直に錦州を攻撃する意志なし」と告げていた経緯があり、「中央無視の態度を取」る関東軍に対して不満をつのらせ（第二課日誌一五八〜一五九頁）、二七日に「遼河以東に撤退」するよう要求した（片倉日誌二七九頁）。総長は在満の二宮参謀次長にまで、「（関東）軍か濫に中央部の意図を蹂躙しその裏をかくか如き行動に出つるは中央部として絶対に是認すること能はさる所」であると申し送った。(87)

以上のような経緯で関東軍の北満占領と錦州攻略は一一月中にはどうにか抑制された形となった。

一方、新政権樹立方針については、一一月中旬から関東軍と陸軍中央において歩み寄りが見られつつあった。すなわち一一月一六日には二宮参謀次長が本庄関東軍司令官に対して、急激な独立国樹立は日本の「野心」を中外に示すことになるので、「満洲統一の中央政権を樹立するを第一階梯とし……更に進んで第二階梯たる確然たる独立国家に導く」という方針を示したように（第二課日誌一五二～一五三頁）、分離政権樹立方針と独立国家樹立方針を根本的な方針の対立としてではなく、独立国家樹立にいたるテンポの問題として捉えなおし、陸軍中央側では段階的に独立国家樹立を達成するという方針（〈段階的独立路線〉と呼んでおく）をとりつつあったのである。そして一一月二二日、二宮参謀次長は奉天から参謀総長に宛てて、「〔関東軍〕軍司令官及参謀長等と熟議の結果新政権の樹立に関し軍の意向は略中央部と一致しあることを確め得たり」と述べるに至ったのである（片倉日誌二七五頁）。

五　幣原外交の対連盟外交の「成果」と〈段階的独立路線〉への移行

幣原外相の連盟に対する非妥協的な態度は、一一月一二日には、「連盟の圧迫に屈し」て撤兵先決要求に応じたならば中国側は「勝利者」のような心理のもとに「傍若無人の態度」に出てくることになると警戒し、「今回の問題は連盟としては窮極する所精々事務局員等の粗忽に基く体面の問題」たるにすぎないが、日本にとっては「生死の問題」であるとの言葉で示された(88)。ここでは日本の撤兵は中国の「勝利」と位置づけられており、連盟の介入は「粗忽に基く」ものだと連盟による集団安全保障への蔑視感すら示されていた。こうした幣原の姿勢は、「一歩たりとも我主張を連盟の前に屈する所あらんか啻に支那をして連盟に対する依頼心と帝国に対する侮慢心とを増長せしめ却って時局収拾を困難ならしむる(89)」と述べる軍部の姿勢とほとんど同様のものであったが、結果的には連盟側の譲歩を引き出すことに成功していった(90)。

前述のように一一月初旬にはドラモンド事務総長は、日本への批判的姿勢を強めていた。しかしドラモンドは理事会の開会を前に、撤兵先決要求を放棄して、撤兵交渉と大綱協定交渉を同時に開始するとの考えに傾き始め、(91)連盟外のアメリカ側も日中の直接交渉を開始する案を日本側に提起するに至った。(92)そして一一月一三日に連盟側は、日中間で大綱の趣旨を議定書とし、その後撤兵交渉に移ることとし、撤兵前には懸案について協議しないという方針を日本の連盟代表側に提示した。連盟帝国事務局次長の伊藤述史は同案は「此際の打開策として最も適当」と評したが、(93)幣原外相は一五日、右案について大綱第三〜五項は確実な実行性をもたねばならず「厳粛なる一条約」の形とする必要があるとの方針を芳沢に伝えた。(94)さらに幣原外相は、前述のように、その交渉相手としては「南京政府又は其の承認ある地方政権に限ることは実際問題として不可能」であるとしたのである。(95)

幣原外相は、同じころ杉村陽太郎連盟事務次長から提示された右案と同様の案に対しても、日中交渉に「英仏等の介入を許す」内容であり、「満州問題の解決に付第三者の干渉を排除せんとする我方の根本方針に反する嫌あるのみならす英仏の了解乃至支持を求むるに於ては自然米国の介入をも許ささるへく斯くては満州に於ける帝国の重要権益の擁護を今後共列国の諒解乃至支那に依頼することとなり帝国に対し重大なる不利益を来す虞あり」と、全面的に拒否した。(96)さらに一一月一六日、幣原外相は中国側に対して、「撤兵及引継に関する細目」のごときは「末葉の問題」であるとの認識を表明した。(97)中国および連盟がもっとも重視する撤兵を「末葉の問題」とするのだから、両者にはもはや妥協の余地はなかったというべきであろう。

こうした日本側の態度に対してドラモンド連盟事務総長は、南京政府を相手とせず「南京政府か殆と反逆者の如く看做すものと交渉せんとの方針は理事会に於て之を承認する事尠くとも表面上困難なり」との意向も表明した。(98)結局、連盟理事会側は撤兵先決要求自体を維持する一方、日本側から連盟に日中紛争についての視察員派遣を要望させることで事態の切り抜けをはかった。(99)

一一月一八日の日本軍のチチハル占領に連盟側の対日ムードはまたも険悪になり、ブリアン理事会議長も「連盟としても行く処迄は行くの外なし」と、制裁適用をほのめかすまでになったが、(100)一九日朝、ドラモンドは日本側から視察員派遣の提議があれば手続き終了までの期限もないので、日本にもその方が有利であると再び働きかけるに至った。(101)二〇日に幣原外相は基本的にその線を受け入れ、二一日午後の理事会で芳沢理事は視察員派遣を提案した。中国側は撤兵を先決とすることを改めて要望したが、セシル英国理事やブリアン議長も視察員派遣に際して敵対行為が終結されることを要望した。(102)ところが幣原外相は、ブリアンらは「今尚極東に於ける事態を全然理解し居らさるもの」と決めつけ、休戦提議は「事実上我軍の撤退と同一の結果を得むとする心組」であり、承諾できないと強く反発した。(103)

結局、一二月一〇日の理事会で採択された決議は、九月三〇日の理事会決議を再び確認し、「両当事国か此の上事態の悪化するを避くるに必要なる一切の措置を執り又此の上戦闘又は生命の喪失を惹起することあるへき一切の主動的行為を差控ふへき」こと、現地において研究を遂げ理事会に報告するため五名よりなる一委員会を任命することと述べたが、(104)日本側は居留民保護のための軍事行動は「自衛措置」の範囲であるとの留保のもとに決議を受諾した。(105)

この一二月一〇日の理事会決議は、撤兵先決要求を理事会側が実質的に放棄し、視察団による報告書の提出を待って日中紛争についての最終的な判断を下すことにしたことを意味した。これは実質的に数ヵ月間にわたって連盟は介入を差し控えることを意味したのであり、連盟排除を主張していた幣原外相の強硬路線の「成果」であった。この翌一一日、第二次若槻内閣・幣原外交が崩壊したことから見れば、この理事会決議は幣原外交の最後の「成果」でもあった。

政府と陸軍中央は一一月には南満州における分離政権樹立を前提とした事変処理を方針とするという点では一致していたのであり、事変処理についての原理的な対立は存在しなかった。しかし若槻内閣から犬養毅内閣への交替を関東軍側が「満蒙問題解決上」の「一転機」となるとの観測をしたように（片倉日誌二九九頁）、若槻内閣・幣原外交の消滅は陸軍側にとって重しがとれたかの状況を呈した。そしてまず一二月一五日に参謀次長名で関東軍に対して、「匪賊討伐及其根拠地掃蕩の目的名分を以て」錦州攻撃を実施することが許可され（片倉日誌三〇二頁）、翌年一月三日に関東軍は錦州を占領するに至る。また一二月二三日、陸軍省は「時局処理要綱案」を決定し、「満蒙（北満を含む）は之を差当り支那本土政府より分離独立せる一政府の統治支配地域とし逐次帝国の保護的国家に誘導す」るとの〈段階的独立路線〉を採用するに至った（片倉日誌三二〇～三二一頁）。そして翌年一月六日の陸海外三省の協定案「支那問題処理方針要綱」では、「国際法乃至国際条約抵触を避け就中満蒙政権問題に関する施措は九国条約等の関係上出来得る限り支那側の自主的発意に基くか如き形式に依るを可とす」との方針を掲げ（第二課日誌一七二頁）、同方針は三月一二日にの閣議決定「満蒙問題処理方針要綱」にそのまま引き継がれ、国家方針として確定されたのである。(106)

六　満州事変と戦争違法化体制

1　陸軍の国際法認識

満州事変当初において軍は、連盟規約や不戦条約によって形成されてきた戦争違法化体制と満州事変の関係をどのように認識していたのか。

まず関東軍幕僚においては、連盟規約がアメリカのモンロー主義を容認し、不戦条約がイギリスの自国領土外での武力行使を容認するという「例外的規定を設けた」ことは、それら国際法が明らかに大国による「弱小後進国に対する或種の干渉を是認する証左」であるとの見解が示されていた（「満蒙自由国設立案大綱」片倉日誌二五六頁）。この見解は一面ではそれらの国際法における大国の優越性をそれなりに鋭く指摘したものではあったが、日本はアメリカやイギリスのような留保をしていないのであり、そのような「干渉」は一般的に是認されていたという解釈はかなり恣意的であるといえるだろう。ここには、このような恣意的な解釈により、満州事変はそうした「干渉」の範疇の行動として容認されるべきだとの認識があったことが窺われる。

一方、陸軍中央においては「昭和六（一九三一）年秋末に於ける情勢判断同対策[107]」で日本軍の行動と国際法の関係について考察を展開している。まず不戦条約については「締約国は相互間に起ることあるへき一切の紛争又は紛議は其性質又は起因の如何を問はす平和的手段に依る外之か処理又は解決を求めさることを約しあるを以て帝国の行動にして苟も自衛権発動の範囲を超ゆるに於ては米国亦彼の面目上黙過せさるへきを予期し置かさるへからす（傍点引用者）」と述べているのが注目される。これは一つには「事変」、すなわち国際法上の戦争でないとしても、国際紛争の平和的解決を規定した不戦条約第二条との抵触が問題となるとの認識があったことを示しており、二つには自衛権が成立するためには第三者による容認が重要だとの認識があったことを示していた。従来、日本は国際的には自衛権の行使は各国の自由判断によるとの「主観説」を主張していたが（第一章参照）、その立場をとるならば「自衛権発動の範囲を超ゆる」という問題は生じないはずである。陸軍中央では、自衛権が成立するのは第三者に容認される範囲ということを本音では認めていたのである。

次に九ヵ国条約については次のような分析を展開した。

九ヶ国条約は支那の主権、独立並其領土的及行政的保全を尊重し支那か自ら有力且安固なる政府を確立維持する為め最完全にして且つ最障碍なき機会を之に供与すると共に門戸開放、機会均等の主義を確立せるものなり従って満蒙新政権の樹立は表面支那自体の分裂作用の結果なりと認め得るとするも帝国か既得権益を更に拡充し或は独占的態度に出つるか如きは明に本条約の趣旨に抵触するものなるを以て帝国の満蒙経営にして実質的に進展するに至るや米国の態度に急変を見るや測るへからさるものあり

然れとも幸に米国の武力は勿論……経済封鎖に対しても帝国か深く之れを惧るるの要なき……支那本部のみならす満蒙に於ても我経営上の根本方針を傷（ママ）はさる限り門戸開放機会均等の趣旨を以て臨み独立政権の樹立、統合等に方りても努めて自然的推移を辿らしめ以て彼に口実を与へさる如くし将来好機を待て満蒙独立国家を創設する等漸進的態度に出つるを満蒙経営上適当なりと認む〔傍点引用者〕。

さらに連盟の制裁適用については、「万一連盟規約第十六条に拠る経済断交を適用せらるるとするも連盟主要国間に於ける利害必すしも一致しあらさる現況に於て彼等か殆んと関心を有せさる極東問題に関連し果して渾然一致の行動に出て得へきや将た又た英仏協同の力を以てするも実質的に幾何の効果を収め得るや多大の疑問なき能はす」とされた。

また参謀本部は、新国家を日本だけが承認することになれば、母国の適法政府とその存立を争う叛徒団体に過早に国家の承認を与えるような現象を呈することとなり、九ヵ国条約第一条の「精神に悖るものと看做さるるの虞なしとせず」と警戒していた(108)。

陸軍中央においては、新政権樹立については「支那自体の分裂作用の結果」として言い逃れができるとしつつも、新政権樹立後の特権の排他的獲得や新政権への日本の過早な承認は九ヵ国条約と抵触する可能性が高いと認識されていたのである(109)。にもかかわらず、アメリカや連盟による武力・経済制裁は恐れるに足らないとの判断から、満州侵略は強行されていったといえるだろう。

また連盟規約第一二条は、国交断絶に至る恐れがある国際紛争を連盟理事会・国際司法裁判・国際仲裁裁判のいずれかに付すことを規定していたが、日本側は国交断絶の意思はないとの立場で同条を無視した。この点では、一九二三年末に外務省が展開した第一二条についての解釈が踏襲されていたといえる（第一章参照）。しかし一九三二年一月二〇日の参謀本部部長間での申し合わせでは、中国が「対日国交断絶を実施したる場合の対策」として、情勢によっては「全面的対支開戦を実施す」る方針を掲げるに至っていた（第二課日誌一七五頁）。この方針は参謀次長が決裁しなかったものの、遅くともこの段階で参謀本部は、日中間の紛争は「国交断絶にいたる虞ある紛争」となったと認めたのである。(110)

2　満州事変と国際法学者——立作太郎を中心に

満州事変を日本が正当化する最大の根拠は自衛権であった。満州事変以前における有力な自衛権規定は立作太郎の規定であるといえる（第一章参照）。立が自衛権成立の条件とする中には「(四) 危害か自衛行為を行ふ国家自身（又は其機関）の不法行為に基きたるものに非さること」というのがあるから、関東軍の謀略で開始された柳条湖事件が日本軍の自衛行動として成立する余地はなかった。すなわち、柳条湖事件においては「危害」（満鉄爆破）は「自衛行為を行う国家機関」（関東軍）の「不法行為」（謀略）に基づいていたからである。しかし立は以後一貫して日本政府の主張する自衛論に依拠して、日本軍の行動や日本政府の対応は国際法に抵触しないとの論理を展開する。

一方、横田喜三郎は、柳条湖事件後まもない一〇月五日付の『帝国大学新聞』に「満州事変と国際連盟」を発表し、「最初の〔柳条湖での〕衝突や北大営の占領は自衛的行為であるとしても、その後の行動〔奉天城内、寛城子、営口、ハルビンへの出兵など〕までがすべて自衛権によって是認され得るか否か充分に問題になり得る」と論じた。(111)この問題を横田は翌三二年初めに詳しく論じ、「中国の軍隊から現実に急迫な危害がない場合にも、みずから積極的に攻撃を開始し、占領を行うことができるか」という問題について、「かような戦争条理なる一般的の法理が現実の国際法上の規則として存在することは認められ得ない」との立作太郎の説を根拠に否定したのである(112)。これは幣原が「機先」論を容認した法理的妥当性をも否定したものであった。横田の意図は、日本軍の行動は自衛権では正当化できないと言外に表明することにあったといえる。そして横田はあえて、その根拠を自衛論の立場から日本軍の行動を正当化している立作太郎の説においたと考えられる。

しかし立作太郎にしても、満州全土を占領していった日本軍の行動を自衛権で説明し続けるのは困難であった。すなわち事変当初立は、日本軍の行動は「突発的事件に応ずる緊急の必要に基く自衛的行為」であるとしており(113)、中国側の不法な攻撃への対応であるということに自衛権発動の最大の根拠をおいていた。つまり〈正当防衛権的自衛権論〉による正当化を図ったのである。しかしその後、「〔国家の〕生存上又は其他の国家の重大利益上の危険を避くるの必要を存する場合に〔自衛権は〕其発動を制限さるること無く、苟も国際法の保護する利益が他国家の攻撃に因りて侵さるる場合に於ては、自衛権が発動」するとの解釈が強調されるようになった(114)。これは従来の中国側の不法な攻撃に対する自衛権発動という主張から、条約上の権益擁護のための自衛権の発動という主張へシフトしたことを示していた。このシフトは、政府が〈居留民保護論〉から〈条約尊重論〉にシフトしたのに対応していたといえる。

また前述のように、日本政府は中国側の組織的ボイコットは不戦条約第二条の精神に合致しないと非難したが(115)、立はその主張を支持した(116)。松原一雄も「権益の擁護者――正当防衛者――を見殺にして、単に領土『侵入《インヴェーション》』又は『攻撃《アタック》』等の外形を捉へて国際の平和を叫ぶときは、それこそ危険である〔ルビ原文〕」との見解を示していた(117)。しかしこうした論理は、立の自衛権規定の「(三)自衛の為にする行為は自衛に必要なる程度を超へざること」に照らしたならば、疑問が生じざるをえない。横田が不戦条約第二条との関連で、中国のボイコットが平和的手段であるか否かは問題になりうるとしつつも、「ボイコットが平和的手段でないとの見解をとれば、兵力的行為はいっそう強い理由をもって平和的手段でないと認めねばならぬ」と断じたのは論理的にはもっとものことであった。(118)〈条約尊重論〉とならんで、立は〈安全保障論〉による正当化を展開し始める。アメリカのモンロー主義が法律上根拠があると仮定すれば、日本が満州に「安全保障上の法益」を有すると主張でき、これらの法益が中国人に攻撃されるのに対して、日本は「自衛権を行使し得るものと主張し得べきに非ずやと思はるる」と述べるのである。(119)これはモンロー主義を引き合いに出している点で、前述の関東軍の主張と共通性を示していたが、こうした見解が表明され始めたことは、立が〈正当防衛権的自衛権論〉ではなく、〈自己保存権的自衛権論〉により日本の行動を正当化する傾向を強めてきたことを意味した。

実際、連盟がリットン報告書を採択し、満州事変における日本の自衛論の正当性が国際的に否定されたのちには、立は、「満洲に於ける我国の利益は、（自保権〔自己保存権〕の存在を認め得るとせば）自保権に依り擁護さるるに適する我国の重大利益と称するを得べきである」、「仮令自衛権に基くと論じ得ずとするも、自己保存権に基くとして論じ得ざるや否やの問題がある」などと述べるようになった。立が「自保権の存在を認め得るとせば」とわざわざ注記しているのは、立自身「現時に於て、自保権の観念は衰微の傾向にある」ことを認めていたからである。そしてさらには、中国内の無秩序や国際法・国際条約の蹂躙により中国における「他国の国際法上及条約上の法益が危殆に瀕し」、その侵害された法益の挽回が困難な場合、「他の文明国に於ては之を行ふことを容認せられざるべき法益擁護の手段も、是の如き特殊国に於ては之を行ふことを容認せられねばならぬとの議論が存し得る」と、「特殊国」に対する直接行動権から満州事変を正当化する論が展開された。(120)これは一般の国際法体系から中国を排除したところでしか成立しない議論であったといえる（〈特殊国論〉）。

立が当初の〈正当防衛権的自衛権論〉から〈条約尊重論〉〈安全保障論〉〈自己保存権的自衛権論〉〈特殊国論〉へと日本の軍事行動を正当化する論理をシフトさせたのは、当初の〈正当防衛権的自衛権論〉が破綻していったことを立自身が認識していたことを示していた。さらには〈正当防衛権的自衛権論〉ではなく、「衰微」しつつあった自己保存権によって武力行使を正当化する傾向が高まったことは、自衛観念における先祖返りともいうべき現象が生じていたと評せよう。

なお政府レベルの自衛権解釈については、三二年八月二五日、第六三議会で内田康哉外相が次のように述べるに至る。すなわち、不戦条約は「帝国の存立」と重大な関係をもつ権益に対する侵害を防止するための「自衛権の行使」を制限してはおらず、また同条約において「右自衛権の行使は行使国の領土外に及ひ得る」としたのである。[121] この解釈は第一章で明らかにした田中内閣による自衛権の広義解釈そのものであり、〈自己保存権的自衛権〉を主張したものであった。田中内閣においては公表をはばかられた広義解釈が、右の内田演説以前に公然と表明されたかどうかは筆者は確認していないが、満州事変期の自衛権解釈の到達点がここにあるのは間違いないであろう。[122]

では話を満州事変当初に戻して、満州事変は自衛権に基づく軍事行動であるとの立場をとると、国際法との抵触はどのようにクリアされるのだろうか。立によれば、まず連盟規約第一〇条や九ヵ国条約第一条の領土侵害などとの抵触は問題とされないことは当然だが、連盟規約第一二条および不戦条約第二条に関しても日本の行動は既存の「紛争の解決」を目指すものではないとされているので関係がないとされ、[123] 不戦条約第一条についても、同条は国際法上の戦争を禁止したものであり、満州事変のような「国際法上の戦争と認められざる強力的手段」はその禁止の範囲外にあると断定された。[124]

軍事的圧力のもとで懸案の解決を要求することについてはどう解釈されたのか。立は、自衛手段としての兵力使用の結果としての占領を継続しつつ「多年の懸案に関する談判を遂行せんとするも、不戦条約に違反すること無かるべきである」との見解を表明した[125]。これは懸案の武力的解決を実質的に容認したものであり、日本の〈懸案先決路線〉を正当化したものである。一方、横田は国際連盟による紛争の平和的解決を積極的に支持し、日本が「満蒙の諸懸案」解決を撤兵の条件とすることは「明白に不当」であり、撤兵後に第一二条と第一五条によって連盟に諮ることを避けるべきでないと主張した[126]。また不戦条約自体の解釈は立と同様であるが、横田は軍事行動により日中間の懸案解決を目指すならばそれに反するとの表現により、日本政府や軍の姿勢を暗に批判したのである[127]。

おわりに

以上の満州事変の経過分析からは、第一次世界大戦後の戦争違法化をめぐる動態と中国をめぐる国際的動態の結節点上に満州事変は展開したということができる。すなわち満州事変における日本（政府・幣原外相、陸軍）、中国、英米など列国の対応は、各国の戦争違法化に対する対応（経験）の蓄積と、中国対日本・列強および列強対列強という国際関係の蓄積の双方から規定されていた結果として把握することができるのである。

この観点から該経過を簡単に整理しておけば以下のようになる。

まず柳条湖事件が開始された直後に関東軍の行動を自衛措置として容認した不拡大方針が決定されたことは、一九二〇年代に居留民・権益保護を標榜した対中武力行使が列強間で相互に容認されてきた経験を前提にしたと考えられる。とりわけ、第二次山東出兵時に二個師団という大規模な軍を展開し、撤兵完了まで一年近くも山東省の一部を占領し続けるという事態が列強により容認されていたこと、列強中イギリスが二七年に上海に数千人にのぼる派兵を実施していたことからすれば、柳条湖事件に際して居留民保護を標榜した日本軍の行動が列強間で容認されるものと政府・幣原外相が判断したとしても不思議ではなかった。幣原外相が関東軍の出兵を一九二七年におけるイギリスなどの上海出兵を引き合いに正当化した(128)のは単なる言い逃れではなく、幣原の率直な認識であったと思われる。

また居留民保護を標榜した出兵を圧力として従来からの懸案解決を図る「一併解決」方針が浮上し、一〇月九日以降の〈条約尊重論〉へ発展した経緯は、山東出兵解決交渉において条約上の紛争も持ち出そうとした陸軍・外務省内の対応の蓄積の延長線上で捉えられるものである。右解決交渉に際して、その立場をとった当時の駐華公使芳沢謙吉が幣原外相に〈条約尊重論〉への移行を提起した点もそうした発想の連続性を示すものである。

さらに幣原自身が連盟創設への対応以来、日中間紛争に第三者が介入するのを排除する姿勢と国際紛争を平和的に解決する手段を強化するのを拒否する姿勢をとっていた。連盟の介入は「粗忽に基く」ものだとの幣原発言に、満州事変当初から連盟の介入を排除しようとする幣原外交の対応ぶりが如実に示されていたといえる。

右三点から浮かびあがるのは、〈居留民保護論〉を論拠に出兵の正当性を確保し、連盟の介入を排除する一方で、中国に対して条約問題をも含めた懸案解決を図ろうとした幣原外交の姿である(129)。

以上の状況を逆からいうならば、若槻内閣・幣原外相は山東出兵と満州事変においての決定的な状況の相違に十分な配慮を払わなかったために、連盟の介入が不可避であり、それにより事態が複雑化することを予測しえなかった観がある。

すなわち一つには、山東出兵においては少なくとも中国の内戦という状況において、中国側の大規模な軍事行動が客観的に確認されるという状況があったことであり、満州事変に際しては中国側が不抵抗の姿勢を表明し、大規模な中国軍の攻撃が客観的に確認されないという状況であったことである。二つには、山東出兵の時点では国民政府は列強から承認されておらず、連盟にも正式な代表を送っていなかったため、連盟はその提訴を実質的に無視することができたが、満州事変の時点では国民政府は中国の正統政権として承認されていたことである。第一の点は居留民保護のための出兵という主張への列国の疑念を招くには十分であり、第二の点は中国側の提訴を連盟側は無視しえないという状況を招くことになった。また三つには山東出兵時と異なり、関東軍幕僚層が満蒙の「領土化」というヴィジョンを明確に抱き、それを達成するまでは軍事侵攻を中断しないとの意思を強固に有するまでになっていたことである。この点についても政府側が十分な認識あるいは危機感を持っていなかったように思われる。政府側は二八年に政府・軍中央が関東軍の錦州出撃を断念させえたのと同様に、関東軍の行動を統制できると楽観していたのではないだろうか。もしこれらの相違に対する十分な配慮があったならば、関東軍の軍事行動の拡大によりいずれ連盟の介入を排除することは不可避となるとの予測のうえに事変当初の対応がなされたのではないだろうか。

結局、幣原外交が実際にたどった路線は、撤兵以前に懸案解決を図ろうとした点で連盟規約第一二条と不戦条約第二条との抵触問題を惹起し、中国の分離政権（国家）と交渉しようとした点で連盟規約第一〇条と九ヵ国条約第一条との抵触問題を惹起することとなった。ここにおいて英仏は連盟規約、不戦条約、九ヵ国条約の規定性を無視しきれず、それらの枠内で日本を抑制し、事態を解決する姿勢をとろうと一定の努力をしたのである。たとえば事変当初に理事会議長であったレルー（スペイン外相）が、「世界をして戦争は不可避のものと観念を抱かしめさる様努力するを要」すると述べ[130]、また、その後を襲ったブリアンが、「連盟の下に於て戦争勃発するか如きは到底許す可らす」との意向を示し[131]、あるいはドラモンド事務総長が「連盟か世界的平和機関たる以上特殊地域に起りたる事件に対する方策と雖一般先例とならさるを得す其一般平和に及ほす影響は極めて大」きいと懸念したように[132]、連盟の理念や安全保障機能に沿った解決がなされるべきであるとの観念は連盟諸国に共有されていたのである。そして、このような戦争違法化の理念的な側面は満州事変で連盟の安全保障機能の不全が露呈されたのちも連盟側で維持されていくことになる(133)(第五章参照)。

満州事変に際して連盟が最も重視したのは軍事行動を停止に至らせることであり、連盟は三一年九月三〇日の理事会決議以来一貫して日本軍の満鉄付属地への撤退を要請し続けた。連盟は軍事紛争が発生した場合、その紛争の原因の解決はおいても、まず軍事行動自体の収束を優先する方針をとっていたので、右の措置は連盟が紛争の平和的解決を目指した妥当な措置であった。しかし連盟は満州事変期には規約第一六条に基づく制裁の発動を認めるまでには至らなかった。この最大の要因は西欧列強の政治的・軍事的な判断にあったが(134)、平和議定書の挫折により、連盟が侵略国を自動的に認定するシステムを備えていなかったことも関係があったと考えるべきである。かりに平和議定書が発効していたならば、一〇月二四日の理事会決議に日本が反対した時点で、日本が侵略国と認定される可能性は高かったと考えられる。

満州事変処理をめぐるそうした幣原外交の路線と連盟の路線の対立という状況において、相手から政治的により多くの譲歩を引き出していったのは幣原外交の側であった。撤兵を先決とする方針を拒絶し、大綱協議開始と同時に撤兵協議を開始するという方針を拒絶し、国民政府との交渉をも拒絶しながらも、侵略国として認定されるどころか、日本の自衛論の当否や侵略国認定という問題をリットン報告書提出まで棚上げさせるまで連盟を譲歩させたのは幣原の「強硬」外交の「成果」であったといえるだろう(135)。

十五年戦争末期に国際政治学者入江啓四郎は、「東亜モンロー主義」とは「第一に凡そ欧米人はアジア圏域より手を引くこと、第二に欧米諸国は帝国の東亜に於ける特殊地位を認むべきことを出発点とした」と定義したうえで、「『アジア人のアジア』と言ふ自覚は、満洲事変の処理過程に於て、帝国の主張及び態度に片鱗を見せても居るのであるが、当時の情勢としては、未だ此の理念を以て現実を押し切ることは出来なかった」と述べ、「帝国政府としては出来るだけ国際連盟等の介入する範囲を狭めたかったのである」と、第二次若槻内閣の対応を評している。[136]この評価は満州事変期の幣原外交の対応に「東亜モンロー主義」の「片鱗」を見ているのだが、筆者も同感である。幣原外交にこうした性格があったからこそ、本章で述べたような満州事変初期の過程がありえたのである。

こうした「東亜モンロー主義」的様相を呈した幣原外相の連盟への姿勢を、日本も連盟国である以上は連盟規約に沿った対応をとるべきだと主張した芳沢謙吉や佐藤尚武といった駐欧外交官たちの姿勢と比較した場合、どちらがより「国際協調」的な姿勢であったかはいうまでもないだろう。

満州事変に際しての幣原外相の対応は〈撤兵先決路線〉をとり、懸案解決交渉の相手として国民政府を措定していた九月末ごろまでと、〈懸案先決路線〉をとり、交渉の相手として分離政権を措定するようになった一〇月以降とでその性格を大きく変化させたといえる。しかしどちらの局面においても共通していたのは連盟やアメリカの介入を排除して中国側と直接交渉により懸案解決を達成し、日本が中国に対する抑圧的立場を強化した状態を列強に承認させることで事態の収束をはかるという路線であったと筆者は考える。「小国（中国）」に対する「大国（日本）」の抑圧が強化された状態を他の大国が承認することで国際秩序の再編をスムースに達成することを目指すこの路線を筆者は「大国協調」路線と呼びたい。[137]そして幣原外相が想定した「大国協調」の枠内で処理しうる限度が南満州における分離政権樹立であったと思われる。この〈分離政権路線〉は実質的に連盟規約一〇条と九ヵ国条約第一条に違反するものであったが、その違法性は「大国協調」によって無化しうるかもしれなかった。しかし〈独立国家路線〉では「大国協調」の枠内でも承認されえないと判断されていたと思われる。幣原外相が九ヵ国条約への抵触が避けられないとして〈独立国家路線〉に反対していたのはそのためであったといえる。

とすると幣原外交の崩壊は「大国協調」路線がいったんは崩壊したことを意味したのであり、該協調を問題としない形で北満を含めた独立国樹立へと向かっていったのは当然といえた。そうした路線は自主独往路線とでも呼べるのかも知れないが、この路線にしても侵略の成果に対する承認をとりつけたいという欲求を完全に喪失しているわけではなく、「大国協調」路線は以後の日本外交の一つとして維持されていくことになる。(138)

そして最後にもう一つ述べれば、居留民保護権を根拠として拡大されていった満州事変は、そのなかで田中内閣期に確定された自衛権の広義解釈、すなわち自己保存権的自衛権解釈により事態を正当化するに至る。ここには日本が不戦条約に調印した過程で明確になった自衛権解釈の肥大化、あるいは先祖返りともいうべき状況が、満州事変を経て確定的になったことを示していた。

註

(1) 満州事変に言及した研究は数多いが、とりわけ若槻内閣期における満州事変の拡大過程を綿密に検証したものはそれほど多いともいえない。その点で、主要な先行研究として以下のものがある。島田俊彦*「満州事変の展開」は、満州事変の軍事的展開に重点をおいた論文である。臼井勝美*『満州事変』は当該期の外交過程、連盟やアメリカの対応に比重をおいた優れた通史である。吉見義明*「満州事変論」は柳条湖事件から連盟脱退ごろまでの政治過程を政府、陸軍中央、関東軍、天皇・宮中グループといった諸政治勢力の対応・対抗の分析を通じて明らかにしている。兪辛焞*『満洲事変期の中日外交史研究』は、第二次幣原外交における対中政策の行き詰まりと、同外交が満州事変に際して日本の軍事侵略拡大に客観的には貢献した点を批判的に論証している。なお、満州事変期の連盟やアメリカの対応などについての代表的な研究としては、田中直吉「国際連盟における満州事変の審議」(英修道博士還暦記念論文集編集委員会編『外交史及び国際政治の諸問題』慶応通信、一九六二年)、海野芳郎*「『満州事変』と『連盟』」、斉藤孝「米・英・国際連盟の動向(一九三一～一九三三)」(『太平洋戦争への道』第二巻、朝日新聞社、一九六二年)、木畑洋一*「日本ファシズム形成期における国際環境」、クリストファー・ソーン*『満州事変とは何だったのか　上・下』、小林啓治*「満州事変とイギリスの東アジア政策」、宮田昌明「満州事変と日英関係」(京都大学『史林』第八二巻第三号、一九九九年五月)をあげておく。

（2）『太平洋戦争への道　資料編』七八頁、八〇頁。

（3）一九三〇年九月、関東軍司令部付兵要地誌主任参謀佐久間亮三大尉「満蒙に於ける占領地統治に関する研究の抜萃」同前九二頁。

（4）一九三一年五月、板垣征四郎大佐講演祖述・石原中佐手記「満蒙問題私見」同前一〇一頁。

（5）一九三一年五月二九日、板垣征四郎「満蒙問題について」同前一〇一〜一〇二頁。

（6）不戦条約第一条にうたわれた「戦争」が宣戦布告などをともなった国際法上の戦争に限られるのか、実質的な戦争をも含むのかについては当時見解が分かれた。日本の国際法学者において前者を代表したのは立作太郎であり、後者は田岡良一くらいに限られた。松田竹男*「戦争違法化と日本」参照。

（7）一九三一年四月「昭和六年四月策定の参謀本部情勢判断」（『現代史資料7』）一六一頁および同書解説xlv頁。なお、この三段階論について古屋哲夫は、「『段階』とは、第一段階から第三段階に移行するというようなものではなく（若しそうだとすれば、自らつくり出した親日政権や独立国家をさらに否定しなくてはならない）、日本の支配の程度示すものであり、情勢によって三つのいずれかを選択すべきものとされていたと考えられる」と述べているが（古屋哲夫*「日中戦争にいたる対中国政策の展開とその構造」七二頁）、筆者はここでいわれるところの「独立国家」とは「保護国」的なものとして措定されており、韓国併合が「保護国」から「領土」への道をたどったのと同様の構想が描かれていたものと理解する。

（8）一九三一年九月一八日、奉天憲兵分隊長発第一報（林久治郎総領事発幣原外相宛電第六一六号付記、『外文　満州事変1－1』外務省、一九七七年）一頁。なお満州での関東軍と領事館側の関係については、林久治郎『満州事変と奉天総領事』（原書房、一九七八年）、森島守人『陰謀・暗殺・軍刀』（岩波書店、一九五〇年）参照。

（9）一九三一年九月一九日、林発幣原宛電第六一九号、『外文　満州事変1－1』二頁。

（10）一九三一年九月一九日、林発幣原宛電第六一八号、同前二頁および一九三一年九月一九日、林発幣原宛電第六二四号、同前四頁。

（11）この閣議の内容については、参謀本部第二課「満州事変機密作戦日誌」（『太平洋戦争への道　資料編』）一一四〜一一五頁および参謀本部「朝鮮軍司令官の独断出兵と中央部の之に対して執れる処置に就て」（『現代史資料7』）四二九頁による。以下、前者からの引用は文中に（第二課日誌〇〇頁）と示す。なお島田俊彦*「満州事変の展開」一二〜一三頁では幣原外相が関東軍の謀略と判断した最大の根拠は撫順守備隊の行動予定の変更にあったとされている。

(12) 一九三一年九月一九日、林発幣原宛電第六三〇号（『外文　満州事変1－1』）六頁。

(13) 一九三一年九月一九日、林発幣原宛電第六二五号、同前四～五頁および一九三一年九月一九日、林発幣原宛電第六三七号、同前八頁。

(14) 一九三一年九月一九日、関東軍参謀本部総務課片倉衷大尉「満洲事変機密攻略日誌」（『現代史資料7』）一八五頁。なお、以下同資料からの引用は文中に（片倉日誌〇〇頁）と示す。

(15) 従来この不拡大方針については、軍の方針との対立的性格を強調する評価が一般的である。たとえば江口圭一は、満州事変をめぐる政府の対応ぶりについて、「柳条湖事件にたいし、政府はワシントン体制を遵守する立場から不拡大方針を閣議決定し」、「その後も不拡大方針を維持しようとする政府と全満州の占領をめざす関東軍及び関東軍を後援する軍中央との駆け引き・応酬が重ねられ……」と述べている（江口圭一「*一九一〇～三〇年代の日本」六九～七〇頁）。しかし、筆者はこのような評価に対しては、政府が一九日に関東軍の行動を「自衛」と認定し、幣原外相が二一日には「機先」論を容認したことから、その「不拡大」方針が実態的に関東軍の恣意的な軍事行動を厳禁するものではない不徹底なものであり、また若槻内閣・幣原外相がワシントン体制を構成した九ヵ国条約を遵守しようとしたとは思われないことから疑問をもつ。

(16) 一〇月一八日に南陸相から白川義則大将へ依託された「関東軍に伝達すへき事項」（第二課日誌）一四五頁。

(17) なお、柳条湖事件の現場奉天においても、参謀本部から派遣されていた参謀本部第一部長建川美次少将は、一九日夜板垣、石原ら関東軍幕僚に「第一段階」実施の時期であると提言していた（前掲「昭和六年四月策定の参謀本部情勢判断」一六一頁および片倉日誌一八四頁）。

(18) 朝鮮軍独断越境の過程とその問題性については、島田俊彦「*満州事変の展開」、吉見義明「*満州事変論」、安達宏昭「満州事変と昭和天皇・宮中グループ」（『歴史評論』第四九六号、一九九一年八月）参照。

(19) 一九三一年九月二一日、幣原発芳沢宛第一〇四号（『外文　満州事変1－1』）一五六頁。

(20) 臼井勝美は、こうした陸相・参謀総長の態度を招いたのは、二三日午前九時半に、天皇から若槻に対して政府の不拡大方針を徹底するようにとの言葉があり、それを同日の閣議で若槻が披露したことに基づくのではないかと推察している（臼井勝美『*満州事変』五四頁）。なお二三日に連盟理事会議長レルーから、日中両国側が「各自の軍隊を直に撤退」するよう求める通牒（『外交主要文書・下』一八一頁）が寄せられたこともそうした態度を招いた要因の一つではなかったかと筆者は推測する。なお、この時期の吉林の状況については、石井猪太郎『外交官の一生』（中公文庫、一九八六年）参照。
(21) 一九三一年九月二〇日、芳沢発幣原宛電第四五号（『外文　満州事変1－3』外務省、一九七八年）一五二～一五三頁。
(22) 一九三一年九月二一日、幣原発芳沢宛第一〇四号、同前一五六頁。なお連盟での日本側の動向については、芳沢謙吉『外交六十年』（中公文庫、一九九〇年）、澤田壽夫編『澤田節蔵回想録　一外交官の生涯』（有斐閣、一九八五年）参照。
(23) 中国側にも柳条湖事件直後には直接交渉論が存在していたが、結局、提訴に踏み切った。この点については、臼井勝美*『満州事変』六〇～六九頁、鹿錫俊『中国国民政府の対日政策　一九三一－一九三三』（東京大学出版会、二〇〇一年）第二章参照。
(24) 一九三一年九月二四日、連盟理事会議長宛日本政府回答（『外交主要文書・下』）一八一頁。
(25) 一九三一年九月二六日、芳沢発幣原宛電第九一号（『外文　満州事変1－3』）一八八～一八九頁。
(26) しかし、こうした陸軍トップの態度の一方、九月二八日に参謀本部から派遣された橋本少将は関東軍側に、大臣・総長の伝言として「『事態を拡大せしめず』とは政治的意味」であり「軍事上用兵上必要なる地点への進出は考へあり」（片倉日誌一九五頁）と伝えた。大臣・総長の真意の問題はさておいて、ここでは、このような伝言がなされたこと自体が、陸軍トップの吉林撤退論やハルビン不出動論が必ずしも不動ではないことを示しているとも見られる。
(27) 一九三一年九月二九日、芳沢発幣原宛電第一〇八号（『外文　満州事変1－3』）二〇一頁。
(28) 『外交主要文書・下』一八三頁。
(29) 前掲「昭和六年四月策定の参謀本部情勢判断」一六一頁および片倉日誌一八四頁。なお、石原ら幕僚に迫られた関東軍司令官本庄繁は、一九日夕方陸相・参謀総長に対して、「軍か積極的に全満洲の治安維持に任するは最も緊要なりと信す」（第二課日誌一一七頁）と全満州占領方針を提起した。
(30) 一九三一年一〇月一日、九月二九日対日口上書に対する日本側口上書（外務省情報部『満州事変及上海事件関係公表集』〈以下『満州事変公表集』と略す〉一九三四年）一九頁。
(31) この一〇月六日の協議内容については、第二課日誌一三七頁参照。
(32) また、事変当初においては事態の拡大に消極的な姿勢を示していた本庄関東軍司令官も、このころには新政権樹立の原則として「満蒙を支那本土より全然切り離すこと」との方針をとるに至っていた（第二課日誌一三五頁）。
(33) なお、第二課日誌一三五頁にある一〇月八日付「時局処理方策」が、陸軍三長官会議で決定されたものと同一であるとの記述は同資料には見あたらないが、筆者はそれに該当するものと判断している。

(34) 原田熊雄述『西園寺公と政局』第二巻（岩波書店、一九五〇年）九八頁。吉見義明「*満州事変論」五〇頁参照。

(35) 「第二課日誌」一九三一年一〇月九日の項（二三七頁）には、「錦州爆撃に関しては従来橋本〔虎之助〕少将より其の不可なる意見を〔関東〕軍司令官に通しありしものなり然るに〔関東〕軍参謀は軍司令官に充分実施の方法を説明することなく極めて軽易なる如く装ひ十一機を以て大々的に実施し世人を衝動せしめたり」と記されている。

(36) 一九三一年九月二四日、日本政府第一次声明（『外交主要文書・下』）一八二頁、および一九三一年九月二四日、連盟理事会議長宛日本政府回答（『外交主要文書・下』）一八一頁。

(37) 列国の反応について、詳しくは臼井勝美『*満州事変』八四～八九頁参照。

(38) 一九三一年一〇月八日、芳沢発幣原宛電第二八三号（『外文　満州事変1―3』）二二〇頁。

(39) 一九三一年一〇月九日、幣原発沢田節蔵連盟帝国事務局長宛電第一一五号、同前二二九～二三〇頁。

(40) 筆者は、拙著・日中歴史研究センター報告書『《戦争違法化と日本》研究序説』に収録した「満州事変と戦争違法化体制」で、この論理を〈権益擁護論〉と称したが、このネーミングでは条約上の権益に対する軍事攻撃に対する正当防衛権的自衛行動を正当化する権益擁護論との区別がつけられなくなるので、芳沢の言葉を援用して〈条約尊重論〉とした。

(41) 一九三一年一〇月九日、重光公使発国民政府宛「中華民国の反日行為に関する帝国政府講義書」（前掲外務省情報部『満州事変公表集』）二一〇～二一一頁。

(42) 『外交主要文書・下』一八五頁。

(43) なぜ幣原外相はこの時点で大綱協定を持ち出したのだろうか。古屋哲夫は、「幣原は、逆に『交渉』の方を既成事実化することで、関東軍に対抗しようとする方策に出た」ものと位置づけている（古屋「*日中戦争にいたる対中国政策の展開とその構造」七七頁）。幣原外相が早期撤兵実現のきっかけを中国国民政府側が大綱協定を締結することに求めたとの見方を完全には否定できない。しかし後述のように幣原外相が最後まで〈大綱先決路線〉に固執し、その交渉相手も国民政府から「新政権」へと変化していったことから見て、関東軍への「対抗」としてそれが浮上したとの評価にも疑問が残る。

(44) 一九三一年一〇月一二日、沢田発幣原宛電第一三〇号（『外文　満州事変1―3』）二六四頁。

(45) 一九三一年一〇月一三日、幣原発沢田宛電第八六号、同前二七一頁。

(46) 一九三一年一〇月一四日、沢田発幣原宛電第一五二号、同前二九一頁。
(47) 一九三一年一〇月二一日、沢田発幣原宛電第二〇八号、同前三六三頁。
(48) 一九三一年一〇月一五日、幣原発沢田宛電第九一号、同前二九五頁。
(49) 一九三一年一〇月二一日、沢田発幣原宛電第二〇四号、同前三五八頁。
(50) 一九三一年一〇月二一日、松平発幣原宛電第四〇五号、同前三六五～三六六頁。
(51) 一九三一年一〇月二二日、佐藤大使発幣原宛電第五七号、同前三七四～三七六頁。
(52) 一九三一年一〇月二二日、小幡大使発幣原宛電第一三三号、同前三七一～三七二頁。
(53) 一九三一年一〇月二二日、佐藤大使発幣原宛電第五七号、同前三七四～三七六頁。
(54) 一九三一年一〇月二二日、小幡大使発幣原宛電第一三三号、同前三七一～三七二頁。
(55) 一九三一年一〇月二二日、佐藤大使発幣原宛電第五七号、同前三七四～三七六頁。第二章で見たように、佐藤尚武は二〇年代前半に連盟の安全保障は欧米に限定されるべきとの認識を示しており、三一年一一月には連盟事務局のウォルタースに対して、「連盟は元来欧州各国の現状を基礎として組成せられたるもの」であり、「之に世界普遍性を与へたるか故に無理か出来今回の困難に逢着した」とし、理事会が「場所と相手国の如何に依り規約の解釈適用に伸縮性を与ふる事に決心せされは今次の如き困難は解決せられさるへし」と、対外的には連盟の普遍性という基本的理念に疑義を呈し、極東の特殊性を強調していた（一九三一年一一月二二日、幣原発沢田宛電第二二七号のなかでの佐藤の発言〈同前六三三頁〉)。右の認識とここでの幣原への進言とどちらが本音なのか疑問も残るが、幣原に対する電報での「連盟存在十二年後の今日」という言いまわしなどからは、後者が満州事変期の佐藤の本音であり、ウォルタースへの発言は対外的な弁明としてなされていると筆者は考える。
(56) 一九三一年一〇月二一日、松平発幣原宛電第四〇五号、同前三六五～三六六頁。
(57) 一九三一年一〇月一六日、沢田発幣原電第一六四号、同前三〇二頁。
(58) 一九三一年一〇月二二日、幣原発駐日英国大使リンドレー宛亜一普第二〇六号、同前三八六～三八七頁。
(59) 一九三一年一〇月二五日、沢田発幣原宛電第二三一号、同前四一四頁。すでに一〇月一一日の時点でドラモンド事務総長は杉村次長に対して、「日本軍隊が現在の如く殆と傍若無人に振舞ひ居る間『ボイコット』又は排日運動の責を中国のみに負しむることは殆と難かるへし」と日本軍の行動を批判した（一九三一年一〇月一一日、沢田発幣原宛電第一五五号、同前二五六頁）。一一月初めには連盟側としては、日本側は不戦条約・連盟規約・九ヵ国条約に違反しないと力説するが「実際論としては必すしも傾聴し得す」、「苟も他国の領土を侵犯し何時迄も之を継続する以上規約の根本精神たる領土保全、安全保障は破壊せられ従て軍縮は困難となるへく日本の駐兵か長引くに連れ支那の無鉄砲なる国権恢復運動に反感を有する連盟国伊、英、米、仏等の各国も遂には日本に対し同情を表し得さるは勿論連盟としても支那を圧迫して『ボイコット』等の禁圧を断行せしむる事容易ならす」との立場に傾いていった（一九三一年一一月二日、沢田発幣原宛電第一七四号、同前四四七〜四四八頁）。

(60) 一九三一年一〇月二二日、幣原発沢田宛電第一二六号、同前三七九〜三八〇頁。
(61) 一九三一年一〇月二二日、幣原発沢田宛電第一三三号、同前三八三頁。
(62) 一九三一年一〇月二三日、幣原発松平・沢田宛電合第一一四六号、同前四〇四頁。
(63) 一九三一年一〇月二六日、日本政府第二次声明（『外交主要文書・下』）一八五〜一八六頁。
(64) 一〇月二六日の佐藤ベルギー大使に対する発言。一九三一年一〇月二八日、沢田発幣原宛電第一五六号（『満州事変1－3』）四二一頁。
(65) 一九三一年一〇月二八日、幣原発沢田宛電第一三四号、同前四二六〜四二七頁。
(66) なお、幣原は「満州各地に設立せられ居る治安維持会をして警察力を充実し帝国臣民の生命財産の安固を確保せしむる様取計ひ其目的の達成に応して付属地外軍隊を撤退し得へきかとも思考し居る次第なる」とも語ったが、フランス大使はそのような方針で進めば日本が治安維持会に財政的援助を与えこれを日本の傀儡とするものとの疑惑を招くのではないかと、当然ともいえる反応を示した（一九三一年一一月五日、幣原発芳沢宛電第一七五号、同前四六七頁）。
(67) 一九三一年一〇月二九日、ブリアン議長より芳沢宛書翰、同前四四四頁。
(68) 一九三一年一〇月三一日、沢田発幣原宛電第一六九号、同前四三九頁。
(69) 一九三一年一一月二日、沢田発幣原宛電第一七四号、同前四四七頁。
(70) 一九三一年一一月二日、沢田発幣原宛電第一七五号、同前四四八〜四五一頁。
(71) 一九三一年一〇月三一日付一一月二日発表、幣原中国宛往翰（前掲外務省情報部『満州事変公表集』）四九頁。
(72) 一九三一年一一月四日、沢田発幣原宛電第一八一号（『外文　満州事変1－3』）四五八〜四五九頁。
(73) 一九三一年一一月一日、幣原外相訓令（『外交主要文書・下』）一八七頁。

(74)　一九三一年一一月一三日、幣原発沢田宛電合第一四五一号（『外文　満州事変1－3』）五三二～五三三頁。
(75)　一九三一年一一月一五日、幣原発沢田宛電第一九四号、同前五五九～五六一頁。
(76)　一九三一年一〇月二三日、沢田発幣原宛電第二二二号、同前三九六～三九七頁。
(77)　一九三一年一〇月二四日、一九三三年二月二四日、国際連盟総会報告書（『外交主要文書・下』）二四一～二四二頁。
(78)　一九三一年一〇月三〇日、幣原発沢田宛電第一三九号（『外文　満州事変1－3』）四三四～四三五頁。こうした国際裁判を拒否しようとする日本の態度に一一月四日、イギリスのカドガンは大綱第五点が「本邦人生命財産の保護」の範囲外に出る可能性を示唆しつつも、「重要なる条約の効力に関するものの如きは仲裁裁判に付するを得すとの日本側の主張は之を諒と」するとの立場を示した（一九三一年一一月五日、松平発幣原宛電第四三〇号、同前四六二頁）。一方、ドイツ側からは、条約問題については日本の主張を列国は是認するのだから、これをハーグ司法裁判所に提起することは可能ではないかと示唆があった。なお、東郷大使は日本の国論はとうていこれに応ずるはずがないと取り合わなかった（一九三一年一一月一四日、小幡発幣原宛電第一四九号、同前五四〇～五四一頁）。またイタリア側からも、法律的争議は司法裁判所に日本から提起するのは形勢を日本に有利に導くのではないかと示唆があった（一九三一年一一月一五日、吉田茂大使発幣原宛電第一七三号、同前五四九頁）。
(79)　一九三一年一一月七日付、芳沢発理事会議長返翰（前掲外務省情報部『満州事変公表集』）五四～五六頁。
(80)　一九三一年一一月九日、沢田発幣原宛電第二〇二号（『外文　満州事変1－3』）四九一頁。
(81)　一九三一年一一月八日、沢田発幣原宛電第一九五号、同前四八二頁。
(82)　一九三一年一一月七日着八日発表、嫩江事件に関するドラモンド事務総長発幣原宛電（前掲外務省情報部『満州事変公表集』）六一～六二頁。
(83)　一九三一年一一月八日、ドラモンド発幣原宛電、同前六五頁。
(84)　一九三一年一一月一三日、沢田発幣原宛電第二一七号（『外文　満州事変1－3』）五二一頁。
(85)　一九三一年一一月一三日、幣原発沢田宛電合第一四五一号、同前五三二～五三三頁。
(86)　一九三一年一一月一六日、参謀本部「関東軍の嫩江及其以北に対する行動に就て」（『現代史資料7』）四四七頁。
(87)　一九三一年一一月二七日、参謀本部「関東軍の遼西に対する行動に関し」同前四五四頁。
(88)　一九三一年一一月一二日、幣原発芳沢大使宛電合第一四二七号（『外文　満州事変1－3』）五一九頁。

(89) 一九三一年一二月四日、参謀本部第二課「昭和六年秋末に於ける情勢判断同対策」（『現代史資料7』）一六八頁。

(90) この一一月一二日から一五日にかけての幣原外相の対応については、「幣原の外交路線が明らかに変貌」（臼井勝美『満州事変』一二四頁）、「一二日幣原外相は従来の態度を一変」（吉見義明「満州事変論」五三頁）、「幣原外相のかいらい政権樹立問題における一大転換」（前掲兪辛焞『満洲事変期の中日外交史研究』二六三頁）などのように、従来から転換点として指摘されている。しかし筆者は満州事変をめぐる幣原の転換は、出兵を維持したままで大綱締結を要求し始めた点と、南満州における傀儡政権樹立を実質的に容認する方向に傾いたという点で一〇月中にかなり進行していると考える。この点で筆者の見解は、一一月一二日から一五日にかけての転換を強調する諸氏の見解とは異なる。前述のように吉見は一〇月中旬に「全閣僚」が新政権樹立を容認したことを指摘しており、筆者はむしろその点を重視したい。

(91) 一九三一年一一月一〇日、沢田発幣原宛電第二〇〇号（『外文　満州事変1－3』）四九七頁。

(92) 一九三一年一一月一三日、松平発幣原宛電第四六六号、同前五二二頁。

(93) 一九三一年一一月一四日、沢田発幣原宛電第二二九号、同前五三八頁。

(94) 一九三一年一一月一五日、幣原発沢田宛電第一九三号、同前五五七頁。

(95) 一九三一年一一月一五日、幣原発沢田宛電第一九四号、同前五五九～五六一頁。

(96) 一九三一年一一月一七日、幣原発沢田他宛電第二〇七号、同前五七七頁。

(97) 一九三一年一一月一六日、一一月四日中国側来翰に対する幣原往翰（前掲外務省情報部『満州事変公表集』）七四～七五頁。

(98) 一九三一年一一月一八日、沢田発幣原宛電第二六〇号（『外文　満州事変1－3』）五八五～五八六頁。

(99) 一九三一年一一月一九日、沢田発幣原宛電第二六五号、同前五九三頁。

(100) 一九三一年一一月一九日、沢田発幣原宛電第二七〇号、同前五九七頁。

(101) 一九三一年一一月二〇日、沢田発幣原宛電第二七六号、同前六〇一～六〇二頁。

(102) 一九三一年一一月二二日、沢田発幣原宛電第三〇三号および三〇五号、同前六二九～六三一頁。

(103) 一九三一年一一月二一日、幣原発沢田他宛電第二二三号、同前六二一～六二二頁。

(104) 前掲外務省情報部『満州事変公表集』七九～八〇頁。

(105) 『外交主要文書・下』一九四頁。

(106) 『外交主要文書・下』二〇五頁。

(107) 前掲参謀本部第二課「昭和六年秋末に於ける情勢判断同対策」一六六〜一六八頁。なお、関東軍側でも、分離運動自体については陸軍中央と同じ認識をもち、「此点に関しては各学者の意見も亦一致せる処なり」との判断を示していた（第二課日誌一七〇頁）。

(108) なお、この案で興味深いのは対策として新国家が順調に充実した段階で日本が「現実の事態に即して九国条約の改訂を提議す」とし、「九国条約の改訂を見ば正式に承認す／右改訂の望なき場合は機を見て断然単独に承認す」とされたことである（片倉日誌三五六〜三五七頁）。九ヵ国条約の改訂は以後ついに提起されることはなかったが、同条約との抵触を避けるためには、その改訂を提起するのが合理的だと考慮されていたのである。なお、拙稿「日中戦争期の九ヵ国条約廃棄問題」（『歴史評論』第五九六号、一九九七年九月）を参照されたい。

(109) この点を当時国際法学者の横田喜三郎も指摘していた。横田喜三郎「満州事件と国際法」（『国際法外交雑誌』第三一巻第四号、一九三二年四月）参照。

(110) ただ翌一月二一日に参謀本部第二課が作成した「対支一般方策」は、「単に一地方政権に過ぎさる南京政府の対日国交断絶宣言に依り国際法の所謂戦争を開始し有色人種国間に交戦状態を展開するは大国の襟度にあらすして皇国の採るへき道にあらす」と、国民政府を「地方政権」と決めつけることにより、その国交断絶宣言を無視しようとの態度をとろうとしていた。同資料はさらに、日本は「要すれは北支中支及南支に各々満蒙同様親日独立国家の建設に導」く方針とし、その対策としては「南京政府か対日国交断絶を宣言」した場合は、日本はそれを無視するが、中国が排日排貨を続行した場合は「天津及北京を占領し北支に親日政権の樹立を促進」する、そして第三国による対中武力援助か対日圧迫があった場合に限って対中「全面的戦争に導く」ものとした。参謀本部内では、中国内におけるさらなる分離運動や対中全面戦争までもが考慮されていたのである。そして、こうした方針分離方針は、のちの華北分離工作、あるいは日中戦争下に現実化していったのである（「対支一般方策」、第二課日誌一七五〜一七六頁）。

(111) 横田喜三郎「満州事変と国際連盟」（家永三郎編『日本平和論大系11』日本図書センター、一九九四年）一一〜一二頁。

(112) 横田喜三郎「満洲事件と国際法」（『国際法外交雑誌』第三一巻第四号、一九三二年四月）四六〜四七頁。

(113) 立作太郎「最近満洲事件と国際連盟規約」（『国家学会雑誌』第四六巻第一号、一九三二年一月）一四頁。

(114) 立作太郎「自衛権概説」（『国際法外交雑誌』第三一巻第四号、一九三二年四月）二頁。

(115) 『外文　満州事変1－3』三八七頁。

(116) 立作太郎「最近満洲事件に関係して不戦条約を読む」（『外交時報』第六四九号、一九三一年一二月一五日）四頁。

(117) 松原一雄*『満洲事変と不戦条約・国際連盟』二〇九頁。

(118) 前掲横田「満洲事件と国際法」六七～六九頁。

(119) 前掲立「自衛権概説」一一～一二頁。

(120) 立作太郎*『時局国際法論』（一九三四年）一五三頁、一六七頁、一四八頁、一六五頁。なお、管見の限りでは、この自己保存権による正当化の論理は、三二年の立論文「自衛権概説」には見られない。

(121) 前掲外務省情報部『満州事変公表集』七四八頁。

(122) なお、満州事変期の日本の自衛権解釈については、松井芳郎*「日本軍国主義の国際法理論」、松田竹男*「戦争違法化と日本」も参照されたい。

(123) 前掲立「最近満洲事件と国際連盟規約」一五頁。同「満洲事件と兵力の行使」（『国際法外交雑誌』第三二巻第一号、一九三三年一月）一六頁、二三頁。

(124) 前掲立「満洲事件と兵力の行使」二一頁。

(125) 前掲立「最近満洲事件に関係して不戦条約を読む」八頁。

(126) 前掲横田「満州事変と国際連盟」一三～一四頁。

(127) 前掲横田「満洲事件と国際法」六六～六九頁。

(128) 幣原は一〇月二一日に沢田に宛てた電報で、上海における欧米人は約三万（イギリス人一万人弱）にもかかわらず、一九二七年に各国は多数の軍隊を派遣し、しかも該軍隊は決して急速に撤兵されていないとしたうえで、「僅々二、三千の日本軍隊を満鉄沿線外に派出し居ることは何等不当に非るのみならす今次衝突事件後一箇月に過きさる今日僅々数週間の期限を以て之を撤退すへしとなすか如き殆んと不可能」であると主張した（幣原発沢田宛電第一二四号、『外文　満州事変1－3』三六九～三七〇頁）。

(129) 幣原あるいは幣原の対応が、国内政治的・社会的レベルにおけるより強硬な主張から一種の圧力を受けていたのは事実である。一一月一八日に幣原が沢田連盟帝国事務局長他に宛てて発した電報では、「政府に於ては……国論の極端化を防止するに努むへきこと勿論なりと雖も紊りに之に制圧を加ふるか如きことあらむか国民の対支激情は忽ち転して国内的に爆発し一部極端者流の策動と相俟って勢の赴く所由々しき事態を惹起するの危険性を包蔵する次第」であると、政府のおかれた困難な立場を弁明していた（一九三一年一一月一八日、幣原発沢田他宛電合第一五五三号、『外文　満州事変1－3』五九〇頁）。しかし本章で明らかにした幣原外相の対外的対応がこうした圧力によっておもに他律的に形成されたと見ることは難しいように思う。またたとえこういう圧力に屈して本意ではない強硬な指示を出先に出し続けただけだとしても、その指示がもたらした政治的結果についての責任から免れることはできないであろう。

(130)　一九三一年一一月一三日、在スペイン大田公使発幣原宛電第六五号、同前五二八頁。

(131)　一九三一年一〇月一七日、沢田発幣原宛電第一七〇号、同前三一一頁。

(132)　一九三一年一〇月二〇日のドラモンドの杉村への発言。一九三一年一〇月二一日、沢田発幣原宛電第二〇五号、同前三六〇頁。

(133)　一方、日本は三三年の連盟総会直後の三月二七日に連盟脱退を通告したが（発効は二年後）、それはヴェルサイユ＝ワシントン体制の法的側面である戦争違法化・国際紛争の平和的解決という原則からの完全な離脱ではなかった。同年四月一九日にオランダとの間で「司法的解決、仲裁裁判及び調停条約」を締結し、あらゆる紛争を平和的手段により解決すると定めたことは、そのことをよく示していた（『外交主要文書・下』二七〇～二七二頁）。

(134)　この点については、木畑洋一「日本ファシズム形成期における国際環境」*、ソーン『満州事変とは何であったか　上・下』*参照。なお日中戦争期の一九三九年一二月一一日付で、イギリス外務省極東部にいたプラットが記したメモランダムには大要次のように述べられている。すなわち、一九三一年の日本の満州における侵略は、連盟規約により生み出された集団的安全保障システムが、紙の上だけの幻想にすぎないことを明らかにした。理論上は、侵略者が武力の圧倒的優位に直面させられることによって断念するようにすべての国が団結するというものだった。この理論が満州での事件で試されたとき、侵略者に対する国々の団結どころか、たった一つの国も行動をとることを望まないことがわかった。日本の採用した手段への一般的反対はあった。しかしそれは漠然としており、ほとんど誰も知らない地域での複雑な紛争だった。結局、圧倒的武力をもって日本に立ちはだかる可能性はなかった。なぜなら軍事的な意味で、日本は負けない立場にあったからである。その状況で中国は日本への制裁の適用を求めるのは無益であるのを悟り、規約の制裁条項はジュネーブでの議事進行において決して提起されなかった。連盟に代わって、米国によるリードに従って、不承認政策が採用された（F12660/87/10 Sir J. Pratt. <Ministry of information> to Mr. Howe.Sino-Japanese Relations prior to dispute. Dec. 11, 1939, FO371/23462）。

(135) 三二年一〇月に公表されたリットン報告書は、柳条湖事件のきっかけとなった鉄道爆破は列車の通過を妨げない程度のもので、それのみでは軍事行動を正当化できず、同夜の日本軍の軍事行動は「正当なる自衛手段と認むることを得ず」と断定した一方、「本紛争は一国が国際連盟規約の提供する調停の機会を予め十分に利用し尽くすことなくして他の一国に宣戦を布告せるが如き事件にあらず。又一国の国境が隣接国の武装軍隊に依り侵略せられたるが如き簡単なる事件にもあらず」と、戦争状態の存在や日本による侵略の存在を断定するのを避けた。同報告書は満州の非武装地帯化を提起し、その「非武装地域の侵犯は侵略行為を構成する」との規定を設けようとすることで、侵略の認定は将来に任せる方針を提起するにとどまったのである（『日支紛争に関する国際連盟調査委員会の報告（リットン報告書）』〈国際連盟協会、一九三二年〉一五二頁、二七九頁、三〇五頁）。三三年二月二四日の連盟総会報告も基本的に同報告を踏襲していたが、自衛権の主張が妥当だとしても紛争自体の解決は規約第一二条に従うべきであると述べ、自衛権に基づく武力行使は同条に制限されないとの解釈を否定した点は注目される。しかし報告は紛争の解決には国際連盟規約第一〇条、不戦条約第二条、九ヵ国条約第一条に従うべきことをうたい、それら国際法の遵守をうたったにもかかわらず、日本の行動を国際法違法と認定したり、日本を侵略国と認定することはなかったのである（『外交主要文書・下』二六〇～二六四頁）。国際法学者の田岡良一は戦後、「日本は明らかに第十二乃至十五条の手続きを無視して、武力行動を起したものであるが、しかし正式の戦争の宣言をしなかった。このことを理由にして、事件は第十六条の範囲外である」との立場を連盟がとったと指摘している（田岡「連盟規約第十六条の歴史と国際連合の将来」〈田岡編『恒藤博士還暦記念法理学及国際法論集』有斐閣、一九四九年〉三二〇～三二一頁）。

(136) 入江啓四郎*『ヴェルサイユ体制の崩壊　上巻』七四～七八頁。

(137) 江口圭一は日本帝国主義を「二面的帝国主義」と規定し、その性格は一九二〇年代に「対米英協調路線」と「アジア・モンロー主義的路線」という「二つの対外路線」を形成したとする。そして対米英協調路線は、「米英にたいする経済上の劣位と依存を日本の抜き難い現実であるとし、米英と協調を保ってこそ帝国の前途を全うしうるとする現状維持的な立場」とされ、「幣原喜重郎はその旗手であった」とされる（江口圭一*「一九一〇～三〇年代の日本」六一～六二頁）。この「対米英協調路線」というネーミングおよびその規定からは、あくまで日本が米英に対して妥協的に協調していくという印象を筆者はもってしまう。そして第一次幣原外交にしても第二次幣原外交にしても、北京関税会議や満州事変での対応に見られるように列強に日本側の要望を承認させたいという姿勢があったこと、さらに入江啓四郎の言葉での「東亜モンロー主義」的傾向が幣原外交に見られることから、日本への中国の従属性の拡大を大国に容認させるうえで、大国の一員として米英との協調を重視するという意味合いで筆者は「大国協調」という言葉を使用したい。

(138)　満州事変期の日・英・米の協調関係再編の可能性については、入江昭『*日米戦争』、同『*太平洋戦争の起源』、木畑洋一「*日本ファシズム形成期における国際環境」、同「*日中戦争前夜における国際環境」、同「*日中戦争前夜におけるイギリスの対日政策」、酒井哲哉『大正デモクラシー体制の崩壊』（東京大学出版会、一九九二年）、井上寿一『危機のなかの協調外交』（山川出版社、一九九四年）、三谷太一郎「序――国際協調の時代から戦争の時代へ」（『国際政治』第九七号、一九九一年五月）、木村昌人「ロンドン国際経済会議（一九三三年）と日米協調」（同）など参照。

第五章　戦争違法化体制の動揺と日中戦争

はじめに

前章で見たように、一九三一年九月に日本が開始した満州事変は、連盟の安全保障機能の不全性を露呈させ、連盟の弱体化を惹起した。そして三三年には日本とドイツが連盟脱退を表明、三五年にはイタリアのエチオピア侵略が開始され、三六年にはドイツのロカルノ条約廃棄（ラインラント進駐）、スペイン内戦開始などにより、連盟の安全保障機能はその不適応性をいっそう露呈するに至った。日本が日中全面戦争を開始したのは、その翌三七年であった。

このような情勢のなかで、戦争違法化体制をめぐり連盟において最大の問題となったのは、侵略国に対する制裁を規定した規約第一六条の適用であった。すなわち三五年のイタリアのエチオピア侵略に際して連盟は経済制裁を発動したが、それは無惨な失敗に終わり、連盟国内から第一六条の義務性を否定する声が上がり始めたのである。これは連盟の集団安全保障という理念に対して、連盟国間に深い亀裂が生じてきたことを示していた。そして日中戦争が開始されると、中国は米・英・仏・ソといった大国に個別に経済的支援を要請する一方で、連盟が日本を侵略国と認定し、規約第一六条による対日制裁（基本的には経済制裁）を実施することを強く求め始める。

規約第一六条の取り扱いをめぐり連盟国内に大きな分裂が生じるなかで、その適用を求める中国と、それをなんとか押しとどめようとする英仏の間での葛藤が展開されていった。そして、この葛藤には、三八年にヨーロッパで戦争の危機が高まるなか、九月三〇日の「理事会決議」で連盟国が「個別的」に対日制裁を発動することを承認するという形で一応の決着がつくのである。

本章は、満州事変期の戦争違法化体制をめぐる動態を踏まえつつ、以後の日中戦争期に至る過程を、おもにイギリス政府側の対応に焦点をあてて明らかにすることを通じて、日中戦争期における連盟・戦争違法化体制の存在の意義、日本の侵略認定の意義などについて考察することを課題とする。(1)

一　満州事変期の戦争違法化と連盟規約改正問題

1　不承認主義の展開と侵略の定義に関する条約

連盟は一九三三年二月二四日の連盟総会で可決した報告において、満州事変について日本が主張した自衛論を否定した一方で日本を侵略国とは認定せず、当然規約第一六条による制裁の発動も決定しなかった。連盟は満州事変に関しては安全保障機能を十分に発揮することを回避したのである。こうして日本の中国侵略が抑止されぬ一方、満州事変期には、侵略による領土獲得などには承認を与えないという不承認主義が世界的に受け入れられていった。この発端となったのは一九三二年一月七日に米国務長官スティムソンが発した声明である。この声明は中国に関して九ヵ国条約・門戸開放政策・不戦条約を侵害する形で行われた事態の変更を承認しないとしたものであり、侵略国と自認しない日本も一月一六日の対米回答でその主旨に対しては同意を表明した。(2)また連盟では、二月一六日に理事国一二ヵ国が日本に発した通牒において、連盟規約第一〇条を無視して行われた連盟国領土の保全侵害などは有効と認められないとし、中国のみのケースにとどまらない全連盟国の原則として不承認主義を採用し、ついで三二年三月一一日の連盟総会決議が連盟規約と不戦条約に言及して同原則を確認した。この決議では連盟の四四ヵ国が賛成投票をして、日本と中国は棄権したが、中国はのちに受諾したので連盟の四五ヵ国がこの決議を支持したことになる。

さらに不承認主義は国際紛争に関する国際法へと進化していった。まず一九三二年八月三日にボリビアとパラグアイのチャコ紛争に関して、他の南北アメリカ大陸諸国一九ヵ国が該二ヵ国に送った通牒で兵力手段による領土的取り決めや獲得を承認しないと宣言した。(3) そして、この紛争を直接の動機として三三年一〇月一〇日にはラテン・アメリカ六ヵ国が「不侵略と調停に関する不戦条約」を締結し、不承認主義を初めて国際法に採用したのである。同条約には三四年三月一四日にイタリアが加入し、四月二七日にアメリカなど一三ヵ国が加入した。(4)

不承認主義の展開を積極的に評価した国際法学者の横田喜三郎は、不承認主義は「準一般的国際法」となったとし、(5) 三三年に「不侵略と調停に関する不戦条約」が締結されたことにより、将来において不承認主義に反する行為はすべて「今や確実に明白に違法行為となるに至った」と論じた。従来列強が侵略戦争の結果としての植民地支配を合法としてきたような、「行為そのものは違法であるが、その行為の結果は合法だ」という国際法上の「自殺的の欠点」を不承認主義の確立が除去するだろうと期待を表明したのである。(6)

また三三年七月にはソ連を中心として数ヵ国間で「侵略の定義に関する条約」が締結された。この条約の最大の特徴は、「兵力による他の一国の領域への侵入」などの国家的行動が政治的・軍事的などいかなる理由にかかわらず侵略と認定され、その行動を行った国家が侵略国と認定されることにあった。(7)

右条約締結の動向を分析した国際法学者の大沢章九州帝大教授は、「国際法は総ての侵略を不法として之を一様に禁止する傾向に進んでゐる。……総ての侵略戦争を国際法に違反するものとして不法なる戦争と認めむとする傾向が諸条約の締結を通じて一般化しつゝある」と評した。(8)

このように満州事変後も戦争違法化はなお一定の発展を示しており、日本の国際法学者の一部もそうした動向こそが基本的な潮流であるとの認識をもっていたのである。こうした認識は長期的な見通しとしては妥当性が高かったといえるであろう。日本の侵略の成果は戦後清算されたし、戦後に紆余曲折を経たのち、一九七四年一二月の国連第二九回総会で採択された「侵略の定義に関する決議」(9)における定義は三三年の「侵略の定義に関する条約」を内容的に踏襲したものといえるからである。しかし短期的に見た場合、横田や大沢が描いた見通しは、はかなく崩壊していったといえるであろう。

2　連盟規約第一六条改正問題

ある意味で満州事変以上に連盟の安全保障機能の無力さを露呈させたのが三五年一〇月三日に開始されたイタリアのエチオピア（アビシニア）侵略であった。連盟の常任理事国であったイタリアのムッソリーニ首相が大国主義的国際秩序観から連盟の集団安全保障を軽視していた点は日本の指導者たちの連盟観と共通していた。また日本の満州事変自体が、イタリアの指導者たちがエチオピア侵略を正当化しうるとの一つの判断基準を形成していたことも見落とされるべきではないだろう。イタリアのアロイジ連盟代表が、イーデン英外相に対して、「われわれは一緒になってあの蛇喝のような満州事変を飲み込んだ仲ではないか。なぜアビシニアがそう難しい問題を引き起こすことがあろうか」と語ったことにそれは示されていた。(10)

イタリアの侵略開始からわずか四日後の一〇月七日に連盟理事会は全会一致でイタリアを侵略国と認定し（規約第

一二条違反）、そして九日から開かれた総会では五四ヵ国中五〇ヵ国が右理事会の認定を承認し、規約第一六条による経済制裁が実施されることになった。しかしこの事態に対して連盟の中心国イギリスにおいては、大国協調主義に則りイタリアのエチオピア侵略を容認しようとする路線と、連盟中心主義に則り対伊制裁を辞さない路線とが政府レベルで葛藤を引き起こし、イギリスの政策はきわめて流動的なものとなった。フランスはイギリス以上に露骨に対伊宥和を実施しようとした。結局、実施された制裁は効果なく、三六年五月九日にイタリアはエチオピア併合を宣言するに至り、連盟は七月四日に対伊制裁停止を決定した。

さらに、この間の三六年三月にはドイツがフランス・イギリスなどとの間で締結したロカルノ条約を廃棄し、ラインラントに進駐した。同条約では、非武装地帯と規定されたラインラントへの軍隊の進駐を行った国は侵略国に認定され、連盟規約の制裁の対象となることを規定していたが、そのような対応は実施されなかった。

一九三六年前半にドイツ、イタリアというヨーロッパの二大国の侵略に対して、連盟を中心として形成されていた安全保障体制は抑止力を発揮できなかったのである。

こうした状況が続くなかで、連盟のあり方や機能をめぐる論議が起きてきたのは当然のことであった。そして連盟が対伊制裁停止を決定した七月四日、連盟総会は連盟国に対して連盟改革についての提案を求める決議を採択し、規約の適用に関する委員会（二八人委員会）を設置することを決定した。(11) この改革問題での最大の焦点は規約第一六条の制裁条項の改廃であったといえる。

連盟の方針を受けて、イギリス政府はまず英連邦内の意向を調整するため、七月中に各自治領政府に対してのメモランダムを提示した。このなかでイギリス政府は第一六条について、①義務性の弱化、②侵略者に対する軍事行動の義務性の強化、③右両者の中間的方向、という三つの路線を設定したうえで、さらに具体的な改正方針を示し、それぞれの根拠となる認識を示していた。

すなわち義務性の弱化の路線のうち、まず第一六条削除という方針については、イタリア・エチオピア紛争における連盟の集団行動の失敗をふまえて、連盟は現状は失敗であるとの否定的な評価が展開され、イギリス国民は侵略者に対抗する軍事的援助をヨーロッパに限って義務的に提供することさえ支持しないだろうし、他の連盟国も支持しないだろうとされた。次に実質的な第一六条の凍結を提起するという方針が、やはりエチオピア紛争での失敗を根拠として提起されている。そして三つめの第一六条の維持という方針については、連盟の普遍性の欠如（具体的に最大の焦点はアメリカの連盟未加入という点にあった）が第一六条の完全な適用を不可能にしているとの観点から、①第一六条について連盟国の大幅な留保を認める方向や、②武力制裁は行わない方向、③フランスが提案している軍事的援助措置は地域的に限定するという方向などが示された。ただ①については、侵略者に対して連盟国が物資を供給しうる状況を容認することは規約の精神とあいいれないものであること、②については、経済制裁だけでは圧力措置として効果的でないこと、などが指摘されていた。

メモランダムは右のように第一六条制裁条項を弱化させる方針を具体的に掲げ、イギリス国民や他の連盟国は武力制裁を支持しないとの認識を示す一方、第一六条の削除を提案することは、中央および東ヨーロッパにおけるフリーハンドをドイツに与えるものと受け止められることは間違いなく、ヨーロッパにおいて強い反発を引き起こすとの認識をも示していた。連盟の安全保障の要としてのイギリスの困難な立場がそこには示されていたといえよう。

一方、連盟の二八人委員会は三六年一二月に最初の会議を開き、クランボーン（英）を連盟における普遍性に関する報告者に、そしてボンクール（仏）を第一六条に関する法律問題についての報告者に任命した。連盟の集団的安全保障機能を強化するとすれば、全国家の加盟と制裁の義務的適用と義務的実施の実現がもっとも望ましいのであり、これらの問題がまず考慮されたのは当然であった。これらの問題をめぐって連盟国の反応も分裂しており、この会議では、①ソ連（一九三四年に加入）、フランスと小協商国（チェコスロヴァキア、ルーマニア、ユーゴスラヴィア）は第一六条適用の義務性・自動性の強化を支持し、②チリ、ラテンアメリカ諸国、スイス、オーストリア、ポルトガルは普遍性の獲得を重視し、第一六条の義務性は弱められるか削除されるべきだとした。そして、③スカンジナヴィア諸国は第一六条の実際の適用には応じないとの立場を表明した。英連邦の立場は分裂し、ニュージーランドは①グループ、カナダとアイルランド自由政府は②グループ、イギリスとオーストラリア、そして南アは①と②の中間にあった。

イギリス政府で第一六条の扱いをめぐって幅広い選択肢が提示されていただけでなく、連盟各国間でそれへの対応をめぐって幅広い分裂が存在していたのである。

連盟改革が提起されてほぼ一年経った三七年七月四日、イギリスと各自治領の代表による英帝国会議が開催された。イーデン英外相は、討議の結果得られた結論として、連盟の主要な骨格を維持することを前提としつつ、第一六条による制裁は将来小国間の紛争にきわめて有効に適用されるであろうが、連盟への加盟が不完全なものにとどまる限り、再び大国に対して制裁が適用される可能性はないだろうと述べた(12)。

日中戦争の勃発の直前においてイギリスは、今後連盟が大国に対して制裁を適用することはないとのイギリス連邦としての立場を一応確認したのである。

二　日中戦争期の侵略認定・対日制裁問題

1　日本の戦争目的

一九三七年七月七日夜一〇時半ごろ、北京の盧溝橋（北京中心部から西南西に一〇キロ余り）付近で演習を行っていた日本軍に対して何者かによる銃撃がなされた。翌八日未明に至って日本軍は盧溝橋周辺の中国軍への攻撃を開始し、事態は日中全面戦争へと発展していく。

連盟規約は連盟国と非連盟国間の紛争についても連盟国間での紛争同様に連盟が平和的解決を勧奨し、侵略国に対して制裁を発動することを規定していた。そのため、すでに三五年に非連盟国となっていた日本であっても、連盟の制裁の対象とならないということではなかった。

満州事変に際しては、日本は徹底的に自衛論を展開して連盟の侵略認定を回避する姿勢を示したが、日中戦争ではどうだったであろうか。

七月一一日夕方、北京で現地停戦交渉が大詰めを迎えつつあるとき、日本政府は「華北派兵に関する声明」を発表した。それは「支那側が不法行為は勿論排日侮日行為に対する謝罪を為し及今後斯かる行為なからしむる為の適当なる保障等をなすことは東亜の平和維持上極めて緊要なり」と派兵の目的を述べていた。(13) 日本側は盧溝橋事件の原因は中国軍側の日本軍への銃撃にあるとしていたが、現地で停戦協議が進行するなか、正当防衛権的自衛権を標榜して派兵することはさすがに合理性を見出せなかったのであろう。そこで中国側の謝罪を実行させ、再発防止のための保障という名目を掲げることになったと見られる。日中戦争最初の派兵声明が自衛論を掲げていなかったことをここでは確認しておきたい。

日本が自衛論を持ち出したのは、七月下旬の郎坊・広安門両衝突事件発生を受けて、北平・天津地域の制圧を開始する意向を示した七月二七日の内閣書記官長発表においてであった。同発表は、右両事件を「北平、天津間の交通線の確保及居留民の保護」という日本軍（支那駐屯軍）の任務に対する中国軍の「武力妨害」と断定し、日本軍はその任務遂行と停戦協定事項の履行確保に必要な「自衛行動」をとるとした。(14)ここではかなり目的を限定した正当防衛権的自衛権を標榜して、以後の軍事行動の正当化が図られている。

ところが第二次上海事変開始後の八月一五日の政府声明は、華北での日本軍の行動を「自衛行動」として正当化した一方、居留民の生命財産の危機が中国全土におよんでいるので、日本は「支那軍の暴戻を膺懲し以て南京政府の反省を促す為今や断乎たる措置をとる」こと、および「排外抗日運動を根絶」することを戦争目的として掲げたのである。この声明では「領土的意図」を否定し、侵略戦争という批判を回避しようとしているが、上海事変後の全面戦争という事態全体を自衛戦争として積極的に正当化しようとしていないのが特徴である。(15)

つまり日本政府は、華北での戦闘拡大に関しては「自衛行動」論による正当化を図ったが、上海事変後は自衛論ではなく、国民政府の対日従属化（あるいは対日従属的な中央政権の樹立）という戦争目的を前面に押し出し始めたのである。このことは九月五日の第七二議会での近衛首相演説が、盧溝橋事件以来の根本方針は国民政府の排日政策の放棄による国交調整にあると、当初の「自衛行動」論を捨象していることにもよく示されており、以後の近衛首相の演説などでも戦争当初の「自衛行動」論は無視されているのである。(16)上海事変以後、日本は客観的には正当防衛権的自衛権を論拠として対中武力行使を正当化することを基本的に放棄してしまったのである。この点は三七年末のブリュッセル会議で九ヵ国条約加盟国から明確に指摘されることになる。

盧溝橋事件の発生を受けて中国は英米に日中間の周旋を期待する一方、連盟への提訴を考慮し始めた。その場合、中国は、連盟国と非連盟国間の紛争解決に関する規定である第一七条により提訴することになる。そしてそれを受理した連盟理事会はまず非連盟国に対して連盟国の負うべき義務の受諾を勧誘し、「勧誘を受けたる国か此の種紛争解決の為連盟国の負ふへき義務の受諾を拒み、連盟国に対し戦争に訴ふる場合」には、第一六条の制裁規定が該行動をとる国に適用されることになる（同条第三項）。

郭泰祺駐英大使は七月一四日にカドガン英外務次官補を訪ね、中国の連盟への提訴につき打診した。しかし前述したように連盟が大国に対する制裁を発動することはないとの方針をイギリスは一応決定していたのであり、カドガンの郭への答えは冷淡なものであった。すなわち中国政府は第一七条を提起できるが、同条項は効果の発揮が難しく、そのもとでの行動は日本に妨害されるだろうというのである。郭はカドガンの見解に同意を示しながらも、世界に問題を訴えるのにジュネーヴはよい舞台であると中国は考えていると述べた(17)。

2　イギリス外務省の対日制裁回避論

七月末に日本が戦闘を本格化するなかで、列国が日中間での周旋などを行わなければ、中国が連盟に提訴する可能性が高まることは必然的であった。介入もせず、一方連盟での対日制裁発動も回避したい、このディレンマにイギリスは陥っていった。

上海事変開始後の八月一九日、イギリス外務省極東部長のオードは、日本は公式に侵略者と非難された場合、そのような宣言を敵対行為と受け取り、中国にある国際租界と香港を攻撃する可能性があるので、その危険を回避するためには、日本を侵略者として非難したり、第一六条の適用が問題となる状況を避けるべきだとのメモランダムを作成した。[18] オードはさらに二二日付のメモランダムにおいて、現在対日戦争という危険を犯すことはできないとの考慮から、連盟で第一六条が協議されそうな場合は、日本側にあらかじめ第一六条が適用されることはないとの保証を与えておくことで、日本からの攻撃を回避するという案を提起した。しかし、このオードの方針には省内からも、われわれが制裁は行わないと日本に示唆するのは問題外だとの批判があがり、対案として理事会による日本の侵略者認定に抵抗するという方針が提起された。[19] 実際にはこの対案の路線がとられることになる。

一方、イギリス外務省の第三法律顧問であったフィッツモーリスは、八月二〇日付のメモランダム（F5520/9/10）で、連盟において第一六条制裁の適用を決定した場合は、制裁が日本側から敵対行為として受け取られるとしても、連盟国は制裁を実施することで、第一六条を遵守しなければならないとの見解を示した。[20] その一方フィッツモーリスは同日の別のメモランダムで、他国が日中間の状態を「戦争状態」と認定したとしても、それは日本が「戦争に訴えた」と認定したことにはならないのであり、いかなる場合においても第一六条は、日本が「戦争に訴えた」場合にのみ効力を発揮すると主張した。[21] つまりフィッツモーリスは、日本が「戦争に訴えた」と理事会が認定しない限り、第一六条の制裁適用問題は発生しないとの解釈を法律の専門家として提示したのである。ただし以下に見るように、この解釈がイギリス政府や外務省内の共通認識となるまでには多少時間がかかったようである。

以上のように三七年八月下旬において、イギリス外務省内においては、中国が規約第一七条によって提訴した場合に備えて、第一六条の制裁適用を回避するための論理と、姿勢を固める作業が進められたのである。

3　極東問題諮問委員会

第一八回連盟総会開催を目前に控えた三七年八月二六日、中国の中央政治委員会は国防最高会議に対して、連盟から実質的な援助は得られないとしても、国際世論の同情を得ることは一定の支援となるとの見解を示した。[22]そして八月三〇日、中国は連盟事務総長アヴノールに、盧溝橋事件以来の日本の対中武力侵攻は「日本の侵略」(Japanese aggression)であり、日本は不戦条約・九ヵ国条約に違反しているとの通告文を提出した。[23]これは連盟への正式な提訴ではなかったが、九月七日に郭大使はカドガン英外務次官補に対して、第一七条に訴えるよう中国政府からの訓令を受けた旨を伝えた。カドガンは、第一七条が提起されれば理事会は日本を連盟に招致するほかなく、日本がそれを拒否すれば、同条三項により第一六条の制裁規定が適用されることになり、イギリスは第一六条のもとでなんらかの行動をとる義務が生じるだろうと考えた。[24]翌八日のイギリス政府閣議は、第一六条適用についてカドガンと同様の見解をとったうえで、この提訴問題への対応はイーデン外相とジュネーブの連盟代表らに委ねることとした。[25]

九月一二日に中国は、規約第一〇条、第一一条、第一七条の適用を提起し、これらの条項のもとで現状に関して適当かつ必要とされる措置・行動をとることを理事会に懇請する要請を連盟事務総長に提出した。[26]中国は一一月のブリュッセル会議以前においては、制裁実施以上に日本の侵略認定を重視しており、第一七条を援用したのは、同条を援用すれば、まず連盟が日本を招請し、次に日本はそれを拒絶する、そこで中国は連盟に日本が侵略者であると宣言するよう要求するという手順をふめると判断したためであった。[27]この要請の処理は連盟事務総長と中・英・仏の各連盟代表との間で図られていった（以後、本章では便宜上この組み合わせ——出席者ではない——による会議を四者会談と呼ぶ場合がある）。すなわち九月一四日に開かれた四者会談においてデルボス（仏外相）、イーデン（英外相）、アヴノールは一様に、そうした手続きは、①戦争状態の宣言（第一〇条、第一一条、第一七条が適用される事態は戦争であるとの立場がとられた）、②英仏と日本間での交戦権の承認、③アメリカ中立法の発動、④貿易の制限、に帰結するとして、第一七条の適用の断念を迫るとともに、アメリカの最大限の協力を引き出すにはアメリカも参加している極東問題諸問委員会[28]の方が適切であると主張した。顧維鈞（連盟中国代表・駐仏大使）が第一七条の適用なしに日本に対するクレジット・武器供与の停止がありうるかと打診すると、イーデンとデルボスは、連盟による制裁手続きの適用がなくても、列国間での調整によりその停止は可能だと答えた。結局、顧維鈞は英仏の助言を諒承した。[29]

諮問委員会は三七年九月二一日に最初の会合を開くことになり、日本とドイツにも参加招請がなされたが、両国は参加を拒否した。[30]諮問委員会開催を前に、中国政府は、①日本を侵略者と認定する声明と日本がとっている非人道的戦争手段に対する非難、②日本への戦略物資とクレジット供給の拒絶、③クレジットと財政援助をともなった中国の武器購入と武器移送への便宜、という三点を達成目標として決定し、それをジュネーブの中国代表に訓令した。[31]簡潔に示せば、①日本の侵略認定、②対日制裁、③対中支援が中国の要望であり、この三点がどのように扱われていったのかが、以後の連盟とアメリカの日中戦争への対応の実態を考える基準になるといえるだろう。

まず①の日本の侵略認定についてである。顧維鈞は九月一七日イーデンに、侵略の認定はモラルの問題であり、中国政府は紛争当初から中国が維持した態度を正当化するために日本の侵略認定を求めると強く要望した。しかしイーデンは、諮問委員会が調査もせずに日本を侵略者であると宣言することはほとんど不可能であり、侵略認定（これは実質的に戦争の存在を認定することになる）の結果、アメリカの中立法が適用されることになり、中国に不利になるだろうと答えた。[32]連盟事務総長アヴノールも諮問委員会では侵略認定を避けるとの見通しであった。[33]

ただ①の非人道的戦闘手段に対する非難については、二七日の諮問委員会で日本を名指しして都市爆撃を非難する宣言が採択された。声明文作成過程でイギリス側は日本を名指しするのを避ける姿勢を示したが、中国代表と多数の代表は「日本による」と明記することを主張し、そのように落ち着いたのである。[34]

一方、侵略認定は容易に実現しそうになかった。中国代表が九月二九日の諮問委員会で日本を侵略者と認定することを要求したのを受けて、委員会はその審査のための小委員会を一〇月一日に設置した。(35) 同日、中国側は日本を侵略者と認定する次のような決議案を提出した。

日本は其の発意に基き強大なる軍隊を支那に送り右軍隊は既に支那領土の大部分に侵入したるに鑑み　日本は支那の海上封鎖を宣言し其の艦隊は支那の諸港を砲撃し居るに鑑み　日本空軍は支那領土に侵入し空中爆撃を敢行し其の不法性に付ては一九三七年九月二十七日委員会決議により糾弾せられ二十八日総会も之を支持したる所なるに鑑み　日本は紛争の平和的解決達成を目的としたる申入れを拒絶したるに鑑み　就中　日本は九月二十一日諮問委員会への事業に参加方要請せられたるを拒絶し　日本は自ら締約国たる一九二二年二月二十二日華府条約及び一九二八年四月二十七日巴里協定の規定並国際法の根本的原則を無視して敵対行為を開始したるに鑑み　諮問委員会は是等国際法及約定上の義務の侵反《ママ》を非議し且支那沿岸の不法なる封鎖を非議し　上記の諸事実は規約第十条に規定する連盟国に対する外部よりの侵略の事例を構成するものなることを宣言す(36)

すなわち中国は、日本軍の軍事行動（侵入、海上封鎖、爆撃）、紛争の平和的解決の拒絶、国際法違反（九ヵ国条約、不戦条約）という三つの要素を根拠に日本の行動を侵略と認定するよう求めたのである。

これを受けて小委員会は、諮問委員会に出席していない当事国である日本政府の立場について、総理大臣および外務大臣議会演説、政府声明などを資料とした検討を開始し、一〇月五日に二つの報告をとりまとめた。その第一報告書では、日中両国は本紛争の根底および最初の敵対行為の勃発を導いた事件に関しはなはだしく見解を異にしているが、強力な日本軍が中国の領域に「侵入」し、広大な地域を軍事的に統括していること、日本政府が中国の船舶に対して中国沿岸を封鎖する措置をとったこと、および日本軍が中国の広域にわたり爆撃を加えていることについては疑いを挟む余地がないと事実関係を認定し、結論として「委員会は日本か支那に対し陸上、海上及空中より加へつつある軍事行動は本紛争を惹起せしめたる事件と権衡を失すること、……右は現存法律文書又は自衛権の何れに依るも是認せらるるを得さること及右は……九国条約及……巴里協定〔不戦条約〕に基く日本の義務に違反するものなりとの意見を表示せさるを得す」と述べた(37)。

この報告書完成直後にジュネーヴのイギリス代表エリオットは、報告書最終部分は「侵略」という言葉を避けながらも日本の行動を強く非難する性質の結論を含んでいると本国に打電し(38)、翌日閣議でイーデン外相が報告は日本を侵略者（an aggressor）と名指しすることなく、その国が事実上の侵略（aggression）を犯していることを示す内容を含むであろうと述べたように(39)、イギリスとしてはこの報告が実質的に日本の行動を侵略と認定するものと捉えていた。ただ一〇月六日にジュネーヴのイギリス代表がイーデンに宛てた電報が、顧維鈞が求めた①侵略の非難、②日本に対する援助の拒絶、の危険性は明らかであり、報告書は日本に対する厳しい非難を含んでいるが、中国代表の一貫した圧力にもかかわらず侵略の認定は避けられた、と述べたように(40)、イギリス代表が明白な侵略認定の回避に努力したことを明確にしていた。

このように報告は中国が望んだ侵略認定を回避しつつ、日本の軍事行動は自衛権により是認されず、日本の行動は九ヵ国条約・不戦条約に違反すると認定した(41)。しかしその実質的な対日非難の一方、報告は日本の行動が不戦条約・九ヵ国条約に違反したとの言いまわしをしており、戦争状態が存在するとも、日本が戦争に訴えたとも認定していない。それらは対日関係やアメリカの中立法との関係から慎重に回避されたのである。

次に対日制裁への諮問委員会の対応を見ていこう。

顧維鈞からの上記①②③の申し出があった三七年九月一七日夜、イーデンはデルボスと議論し、日本に対するクレジット拒否についてなんらかの黙約がなされる可能性と、宣戦がなされるまでは中国への武器輸出が継続されるべきことについて合意した。[42] 両者は第一六条の適用を避ける一方で、実質的な対日制裁と中国支援を行う可能性を考慮したのである。

しかし二五日午前中に開かれたイギリスと英自治領代表による会議（イーデン外相は帰国して出席していない）においては、イギリス代表のエリオットは空爆非難決議以上の行動の必要を示唆したものの、オーストラリアとインドの代表から制裁への反対が表明され、とくに前者代表のブルースは連盟が日中紛争に効果的に介入できる可能性はなく、連盟はなんの行動もとらないということを率直に表明するべきだと主張した。結局、この会議の結果、対日制裁については否定的な方針がほぼ確認された。[43] イーデン外相の実質的対日制裁への考慮よりかなり消極的な姿勢がジュネーヴのイギリス連邦代表間で形成されたといえるだろう。

この会議の直後の昼に四者会談がもたれた。席上顧維鈞は対日経済制裁につき具体的な要望を述べたが、デルボスは中国は第一六条に訴えもせずに制裁を要求していると批判する豹変ぶりで、イギリス代表も中国が制裁を提起したのは大きな誤りであると批判し、日本が使う石油の六〇パーセントはアメリカからもたらされているので連盟のコントロールの外にあり、アメリカとの協力が絶対的に重要であることなども指摘した。[44] このとき英仏代表は、自分たちが中国側の規約に則った提訴を抑止したうえで、規約に訴えることなく対日制裁は可能であるとした数日前の態度を完全に翻していた。

とはいえ対日制裁・対中支援の道を英仏が完全に放棄したわけではなく、アメリカの関与を引き出すことがそのためには不可欠だと考えられたのである。諮問委員会の活動が大詰めを迎えつつあった一〇月二日、オーストラリア代表のブルースはクランボーンに対して、この紛争においては非連盟国の協力なくして連盟が効果的な行動をとるのは難しいと小委員会の席で率直に指摘し、紛争の交渉による平和的解決を慫慂するために九ヵ国条約署名国の招集を諮問委員会が勧告するとの方策を提案した。[45]一〇月五日に諮問委員会小委員会・諮問委員会が採択した第二報告は、連盟国であり九ヵ国条約調印国である各国を招集する提案を盛り込んだものとなった。[46]中国としても諮問委員会が具体的な対日制裁を勧告しない以上、問題をアメリカの参加する九ヵ国条約署名国による会議（ブリュッセル会議）に移す以外に選択肢はなかったといえる。

なおクレジットなどの本格的な対中支援については、諮問委員会のレベルではなんら具体的な協議すらなされなかった。

第一、第二報告はともに一〇月六日の連盟総会においても採択されたが、中国が諮問委員会において提起した、①日本の侵略認定、②対日制裁、③対中支援という三つの課題はほとんどブリュッセル会議に持ち越されることになったのである。

なおこの間アメリカは、七月一六日のハル国務長官声明で、国際紛争の平和的処理、国際協定・条約の遵守を呼びかけていたが、[47]一〇月六日の国務長官声明において日本の九ヵ国条約・不戦条約違反を認定し、[48]連盟に歩調をそろえた。

4　ブリュッセル会議

諮問委員会が報告書を採択した三七年一〇月五日、ルーズベルト大統領はいわゆる「シカゴ演説」のなかで、「隔離」という表現を用いて、侵略的な国家への対抗の必要性を表明した。ブリュッセル会議を前にアメリカが経済封鎖を連想させる「隔離」という言葉を使用したことは、イギリス政府には刺激的であった。翌六日、イギリス政府の閣議では制裁問題についての議論がなされた。[49]席上チェンバレン首相は、『マンチェスター・ガーディアン』紙の「制裁は、効果的ならば戦争の危険があり、効果的でなければ無意味である」との言葉をひきつつ、ヨーロッパ情勢がきわめて深刻な状況となっている現在、日本に「喧嘩を売る」べきではないと、制裁に慎重な態度を示した。ヨーロッパ情勢についてはすでに一〇月四日付の海軍報告が、イギリスの再軍備の現状では日本とドイツ両者と同時に戦争をすることは困難であると述べていた。(50)一方イーデン外相は、宣戦がない以上、日中双方に通常に武器供給は継続されるべきであるが、実質的にわれわれは中国のためにできることをやるべきであり、日本に対する輸出ライセンスの発効を遅らせるべきだとの方針を示唆した。日中間で宣戦がなされることによりイギリスが国際法上の中立状態に立つまでは、実質的に中国側に立つ路線をとること、換言すれば侵略者と非侵略者を差別化した対応をとることが提起されたのである。チェンバレンとイーデンの姿勢には明らかに差が生じていた。

一週間後の一〇月一三日の閣議では、首相が外相との間で達した一応の結論として、①戦争の危険を犯すことなしに効果的な制裁を発動することは不可能である、②われわれは効果のない制裁を発動することはできるが、その目的は達成されることなく、イタリアの場合〔エチオピア侵略に際しての対イタリア制裁〕と同様に、長期にわたる苦渋と悪意に帰結するであろう、〔③略〕、④制裁の効果が証明されたとしても、日本が、たとえばマレーからインドシナ、東インドにかけての地域（East Indies）における石油供給や、香港、フィリピンに対して報復的攻撃を起こさないという保証はない、との点が示された。そして首相は、ヨーロッパ情勢からは艦隊を極東に送ることは危険であるし、経済制裁は圧倒的な軍事力に裏づけられていないのであれば無意味であるとした。結局イーデン外相は、ブリュッセル会議においてはアメリカなどとの合意なしに制裁に同意しないとの立場で参加することとなった。(51)

一〇月一八日、ブリュッセル会議を前に、イーデンはワシントンのイギリス大使に電報で、ブリュッセル会議の最初の目的は合意によって平和に到達することであるが、日本の軍または経済的状況に重要な変化が起きない限り、この目的を達成できるか疑わしいとし、三つの選択肢を示した。すなわち、(a)日本の軍事的・経済的変化が併発する状況を期待していかなる行動も避けること、(b)積極的行動をとることなしに日本に対する道徳的非難を表明すること、(c)中国に対する積極的援助や日本に対する経済的圧力の形での積極的な行動にとりかかること、である。そしてイーデンは、イギリス政府とアメリカ政府は(c)のコースを十分に理解してブリュッセルに赴くことが必要だとし、日本に対する経済的措置に関する限り、アメリカ、全英連邦、そして六～八ヵ国が日本に対する経済圧力を行使すれば効果はありうると述べた[52]。イーデンはアメリカの経済制裁実施に期待を膨らませたのである。

しかし、この期待は、シカゴ演説にある「隔離」は制裁を意味しないとの駐英アメリカ大使ビンガムの発言により、ブリュッセル会議を前に急速にしぼんでいった[53]。

一九三七年一〇月二〇日、ベルギー政府からブリュッセル会議への参加招請が日本政府にとどいた。しかし日本政府は二七日に、日本の行動は自衛措置であり九ヵ国条約の範囲外であること、「日支事変は東亜の特殊事態」でありほとんど利害関係をもたない国をも含む多数国の会議によっては解決不能であるとの理由で不参加を回答した[54]。これは紛争はあくまで日中間の直接交渉で解決されるべきとの立場を主張したものであった。

一方、会議開催に際して英米の足並みは一致していた。一〇月二九日にマクドナルド植民地省大臣はニュージーランド代表のジョーダンに、制裁問題は会議では取り上げられない、「合意による平和の回復の保障」という試みが失敗したならば、制裁について考慮がなされるだろうと述べたが[55]、会議開催初日一一月三日の朝、アメリカ代表デイビスはイギリス代表に対して、制裁は少なくとも現在の議題には載っていない、われわれの最初の試みは平和を作り出す試みであるべきであると、マクドナルドと同様の見解を示したのである[56]。

ところが一一月五日の会議終了後、デイビスはイーデンに対して、制裁は発動したくないとしつつ、日本商品の七五パーセントを購入している英米が日本商品をボイコットするという「制裁」は効果的であるとの見解を示した(57)。さらにデイビスは、日本が侵略によって得た成果を否認し、日本の占領地における経済開発に対する資金提供を拒否する宣言を会議は考慮すべきで、アメリカ政府はこれらの対日圧力を行使するかもしれない、との期待を示した。実際デイビスは一〇日のハル国務長官宛電報でこれらの方策を提起し、さらに日本が宣戦した場合でも議会が中立法の発動を拒否もしくは保留するよう議会へ勧告することを考慮するよう求めた(58)。

一一月一〇日に開かれたイギリスと英自治領代表との会議では、このデイビスの意向が議論の焦点となった。制裁に明確に反対したのはオーストラリア、カナダ、南アフリカの各代表であった。ブルース（オーストラリア）は、デイビスが提起した日本からの全輸入ボイコット案は実質的な制裁に等しく、合意により平和を獲得するための会議にふさわしくないと異議を呈した。議論は制裁の効果の問題にも及び、アメリカと他の全政府が参加したとしても、日本は少なくとも最初の六ヵ月間は必要な物資の十分なストックがあるという事実に直面するだろうし、制裁が効果を発揮する前に中国が崩壊する可能性もあるとの見解も示された。しかしこうした制裁に消極的な見解を踏まえつつ、結局イーデンは会議の終了に際して、アメリカがこうした線で考慮を望むならば、イギリスはそれを考慮するつもりだと個人的にデイビスに告げたいとの意向を表明し、オーストラリアと南ア代表はアメリカとイギリスが熟慮のうえで行動をとるつもりならば政府は政策を見直すだろうとの意向を表明した。ニュージーランド代表は一貫して制裁への支援を約束した(59)。イーデンの熱意が英連邦内の消極論を押し切った形になったのである。

しかし一一月一五日にハル国務長官は、デイビスが提起する宣言は時期尚早であり、かつブリュッセル会議招請の目的の範囲を越えるもので、連盟がそのような措置を明確に回避していることを想起すべきだとの意向を伝え(60)、デイビス案は完全に消えていった。結局、同日、ブリュッセルのデイビスも日本に対する道徳的圧力の試み以上のことを

すべきでないとの線に主張を後退させていった。(61)

そして、この日ブリュッセル会議は一つめの宣言を採択した。宣言は、日中間の紛争は「法理上」九ヵ国条約・不戦条約の一切の締約国および「国際団体の成員たる一切の諸国」に関係があり、「問題は単に極東に於ける二国間のものたるに止らずして法規、秩序ある手続並世界の安全及世界平和の問題なりと認めらる」とし、日本の直接交渉論が「法理上」根拠がないと断定した。さらに日本の戦争目的については、日本が主張する中国の排日政策を放棄させるための兵力使用というのは内政干渉に該当し、それは国際法上容認されるものではないと断定した。(62) この宣言は、日本の戦争目的および紛争の「集団的」処理を排除する直接交渉論が、国際法上根拠がないことを国際社会が表明したという点では意義があったといえる。

一方、この時期イギリス本国では、対日制裁、対中支援いずれにおいても消極的な姿勢が強まっていった。一一月五日付の戦時貿易問題諮問委員会による報告は、制裁実施は日本からの報復に対する軍事的保障という問題を惹起することを指摘しつつ、現在考えられる数ヵ国の参加では日本が必要とする原料の供給を完全に妨げることはできないと結論づけた。この報告は一一月一八日の帝国防衛委員会において承認された。(63) また対中支援に関しても、日中間で宣戦があるまでは民間企業が中国に武器を売却するのは合法であるが、余剰政府軍需物資の中国および日本への売却は現在の敵対行為が継続する限り許可されるべきではないとの閣議決定が一一月一七日になされた。(64)

日本の侵略認定、対日制裁、対中援助のいずれにおいても具体的な決定を見ないまま会議の終幕を迎えつつあるなかで、中国側は不満を露わにした。しかし一一月二〇日、デイビスは顧維鈞に直接、アメリカが戦争に巻き込まれる可能性が高まれば、中立法を発動すべきだという抗しがたい要求が国内で高まるとして、対中物資援助や海軍の示威行動の可能性はないことを告げた。(65) 会議は二四日に、九ヵ国条約の原則を確認する趣旨の二つめの宣言を採択して閉会を迎えた。

ブリュッセル会議末期には英米代表たちはある種の後悔の念にとらわれていた。デイビスはイーデンたちに、会議当初にわれわれが日本に対して二、三の正当な提案をし、それが拒絶されていたなら、アメリカの世論は強い行動を支持するところまで徐々に高まったかもしれないと語ったし、マクドナルドは会議が作成した二つの宣言をわれわれは誇ることはできないとの感を抱いた(66)。また二四日の閣議で、チェンバレン首相は、最大の教訓はアメリカから効果的な協力を確保することの難しさにあったとの見解を述べた(67)。

ブリュッセル会議は以上のように対日制裁・対中支援についての具体的な方針を決定しないままに終わった。しかしイギリスの立場で見るならば、ヨーロッパと極東で同時期に戦争に臨むことの危険性、イギリスないし英連邦全体だけでなされる経済制裁の限界（無意味）という客観的前提のうえで、イギリスがアメリカとの共同行動を制裁適用の条件としたことは政治的には当然の選択といえた。一方、イギリス代表とアメリカ代表が少なくとも会議の前半においてはある程度実質的な対日制裁に近い措置（日貨ボイコット）の可能性を追求しようとしたことは、形式的な侵略認定を避けながらも、実質的に日本を侵略者として処遇し、中国と日本を明らかに差別化して対応したことを意味した。また一一月一五日の宣言は、日本の戦争行為を承認しないことを国際社会が宣言したという点で一定の意義を認めることはできるだろう。

5　第一六条適用問題と日本の侵略認定

規約第一七条による連盟への提訴を断念することを承諾し、諮問委員会と九ヵ国条約での対応に臨んだ中国の期待はまったく裏切られた。その結果、一九三八年になると中国は再び第一七条による連盟への提訴へと傾いていった。

イギリスでは第一六条制裁をめぐる一種の葛藤が再び生じることになる。

しかし三七年末に生じたイタリアの連盟脱退通告（三七年一二月一一日）とドイツの連盟復帰の可能性を否定した声明は、第一六条の適用についてより直接的にイギリスに考慮を迫っていた。一二月一四日に外務省のハイターはメモランダムを起草し、大要以下の分析を展開した。

イギリスには三つのコースがある。第一のコースは、従来通りの路線であり、連盟を我々の外交政策の基礎として位置づけ続け、その普遍化を展望しつつ、一定の改革を形式的に提唱し続けることである。このコースにおいては、現在の形での規約第一六条は、近い将来いかなる国際的紛争においても遵守されないだろう。このコースの不都合な点は、ドイツとイタリアの復帰はありえないことである。さらに不都合なのはそのような政策は、フランス、ソビエトと小協商国を始めとする連盟国にもほとんどアピールしない。フランスとソ連にとって第一六条は規約において最も重要なのである。

第二のコースは、我々は率直に現在の連盟は大きな政治的問題を解決できないと認めることである。我々はそのような問題はジュネーヴの外で扱うことを主張すべきで、連盟の手続に則ってジュネーヴにそれらを付託するのは実際上不毛であると抵抗すべきであり、規約の下での義務は現在停止状態にあると明らかにすべきである。このコースの利点はある程度現状に合致していることである。現在の二つの大きな政治問題、スペイン紛争と日中紛争は実際ジュネーヴでは扱われていない。さらにはこのコースはヨーロッパのブロック化を惹起しないだろう。このコースの不都合は、連盟と第一次大戦後の集団的基礎に基づいて国際関係を組織する試みの事実上の終焉を我々が認めなければならないことであり、イタリア・ドイツ・日本により提唱された外交関係の処理についてのアナーキーな理論を受認しなければならないことである。

第三のコースは、我々はひとつの同盟として連盟を組織することである。我々は、同盟の観点からは我々にとって最も有用な連盟国を疎遠にさせる嫌いのある第一六条の変更と第一九条の復活という修正を中止すべきである。このコースの利点は、この国の野党勢力に受けがよく、フランスとソ連を喜ばせるということ、そしてユーゴスラヴィアほかのローマ・ベルリン枢軸に引きつけられる傾向がある国々を再びこちら側に引き戻すだろうということである。このコースの不都合は、ヨーロッパにおけるブロック化は望ましくないと主張していた我々の見解に完全に反するということである。それはまたイギリスの軍事的関与を増加させるように思われるだろう。こうした理由からイギリスの右派勢力には非常に不人気だろう。

第三のコースはかなりラディカルに現在の政策からの離脱を惹起する。それに対する反対意見が存在することはあまりに明白であるので、我々は恐らく第二のコースに逸脱する傾向を強めながらも、第一のコースをとり続けることを免れないだろう。しかしイタリアとドイツにより醸成された情勢の中で、遅かれ早かれ第三のコースの可能性を真剣に考慮せざるえない状況となるであろう。(68)

ハイターは連盟へのイギリスの関与の歴史をふまえ、また、とくに一九三〇年代における連盟の行動の限界とヨーロッパの現状における連盟のとりうる道の可能性を考慮しつつ、右の三つのコースを提起したのである。国際紛争処理についての機能を実質的に放棄することを表明する第二のコースへの逸脱をふみとどまりながら、実質的にその機能を放棄しつつ連盟の普遍化を形式的に追求する第一のコースをとる。これがハイターの提示したイギリスのとるべき道であった。しかしハイター自身はこの路線の寿命は長くはないと思っていたのであり、またヨーロッパのブロック化、そして連盟の同盟化（軍事同盟化）が不可避のように予測されていたのである。

このハイターのメモランダムから三日後に、イーデン外相は連盟改革問題についてのメモランダムを作成した。この提出を受けて、一二月二二日の閣議はイーデンの次のような提案に同意した。すなわち連盟の改革問題を検討している二八人委員会もしくは理事会において連盟改革が取り上げられた場合、イギリス代表はやむをえない状況になるまで、いかなる態度表明もしない。ただし介入が必要かつ望ましい状況になったときは、代表は、強制的行動（具体的には制裁への参加など）は連盟国の一般的義務ではないとの認識を示す、というのがイーデンの提案であった。また、そのような提案をする場合は、イギリス代表は重要国が外部にとどまる限り元来の連盟構想は実際的ではないと主張すべきことも同意された。[69]イギリスは第一六条制裁参加の義務性を放棄する路線を取り始めたのである。

一方、中国は一六条の発動を要求し始めた。すなわち第一〇〇回連盟理事会開催中の三八年一月二八日、顧維鈞は中国政府からの訓令に基づいて、英・仏・ソ代表に対して規約第一七条よる手続きが実施されるよう要請するとともに、連盟が休戦に向けての行動をとらないならば、理事会が第一七条により日本を話し合いのために連盟に招致すべきであると主張した。顧維鈞は中国政府がこの手続きの結果として一六条による完全な制裁の適用を期待しているのではないとしたが、英仏側は従来同様の論法で顧維鈞の提案を受け入れなかった。[70]

結局、この第一〇〇回理事会では、関係国を含めた協議による紛争解決を呼びかける決議を採択しただけに終わった。

次の第一〇一回理事会に際しても、顧維鈞は五月一〇日に第一七条による手続きがふさわしいことを主張したが、[71]ハリファックス英外相（三八年二月にイーデンから交替）は、連盟決議はすでに連盟国が個別に中国になしうる援助を考慮するとしており、中国代表は存在している決議以上に進もうとしていると批判しつつ、イギリス政府はとりうる対中援助を実施しており、イギリスの再軍備の必要から外国への大規模な軍需物資輸出は差し控えられていると付言した。[72]翌一一日、顧維鈞はハリファックス外相に対して、中国支援の措置として、①中国の領土防衛における努力を理事会が承認すること、②中国への貿易と輸送手段の維持を理事会が連盟国に勧告すること、③中国を武器・資金の供与により支援することを理事会が勧告すること、④日本の毒ガス使用に対して理事会が厳重な注意を払うこと、という内容を示した。(73)イギリス側は①について、それが中国にとって実質的メリットをもたない一方で日本を刺激することになると認識しつつも、それが中国に面子を与えることも疑いようがないとして、要望をのむことにした。(74)結局、五月一四日に採択された理事会決議には①と④の内容が盛り込まれた。顧維鈞はこの決議は前回のよりは幾分ましだと述べたが、(75)それは要請した四点のうち二点が盛り込まれたことにある程度満足を覚えたからであろう。

しかし連盟国が対中援助を実施しないことへの不満と、各国が対日制裁を実施することへの期待は、六月九日に蔣介石が外国通信社に発表した談話でも示されたように引き続き存在した。(76)そしてついに、九月の連盟総会に際して中国は第一七条による正式な提訴に踏み切った。九月一日、ロンドンにおいて郭大使はハリファックス外相に第一七条による提訴の可能性を示唆した。外相からは否定的な反応しかえられなかったにもかかわらず、(77)中国は九月一一日に連盟理事会に対して第一七条による手続きを求める通告を行った。同夜ジュネーヴでは、イギリス代表のスティーヴンソンとバトラーが長時間顧維鈞と話し、バトラーはかなり強い調子で、中国がこの要求によって得るものは絶対的にないことを確信させ、それを撤回するよう説得に努めた。しかし顧維鈞は中国政府の訓令は代表団がその要求を堅持するよう求めており、選択の余地はないとの態度をとり、結局、説得は失敗した。(78)

ここで、ついにイギリスは第一七条の適用という問題に現実に直面した。フランス側もこの問題に非常に困惑した。中国政府によって公式に要請がなされれば第一七条は自動的に適用されることになり、第一七条一項による招請を日本が拒絶した段階で、第一六条適用の問題が議論されることになるというのがイギリス外務省における以前からの理解であった。

一方、ヨーロッパにおいてはドイツが、三八年三月一三日にオーストリアを併合し、東方侵略の第一歩を印したのに続き、チェコスロヴァキアのズデーテン地方の割譲へと向かっていった。ヨーロッパ情勢の緊迫は、戦争が勃発した場合の連盟の対処、とりわけ第一六条による制裁を義務的に適用するのかという問題への関心をかつてなく高めていった。そして九月一六日に開かれた連盟総会の一般討議では第一六条の義務性に議論が集中し、北欧・東欧諸国を中心に義務性を否定する見解が示され、中国とソ連がそれに反対した。そのなかでついにイギリス代表は、規約の違反があった場合に経済的または軍事的制裁を自動的に発動させる義務はないと、義務性を否定する見解を公にした。顧維鈞はこの総会の場において、規約第一七条の適用と対日制裁・対中援助の実施を要請する演説を行ったのである。(79)

議論は二二日の第六委員会でも繰り広げられ、第一六条の義務性を否定するイギリス、カナダ、インド、南アフリカ、オランダ、ベルギー、ギリシャ、フィンランド、ポーランド、ウルグアイなどと、同条の義務性を認めるか、同条の修正に反対する中国、ソ連、フランス、ニュージーランド、スペイン、メキシコなどが対立した。討論では、中国代表の顧維鈞はイギリスの見解は規約の実質を根本的に変更し第一六条を無意味にするものと非難し、ソ連代表のリトヴィノフは第一六条の解釈が恣意的に行われれば他の条項も同様の結果に陥ると述べ、フランス代表のボンクールは経済制裁および軍事制裁のみが侵略者を抑制できるものであると第一六条の義務性を主張した。(80)

イギリスは前年一二月二二日の閣議で合意された方針、すなわちやむをえない状況となれば第一六条の義務性を否定する立場を表明する方針を、この段階で実行したのである。それはハイターのメモランダムに照らすならば、第一のコースを逸脱して第二のコースへ足を踏み入れるものであった。

しかし中国が第一七条による正式な提訴に踏み切った以上、手続き的な進行は止めようがなかった。九月一九日の理事会は中国の第一七条適用要請を了承し、同条第一項に基づいて日本に理事会への出席を求める招請状が発せられた。日本政府が二二日に招請を拒否したことにより、いよいよ第一六条適用についての検討が開始された。そして三〇日に開かれた理事会秘密会は、ギリシャの著名な国際法学者であるポリティスらにより起草された決議案を審議した。

案文は、日本の軍事行動は、すでに三七年一〇月六日に総会が採択した諮問委員会報告において、自衛権では是認されず、九ヵ国条約・不戦条約に違反すると認定されていること、日本が第一七条による連盟の招請を拒絶したことにより第一六条に規定された制裁措置は各国「個別的」に適用しえること、現状では制裁のための共同的行動をとることができないこと、中国が「侵入者（invader）」に対して行う勇敢な闘争に同情と援助を与えるべきことなどをうたっていた。すなわち制裁適用の義務性を完全に放棄した内容の決議であった。中国とソ連の代表はそれに異議を唱えたが、結局案文は採択され、また形式は理事会決議ではなく、理事会議長報告とすることが決定された。理事会において顧維鈞は、より力強い政策が採用されえなかったことに遺憾を表しつつも、報告を受諾した。(81)

このように中国の第一七条による提訴はきわめて変態的とでも評すべき形態において第一六条の適用を認める内容の〝議長報告〟に帰結した。しかし、この決議が実質的に日本を侵略国と認定したことは間違いなかった。この点については後で改めて検討する。またイギリス外務省の文書ではこの議長報告を「九月三〇日の理事会決議」と呼んでいるのであり、実質的な決議であったといえる。

右理事会決議が〝議長報告〟とされたのは、第一六条適用の印象を弱め、日本からの報復的行動を招かないための配慮からであったといえる。というのは、右決議採択前の九月二八日、天羽英二駐スイス公使はイギリスの連盟代表バトラーに対して、決議が第一六条に言及すれば、日本のイギリスへの交戦権行使を招くと圧力をかけていたからである。(82)そこで〝議長報告〟に変えられたと推測されるのだが、結局、日本は一〇月三日に、連盟側が第一六条制裁の適用を可能としたことは、連盟側が日中間での戦争状態の存在を認定したことになるのであり、「第十六条の制裁措置を実行し来る国かあれは帝国政府は之に対し対抗措置を講するの決意あり」との態度を表明した。(83) もしイギリスが対日制裁を実施すれば、日本は中国における租界や海上においてイギリスに対する交戦権を行使するということになる。

イギリス外務省は急遽、日本の交戦権行使を回避する論拠をマルキン主任法律顧問に検討するよう要請した。マルキンは、前述した三七年八月二〇日付のフィッツモーリスによるメモランダム（F5520/9/10）を踏襲したメモランダムを提出したが、(84) それは「理事会決議」では日本が「戦争に訴えた」とは述べておらず、日本か中国のいずれかが、現存する状況は通常の戦争状態を構成するとの態度をとるか、第一六条制裁が実際に実施されるまで、現存する法的状況になんらの変化を生むべきものではないと結論づけていた。(85)

マルキンはこのメモランダムの最後で、分析の結果はわれわれにとって「都合のいい結果」であると評したが、それは日本のイギリスに対する交戦権行使を抑止できる論拠を見出しえたと判断されたことを意味した。このメモランダムの結論は一〇月一五日付電報でクレーギー駐日大使に伝えられ、日本の説得に供せられることとなった。

一方、中国は第一七条による提訴を実現し、実質的に日本を侵略国として認定させるところまでこぎつけたものの、第一六条の適用は形式的にうたわれる結果になった。以後、中国は、連盟に対して経済制裁のための統制委員会の設置を粘り強く要請し続けていくことになる。そうした過程で、三九年五月二七日に連盟理事会は対中援助に関する決議を採択したが、その第三項では「極東に於ける日本の侵略（Japanese aggression）」との表現で、日本を侵略者と明確に認定するに至った。(86) 中国が日中戦争当初から望んでいた日本の侵略認定という問題はここに完結したのである。

おわりに

前章で見たように日本の満州侵略の拡大によって戦争違法化体制はその根底から動揺していった。しかし、その状況のなかで、侵略戦争は容認しないという戦争違法化の理念は不承認主義という新たな理念を生み出し、また侵略を構成する行為を定義するという先駆的な試みも一部の国家間ではあったが国際法という形で結実を見せたのである。しかし満州事変でその機能不全を露呈した戦争違法化体制は、その足下を見透かされたかのようにイタリアのエチオピア侵略という新たな挑戦を受け、満州事変以上にその機能不全ぶりを証明した。この連盟の屈辱のなかで第一六条の改廃をめぐる議論が本格的に開始されていったのである。

イタリアのエチオピア侵略（三五年）、ドイツのラインラント進駐（三六年）、日本の対中全面戦争（三七年）、ドイツの東方侵略（三八年）といった、ファッショ陣営の連鎖的な侵略が拡大される情勢において、戦争違法化体制の実態的な要ともいうべき制裁は、これ以上の侵略を抑止するために有効であるのか、あるいは単に戦争の拡大や新たな戦争の開始を招くだけのものではないのか、こうした疑念に連盟国の多くは捉われていった。本章で扱ってきた日中戦争に関する中国側と連盟の動向は、こうした全体状況の一部を形成していたのである。

日中戦争開始以前の三六年一二月の時点で、第一六条制裁の義務性をめぐる態度は連盟国間で大きな分裂を見せていた。そのなかで連盟の中心としてのイギリスは第一六条の露骨な改廃は避け、規約の現状を形式的には維持しつつ、実質的に大国が関与した紛争に制裁を発動しないという態度で進む方針をとっていった。

そうしたなかで発生した日中戦争において、中国は対日抗戦への精神的支援を国際社会から獲得することを重視して、連盟による日本の侵略認定を強く求め始めたのである。そして、中国は、極東問題諮問委員会に際して、日本の軍事行動そのもの、日本の軍事行動の違法性、紛争の平和的解決の日本の拒絶という三点を根拠として日本の侵略認定を行うことを提起した。しかしイギリス側では第一六条の詳細な解釈の結果、侵略認定が制裁の義務的実施につながり、それが日本からの交戦権の発動を招くとの判断に到達しており、侵略認定こそがまず回避されるポイントとして認識されていたのである。これが以後の侵略認定問題の展開を大きく規定していった。

とはいえ、日中戦争に際してイギリスが対日制裁を一顧だにしなかったわけではない。イギリス政府は、経済制裁問題について、制裁の効果、アメリカの共同行動の可能性、対日制裁が対日戦に結びつく可能性、極東とヨーロッパにおける同時的戦争の可能性などの視点から真剣に検討していった。そしてイギリス政府内には、制裁の結果が対日戦に発展するとしても、アメリカがその道を共に歩いてくれるならば、その方向に進むべきだとの意向も存在していたのである。しかし依然孤立主義が支配的であった当時のアメリカは、結局ブリュッセル会議でその路線を完全に拒絶した。こうして三七年における対日制裁問題は大きな山を越えたのである。

その後三八年にヨーロッパでナチス・ドイツによる戦争の危機が高まるなか、第一六条の義務性をめぐる議論は最高潮に達し、イギリスは義務性を否定する立場を明らかにした。この動向と並行して処理されていった対日制裁発動問題の結果が、三八年九月三〇日の「理事会決議」であり、それが第一六条制裁は連盟国により「個別的」に実施しうると述べたのは当然のことであった。

このような展開を国際政治のリアリティーや大国の恣意性の結果として捉えることは的はずれとはいえないであろう。満州事変後に連盟諸国も確認した不承認主義はイタリアのエチオピア併合の前になんの意味ももたなかったし（イタリアは三四年には「不侵略と調停に関する不戦条約」にまで加入していた。第四章参照）、第一六条の義務性を一貫して主張したフランスは中国が制裁実施を求めることを批判すらしたのである。

では、この九月三〇日決議の意義はなんだったのであろうか。この決議は三七年一〇月に極東問題諮問委員会と総会で採択された報告書を承認したうえで、日本が第一七条による連盟の招請を拒絶したことを根拠に第一六条制裁の適用を認めている。すなわち右報告書が日本の行動は自衛権では是認されず、九ヵ国条約・不戦条約に違反していることと、国際紛争の平和的解決を日本が拒絶したことをもって、第一六条制裁の適用を認めたのである。九ヵ国条約と不戦条約はまぎれもなく第一次大戦後の戦争違法化体制を形成した国際法であり、国際紛争の平和的解決という原則は連盟規約に採用され、また流産はしたものの平和議定書が確立しようとしたものであった。国際法学者の横田喜三郎が平和議定書に関して、「裁判を拒絶して戦争に訴ふるものを以て侵略者と見るといふことは、実は現在に於ける国際社会一般の信念である」と評したことも想起されるであろう（第一章参照）。こうした面から見れば、九月三〇日決議は二〇年代の戦争違法化をこそ論拠として導き出された結論であったといえるだろう。

そして連盟国が個別に制裁を適用しうると認められたということが、実質的に日本を侵略国と認定したことを意味していた。横田喜三郎は侵略戦争に対する制裁について、戦後まもなく次のように述べている。

　侵略的な戦争に対しては、いろいろな条約や条約案によって、世界のほとんどすべての国家が共同して制裁を加えることになっているから、この制裁は刑罰としての性質を有するものといえる。同時に、そのような制裁を加えられる侵略的戦争は、国際犯罪としての性質を有することになる。(87)

九月三〇日決議が、日本の遂行している戦争は連盟国により制裁を加えられるべき戦争であると認定したことは間違いない。そして右の横田の論理を援用すれば、連盟すなわち世界の大半は右決議によって日本の戦争の犯罪性を実質的に認定したということになるだろう。

改めていうならば、九月三〇日決議は、二〇年代の戦争違法化をこそ論拠として実質的に日本を侵略国として認定するものであったのである。そして一九三八年九月という時期は、実態は泥沼化であったにせよ、日本が武漢を攻略する直前で、国際的には中国の崩壊が危惧されこそすれ、日本の敗戦が予見される状況にはなかった。日本は戦争に負けた結果として侵略国という認定を受けたわけではなく、中国に対する勝者たらんとするかの状況のなかで、国際社会から侵略国として認定されたのである。

では、日中戦争において、中国にとって連盟はどのような意味をもったのだろうか。連盟は結局、対日制裁を実行することなく、一九三九年の第二次世界大戦開始により実質的に機能を停止してしまう。連盟は中国に医療援助などを行いはしたが、安全保障面では実質的な意義をもたない存在であったといえよう。しかし、連盟は中国にとって少なくとも自国の行動の正当性を世界にアピールする場として機能し、戦争に対する連盟主要国の、そして、ときにはそれらとアメリカの対応を協議する場として機能した。本文でも触れたように、中国もこういう場としての連盟の存在意義は重視していたのである。

そして連盟は基本的には日本の行動を違法・侵略と認定し、中国を支持する立場を維持した。日中戦争期における連盟のこうしたあり方は、ハイターのいう第三の道、すなわち同盟化の道を連盟がたどっていたことを示すものであり、連合国結成の前史をなしていたといえるであろう。

註

（1）　日中戦争期におけるイギリスの対日制裁問題についてのもっとも詳しい分析としては、すでにリーの研究があり、イギリスがヨーロッパ情勢の深刻化とアメリカの対日制裁への消極性という条件のもとで、対日戦争を回避する（ヨーロッパとの同時戦争は回避する）観点から制裁に反対する姿勢をとったことが指摘されている。筆者はこのリーの見解を首肯するものであるが、本章は、イギリス政府が政治的問題として対日制裁問題をいかに考慮したのかという点に加えて、イギリスが連盟の中心国という立場で第一六条適用問題にいかに対処したのかを、規約の解釈をめぐる議論を含めて明らかにすることに重点をおく。Bradford A. Lee, *Britain and the Sino-Japanese War, 1937-1939. A Study in the Dilemmas of British Decline* (Stanford/London, 1973). なお、ほかにこの時期のイギリスの対日政策を扱ったものとしては、Aron Shai, *Origins of the War in the East. Britain, China and Japan 1937-1939* (London,1976); Peter Lowe, *Great Britain and the Origins of the Pacific War. A Study of British Policy in East Asia 1937-1941* (Oxford, 1977) がある。これらの研究史上の位置づけについては、木畑洋一「一九三〇年代イギリスの東アジア政策をめぐって」（近代日本研究会編『年報 近代日本研究1』山川出版社、一九七九年）を参照されたい。なお従来日中戦争期における国際法上の重要な変化として中立概念の転換が指摘されているが、その点については、大沼保昭*『戦争責任論序説』、加藤陽子『模索する一九三〇年代』（山川出版社、一九九三年）を参照されたい。

（2）　スティムソン声明、理事会通牒、総会決議での関連部分はそれぞれ、『外交主要文書・下』一九四〜一九五頁、一九九〜二〇一頁、二四七〜二四八頁。なお日本が三二年一月一六日に発した対米回答の後半では、ワシントン会議後の中国国情の変化は「関係諸条約の拘束力乃至内容に何等影響ある次第に非さるも条約の適用に当りては必すや現実の事態に即して之を行ふを要する」と述べ、日中戦争期に九ヵ国条約廃棄論の有力な根拠と考えられるようになる「事情変更論」の萌芽を窺わせる。この点については、拙稿「日中戦争期の九ヵ国条約廃棄問題」（『歴史評論』第五六九号、一九九七年九月）を参照されたい。

（3）　以上の不承認主義の展開については、横田喜三郎「満洲事件とフーヴァー主義」（『国際法外交雑誌』第三二巻第一号、一九三三年一月）参照。

（4）　横田喜三郎「スティムソン主義の国際法化」（『国際法外交雑誌』第三三巻第八号、一九三四年一〇月）四〜一一頁、一八頁。

（5）　前掲横田「満洲事件とフーヴァー主義」六九頁、七四〜八一頁。

（6）　前掲横田「スティムソン主義の国際法化」二二頁、三三〜三六頁。しかし横田のような評価は少数派であった。たとえば立作太郎は、そもそも国際法においては国家領土の併合が条約違反または権利侵害の結果として生じたとしてもただちに無効とされているのではなく、アメリカの不承認の態度は現行の国際法に順応しないものであると、不承認主義自体に異議を呈し、不承認主義の満州事変への適用は「非議を受けざるを得ない」と批判した（立「フーヴァー主義（一名スティムソン主義）の正体」〈『外交時報』第六七四号、一九三三年一月一日〉二〇九〜二一二頁）。また、神川彦松東京帝国大学教授は不戦条約は実質的な国際法規範ではなく、不承認主義もいまだ国際法上実質的に確立されていないとし、アメリカは不承認主義において武力に訴えないことを声明しているから、結局、不承認主義に「我国の対満政策を変更するの力は無い」と断じた（神川「フーヴァー・ドクトリンの政治的批判」〈『外交時報』第六六八号、一九三二年一〇月一日〉一〇六頁、一〇九～一一〇頁）。

（7） 山本章二『*国際条約集　一九九四年版』四三六頁。

（8） 大沢章（九州帝大教授）「侵略の定義に関する条約」（『国際法外交雑誌』第三三巻第九号、一九三四年一一月）一四頁。

（9） 山本章二『*国際条約集　一九九四年版』四三五頁。この侵略の定義の解説としては、高橋通敏「侵略の定義に関する国連委員会案の成立（上・下）」（『国際問題』第一七六号・第一七七号、一九七四年一一、一二月）。

（10） 長尾雄一郎『*英国内外政と国際連盟』二〇五頁。アロイジの発言は三五年五月になされたもの。ムッソリーニの連盟観については、同書一〇六頁、一二一頁、一六三頁参照。以下、エチオピア紛争についてはおもに同書による。連盟の常任理事国である一帝国主義国が、それと特殊な政治・経済関係を有する半植民地的独立国を軍事的に侵略したという点をはじめ、満州事変とエチオピア紛争には興味深い共通点がある。なお、三八年四月にイギリスはイタリアのエチオピア征服を承認した。

（11） 以下、三七年末までの連盟改革に関しては、とくに註を付す以外は、W22497/250/98 C. P. 315 (37), A. Eden, Reform of the League. Dec. 17, 1937, FO371/21244; W11066/250/93. Foreign office, Memorandum, The Prospects of the Reform of the League. May 11, 1937, Peter J. Beck ed., *British Documents on Foreign Affairs: ser. J, The League of Nations, 1918-1941*, Vol. 8, pp. 86-103 による。なお、以下、同書は*BDFA/J*, 8と略す。

（12） W12141, Draft minutes of the thirteenth meeting of principal delegates, June 24, 1937, FO371/21241. またイーデンの三七年一二月一七日付覚書（前掲W22497/250/98）では、ニュージーランドを除く自治領代表は、第一六条の運用をより弾力的にする提案を提出したとされている。

（13） 『外交主要文書・下』三六六頁。なお同日の「盧溝橋事件処理に関する閣議決定」も「支那側の謝罪及保障をなさしむる目的を達したるときは速に派兵を中止せしむること勿論なり」と派兵の目的を述べた（同三六六頁）。

（14） 情報局記者会『日本の動きと政府声明』（新興亜社、一九四二年五月）八頁。

（15） 『外交主要文書・下』三六九～三七〇頁。

（16） 前掲情報局記者会『日本の動きと政府声明』一二頁。九月五日以後の主要な演説についても同書を参照した。

(17) Letter from Sir S. Cadogan to the French Ambassador, July 21, 1937, *Documents on British Foreign Policy, 1919-1939*. ed., W. n. Medicott, Douglas Dakin. (London: H. M. Stationery office, 1984), Ser. 2, vol. 21. No. 141, pp. 185-186. 以下、同資料集名は *DBFP*/2, 21. と略す。

(18) F5426/9/10, Sino-Japanese disputes : consequence which would result from existence of legal state of war. Aug. 19, 1937, FO371/20953. Public Record Office 所蔵。なお、以下、書名が付されていない英文資料はすべてイギリスPublic Record Office 所蔵資料である。

(19) F5720/9/10, Foreign Office Minute, Mr. Orde. Sino-Japanese disputes : British policy. Aug. 22, 1937, FO371/20954.

(20) F5520/9/10, Foreign Office Memorandum. (Mr. Fitzmaurice), Sino-Japanese disputes. Aug. 20, 1937, FO371/20954.

(21) F5426/9/10, Foreign Office Memorandum. (Mr. Fitzmaurice), Sino-Japanese disputes : consequence which would result from existence of legal state of war. Aug. 20, 1937, FO371/20953.

(22) 王建朗『抗戦初期的遠東国際関係』（台北市、東大図書公司、一九九六年）六九頁。

(23) Communication from the Chinese Government. Geneva, Aug. 30, 1937. 外務省条約局第三課『支那事変と国際連盟』（一九三七年一二月、外務省外交史料館蔵）所収。

(24) F6356/9/10, Chinese Ambassador (conversation), Sino-Japanese dispute ; proposed appeal to League of Nations by China. Sept. 7, 1937, FO371/20955.

(25) Cabinet Conclusions 34 (37), Sept. 8, 1937, *DBFP*/2, 21, pp. 297-302.

(26) C.Kuangson Young Ed., *The Sino-Japanese Conflict and the League of Nations 1937* (the press bureau of the Chinese Delegation, Geneva, 1937), pp. 114-120.

(27) 顧維鈞は、中国政府は連盟は少なくとも日本が侵略者であることを宣言できるのであって、制裁問題はその後に処理すると考えており、日本を侵略者と正式に宣言することが、世界世論を喚起し、日本の行動が世界平和の前途を破壊することに人々の注意を向けさせることになると、その意図を説明していた（顧維鈞『顧維鈞回憶録・第二巻』中国社会科学院近代史研究所訳、中華書局出版、一九八五年、四六三頁、四七四頁、四七八頁）。

(28) この諮問委員会とは、日中間の紛争を審議するとの名目で一九三三年二月二四日に連盟総会で設置が決定されたものである。一九三二年三月一一日に成立した一九国委員会（当事国を除き理事国および特定の数国により組織）にオランダ、カナダ、非連盟国のアメリカを招請したもの（アメリカは当時票決権をもたない資格でこれに参加した）。設立後、実質的な活動はしていなかった。

(29) F6691/9/10, United Kingdom Delegation to League of Nations. Sino-Japanese dispute. Chinese appeal to the League. Sept. 14, 1937, FO371/20956；The Consul at Geneva (Bucknell) to the Secretary of State. Sep. 16, 1937, *Foreign Relations of the United States Diplomatic Papers 1937*, vol. 4, p. 21. なお以下同書は *FRUS*/1937, 4 と表記する。

(30) 前掲外務省条約局第三課『支那事変と国際連盟』一頁。

(31) Mr. C. A. Edmond to FO, Sept. 17, 1937, *DBFP*/2,21. No. 246, p. 327.

(32) Ibid.

(33) Mr. C. A. Edmond to FO, Sept. 25, 1937, *DBFP*/2, 21. No. 259, p. 341.

(34) Mr. C. A. Edmond to FO, Sept. 25, 1937, *DBFP*/2, 21. No. 264, p. 345.

(35) 以下、諮問委員会の経過については、前掲外務省条約局第三課『支那事変と国際連盟』二頁。

(36) 同前一二頁。

(37) 同前二二～二三頁。

(38) Mr. Edmond to Mr. Eden, Oct. 5, 1937, *DBFP*/2, 21. No. 284, p. 367.

(39) Cabinet Conclusions, 36 (37), Oct. 6, 1937, *DBFP*/2, 21. No. 291, pp. 374-377.

(40) Mr. Edmond to Mr. Eden, Oct. 6, 1937, *DBFP*/2, 21. No. 289, p. 373.

(41) 日本の陸海軍においては、この段階で不戦条約・九ヵ国条約違反が認定されたということを十分に解さなかった形跡がある。たとえば三七年一一月八日付で陸軍省がまとめた意見では宣戦布告をすればそれらの条約と抵触するとの非難を招くと述べられている。詳しくは木戸日記研究会編『木戸幸一関係文書』（東京大学出版会、一九六六年）三〇二～三一一頁参照のこと。

(42) Mr. Edmond to FO, Sept. 18, 1937, *DBFP*/2, 21. No. 249, p. 330.

(43) F7229/6799/10, United Kingdom Dlegation, Geneva. Sino-Japanese disputes：discussion with Dominions in Geneva. Sept. 29, 1937, FO371/21014.

(44) Mr. Edmond to Mr. Eden, Sept. 29, 1937, *DBFP*/2, 21. No. 270, pp. 351-353.

(45) F7307/6799/10, United Kingdom Dlegation. Sino-Japanese disputes : work of League Advisory Committee sub-committee. Oct. 2, 1937, FO371/21014.

(46) 前掲外務省条約局第三課『支那事変と国際連盟』二三〜二五頁。

(47) 『外交主要文書・下』三六七頁。なお八月一七日の記者会見でハル国務長官は、七月一六日声明でふれた「原則」には九ヵ国条約・不戦条約などが包含されると言明した（入江啓四郎*『ヴェルサイユ体制の崩壊・上』一二三頁）。

(48) 一九三七年一〇月、外務省条約局第二課「九国条約と我対支政策との関係」（同『支那事変関係国際法律問題　第二巻』一九三八年三月）六六頁。

(49) この閣議の内容については、Cabinet Conclusions 36 (37), *DBFP*/2, 21. No. 291, p. 377.

(50) F7372/6799/10, Letter from Mr. S. H. Phillips (Admiralty) to FO, *DBFP*/2, 21. No. 283, p. 366.

(51) Cabinet Conclusions 37 (37), *DBFP*/2, 21. No. 304, pp. 390-394.

(52) Mr. Eden to Mr. Mallet, Oct. 18, 1937, *DBFP*/2, 21. No. 312, pp. 401-402.

(53) Mr. Eden to Sir. Lindsay, Oct. 28, 1937, *DBFP*/2, 21. No. 323, p. 414. なお、アメリカの九ヵ国会議代表ノーマン・デイビスは、会議期間中の一一月二一日にイギリス代表の一人であるマクドナルドに、次のように語った。アメリカ政府が現在おかれている困難は部分的には大統領のシカゴ演説から起きた。「隔離」という表現がそこで使われたのは不幸なことであり、大統領はハルと協議して準備した演説草稿にハルに照会することなく自分で「隔離」という言葉を挿入してしまった。大統領は日本に対する敵意を含まない印象をもたらす言葉を見つけようとしたのであり、「制裁」という言葉も、敵対行動の可能性を示すかに見える他の言葉をも使いたくなかった。「隔離」はルーズベルトが見出すことができた最高の言葉だった（Sir. Clive to Mr. Eden, Nov. 22, 1937, *DBFP*/2, 21. No. 383, p. 523）。

(54) 外務省『支那事変関係公表集（第二号）』（一九三七年一二月、外務省外交史料館所蔵）二三〜二四頁。なお、日本政府は一一月一二日に再招請を再び拒絶する回答を発表したが、そこでは「集団的機構内」で紛争を処理することにいっそう強い反発が示された（外務省条約局第三課『「ブリュッセル」九国条約締約国会議』〈一九三七年一一月二〇日、外務省外交史料館所蔵〉一一〜一二頁）。

(55) New Zealand and the Brussels Conference, Secretary of State for Dominion Affairs, FO371/21017.

(56) Sir. Clive to FO, Nov. 3, 1937, *DBFP*/2, 21. No. 328, p. 420.

(57) Mr. Eden to Sir R. Lindsay, Nov. 6, 1937, *DBFP*/2, 21. No. 339, p. 452.

(58) F9509/6799/10, United Kingdom Delegation (Brussels), Sino-Japanese dispute : Meeting between United Kingdom and Dominion Delegations at Brussels Conference. Nov. 12, 1937, FO371/21017 ; Mr. Eden to Sir R. Lindsay, Nov. 14, 1937, *DBFP*/2, 21. No. 356, pp. 481-482 ; The Chairman of the American Delegation (Davis) to the Secretary of State. Nov. 10, 1937, *FRUS*/1937, 4, pp. 176-177.

(59) Ibid. F9509/6799/10 ; Record of meeting with Dominion Delegates to the Burussels Coference held at 11. 15 a.m. on Nov. 10, 1937. *DBFP*/2, 21. No. 353, p. 478.

(60) The Secretary of State to The Chairman of the American Delegation (Davis). Nov. 15, 1937, *FRUS*/1937, 4. p. 187.

(61) Record by Mr. MacDonald of a conversation with Sir A. Cadogan and Mr. Norman Davis, Nov. 15, 1937, *DBFP*/2, 21. No. 363, p. 492.

(62) 前掲外務省条約局第三課『「ブリュッセル」九国条約締約国会議』一五～一七頁。宣言参加国は中国、英、仏、米、南ア連邦、濠、ベルギー、ボリヴィア、カナダ、印、メキシコ、オランダ、ニュージーランド、ポルトガル、ソ連。なお、伊は反対、スカンジナヴィア三国は棄権した（外務省条約局「昭和十二年度執務報告」二四一頁、外務省マイクロR. SP166）。

(63) Report of the Advisory Committee on Trade Questions in Time of War on Economic Sanctions against Japan, Nov. 5, 1937, *DBFP*/2, 21. No. 334, p. 445 ; F10486/6799/10, Committee of Imperial Defence, Economic Sanctions against Japan, Nov. 18, 1937, FO371/21018.

(64) Cabinet Conclusions 42 (37), Nov. 17, 1937.

(65) F9961/6799/10, Sino-Japanese dispute: Brussels Conference. United Kingdom Delegation (Brussels) Nov. 22, 1937, FO371/21018.

(66) Sir. Clive to Mr. Eden, Nov. 22, 1937, *DBFP*/2, 21. No. 381, p. 520.

(67) Cabinet Conclusions 43 (37), Nov. 24, 1937.

（68）W2285/250/98, Foreign Office Minute (Mr. Hayter), His Majesty's Government's policy in regard to League of Nations. Dec. 14, 1937, FO371/21244.

（69）Cabinet Conclusions 48 (37), Dec. 22, 1937, FO371/21244.

（70）United Kingdum Delegation to FO, Jan. 31, 1938, *DBFP*/2, 21. No. 502, pp. 672-673. なお、席上顧維鈞はすでに諮問委員会の報告は事実上日本の侵略を認定したと主張した。

（71）Mr. Edmond to FO, May 10, 1938, *DBFP*/2, 21. No. 569, p. 765.

（72）FO to Mr. Edmond, May 11, 1938, *DBFP*/2, 21. No. 571, p. 767.

（73）Mr. Edmond to FO, May 11, 1938, *DBFP*/2, 21. No. 572, pp. 768-769.

（74）FO to Mr. Edmond, May 12, 1938, *DBFP*/2, 21. No. 769, p. 769.

（75）外務省条約局第三課『支那事変と国際連盟（二）』（一九三八年一一月、外務省外交史料館所蔵）八頁、一四頁。

（76）沈雲龍主編『近代中国史料叢刊続編第八〇輯　華美晩報編　中国全面交戦大事記第二輯』（文海出版社）六月分二〇頁、六月九日の項。

（77）F9369/78/10, Assistance for China's appeal to League of Nations. Chinese Ambassador (Conversation), Sept. 1, 1938, FO371/22103.

（78）F9800/78/10 United Kingdom Delegation (Geneva) to Mr. Ronald. Sino-Japanese dispute : China's appeal to League of Nations. Sept. 13, 1938, FO371/22103. なお、中国社会科学院近代史研究所訳『顧維鈞回憶録』第三巻（北京、中華書局、一九八二年二月）一八二〜一八七頁参照。

（79）外務省条約局第三課『第十九回国際連盟通常総会報告』（一九三八年九月、外務省外交史料館所蔵）八〜九頁、一二頁。

（80）同前六八頁。なお日付は前掲『顧維鈞回憶録』第三巻、二〇九頁によった。

（81）前掲外務省条約局第三課『支那事変と国際連盟（二）』一一〜一六頁、英文資料部分二一頁。決議第四項は「日本に対し発せられたる勧誘を日本は拒絶したるに鑑み第十七条第三項に依り第十六条の規定は現状に於て適用せ〔ら〕れ得へく従て連盟国は前記認定の基礎の上に従前の如く行動し得るのみならす尚個別的に第十六条に規定せらるる措置を執ることを得」と述べている。なお、右外務省資料では「invader」に「侵略者」との訳語を用いている。F10348/78/10, United Kingdom Delegation (Geneva),

Sino-Japanese dispute : China's appeal to League of Nations. Sept. 30, 1938, FO371/22103 も参照。

（82） F10339/78/10United Kingdom Delegation (Geneva), Sino-Japanese dispute : China's invocation of article 17 of League Covenant. Sept. 29, 1938, FO371/22103.

（83） 外務省情報部長談話（外務省情報部『支那事変関係公表集（第三号）』一九三八年一二月）六八頁。

（84） F10548/78/10, Foreign Office Memorandum (Sir. Malkin), Sino-Japanese dispute : application of Article 16 of League Covenant. Oct. 6, 1938, FO371/22103. Visc. Halifax to Sir R. Craigie. *Documents on British Foreign Policy, 1919-1939*, ed. , E. L. Woodward, J. P. T. Bury. (London : H. M. Stationery Office, 1955), Ser. 3, vol. 8, No. 159, pp. 143-145.

（85） Visc. Halifax to Sir R. Craigie. Oct. 15, 1938, Ibid. No. 156, p. 140.

（86） 外務省条約局「昭和十四年度条約局第三課執務報告」（一九三九年一二月、外務省マイクロR. SP167所収）一一三〜一一四頁。英文はLeague of Nations, Official Journal May-June 1939, p. 277.

（87） 横田喜三郎『戦争犯罪論』一〇六頁。

第六章　ヴェルサイユ＝ワシントン体制論

はじめに

序章において述べたように、従来の研究史においては、一九二〇年代以降の日中関係・極東国際秩序の動態をワシントン体制という視角から論じたものが多い。それに対して筆者は、戦争違法化体制とはヴェルサイユ＝ワシントン体制という国際秩序の法的側面であると位置づけ、上述の議論を展開してきたのであるが、ここではその議論を集約しつつ極東の国際秩序としてのヴェルサイユ＝ワシントン体制の動態について、スケッチを試みたい。

ここではヴェルサイユ体制とワシントン体制がそれぞれ内包した二つの原理に焦点をあてる。一つは、軍事力・経済力の拡差に基づく国家間の支配―被支配的、あるいは支配―従属的関係から形成される大国主義的国際秩序である。これを、ここでは垂直原理と呼んでおく。もう一つは、軍事力・経済力の拡差にもかかわらず、主権国家間の平等尊重から形成される平等主義的国際秩序である。これをここでは水平原理と呼んでおく。本章では、ヴェルサイユ＝ワシントン体制におけるそれらの原理の葛藤が、一九二〇年代から第二次大戦期に至る極東をめぐる国際関係の動態に反映されていたとの視角から、その推移をあとづけてみたい。

一　ヴェルサイユ体制の水平原理と垂直原理

一九二〇年一月一〇日に発効した連盟規約は、戦争をめぐる国際法状況に大きな転換をもたらすものであった。すなわち連盟規約前文は「締約国は戦争に訴へさるの義務を受諾」すると約し、第一〇条は連盟各国の領土保全・政治的独立の尊重と侵略からの擁護を約し、第一一条は戦争・戦争の脅威は連盟全体の利害関係であり、連盟は国際の平和を擁護する措置をとることを約し、第一二条は連盟国は国交断絶に至る虞れのある紛争を仲裁裁判もしくは連盟理事会の審査（二一年の改正で司法的解決が加わる）に付し、裁判判決または連盟理事会報告後三ヵ月を経過するまで戦争に訴えないことを約し、第一六条は第一二条、第一三条または第一五条に反して戦争に訴えた連盟国に対する経済制裁・武力制裁について定めた。

すなわち連盟規約は基本的に、弱小国であっても連盟国であれば侵略から擁護され、国際紛争の平和的解決に訴えずに開始された戦争は違法とされ、違法な戦争に訴えた国に対しては他の連盟国が制裁を加えるとしたのである。戦争違法化体制の成立であった。国際紛争の平和的解決を国際関係の基本原則とし、それに反して違法な武力行使を行う国に集団的に制裁を加えるという法的構造は、第二次大戦末期に調印された国際連合憲章に引き継がれたのであり、その意味では連盟規約は二〇世紀的な戦争観を国際法レベルで成立させたものといえた。換言すれば法的には、戦争そのものは合法的と考えられていた近代的戦争観（無差別戦争観）は連盟規約の成立をもって否定され、現代的戦争観への転換がそこでなされたのである。一九世紀的戦争観から二〇世紀的戦争観への転換といってもよいだろう。

さて前述したように、国際連盟規約は、連盟国の領土・政治的独立の保全を掲げ、実質的な侵略国に対して連盟国が経済制裁・武力制裁を行うことを定めた。強国であると弱小国であるとを問わず、その主権は平等の価値を認められ、連盟によって平等に擁護されることが連盟の原理として採用されたのである。(1)これを連盟における水平原理と呼んでおく。

しかし一方、連盟を中心に実際の国際秩序を見た場合、理事会での実質的な拒否権をもち続ける特権的な常任理事国（英・仏・日・伊四大国、一九二六年にドイツが加わる）のもとに、一般の連盟国（非常任理事国となりうる）が存在するという重層構造があり、敗戦諸国は加盟を認められないという形で、最下層に位置づけられるという実質的な大国支配構造が形成された。

さらにヴェルサイユ条約は、より直接的に国際関係における大国支配を規定した。そのなかで、国家としての存在を認められなかった植民地などを別にすれば、もっとも下位（被抑圧的立場）に位置づけられたのは敗戦国であった。ドイツが植民地を剝奪され、軍備を著しく制限され、経済復興の足かせとなる莫大な賠償を課せられ、ラインラントをフランスに占領され、二六年まで連盟への加盟が認められなかったのは、ヴェルサイユ条約の敗戦国に対する抑圧的性格を示していた。(2)一方、戦勝諸国内にも抑圧的な関係が存在した。ウィルソンの一四ヵ条の民族自決論に期待し、主権の回復を図ろうとした中国は、その期待を裏切られ、なお半植民地状態におかれた。

大国が常任理事国として支配的・特権的位置を占めるのが、連盟規約を含むヴェルサイユ（条約）体制のもつ垂直原理であった。ヴェルサイユ体制は水平原理と垂直原理により構成されていたといえる。

ただし世界の最大国となっていたアメリカは結局連盟に加入せず、また世界で最初の社会主義国として誕生したばかりのソ連は、加入を求められもしなかった（ソ連は一九三四年に加入した）。

二　連盟の垂直原理の是正

さて連盟のもつ垂直原理は、連盟による国際紛争解決能力を低減させる方向で作用する可能性をもった。なぜならば常任理事国は自国に不利な解決案（勧告）を理事会で成立させない能力を保持し続けるからである。常任理事国に特権を保証するこうした垂直原理は、一九二四年に連盟で条約案として成立した平和議定書で是正が試みられた。すなわち平和議定書は、紛争当事国を除いた理事会国全員一致の勧告への履行義務を定め、実質的に常任理事国の拒否権を消滅させたのである。さらに議定書は国際仲裁裁判・国際司法裁判について応訴義務を定めたのであり（判決への履行義務は連盟規約第一三条で規定されている）、基本的に大国支配から法のもとでの平等を前提とした法の支配を確立し、国際紛争の平和的解決を完全にすることを図ろうとしたのである。

しかし連盟で成立した平和議定書は結局発効に必要なだけの批准国を得られず流産した。その重要な契機となったのはイギリスの態度の変更であった。すなわち平和議定書の成立に前向きだった第一次マクドナルド（労働党）内閣が二四年末の総選挙の結果倒れ、ボールドウィン（保守党）内閣が成立し、大国の特権放棄につながる平和議定書の調印を拒否したのである。

この展開の背景には、イギリスにおける外交イデオロギーの分裂が存在していたといえる。前述したように連盟は連盟国の主権を普遍的に擁護する理念を掲げていたが、アメリカが連盟の圏外に身をおき、フランスが対独恐怖感から連盟をもっぱら対独抑止装置として位置づける状況のなかで、イギリス内では連盟の理念を主体的に担うべきだと主張する勢力が存在していた。すなわち第一次大戦中からイギリス内では反戦・平和運動が展開されており、その潮流は戦後において連盟による軍縮・国際紛争の平和的解決・集団安全保障を重視する連盟中心主義を形成した。しかし一方、一九世紀以来の外交理念といえる、ヨーロッパ大国こそが国際政治の主体であり、その協調が国際秩序の安定を生むと考える大国協調主義も根強い潮流を形成していた。イギリス政界でいえば、前者は主に労働党、後者は主に保守党の外交イデオロギーであった。保守党政権による平和議定書調印拒否は、同政権が大国協調主義を優先させ、連盟の垂直原理を維持する路線をとったことを意味した。(3)

平和議定書に対して、日本は第一次幣原外交の下で、おもに対中関係の観点から応訴義務に反対する立場をとり、その成立を阻もうとしていたが、連盟における議定書成立を図る大勢には抗しえず、議定書成立自体は最終的に承認せざるをえなかった。そのため日本政府は、イギリスが平和議定書流産の口火を切ってくれることに期待し、その尻馬にのったのである。

連盟の垂直原理の是正は、二〇年代末から満州事変期にかけて、再び試みられた。このときの連盟規約改正問題は、直接的には規約と不戦条約の矛盾是正を目的として開始されたが、このなかで紛争当事国を除く理事会国全員一致の勧告への履行義務を定める案がまた浮上したのである。このときイギリスは二九年に成立した第二次マクドナルド（労働党）内閣のもとで、その改正を支持していた。連盟中心主義路線がとられたのである。それに対して、この改正に頑強に反対したのが第二次幣原外交期の日本であり、改正を審議する委員会の日本代表はイギリス側を必死に説得し、実質的にこの条項の改正を骨抜きとすることに成功した。幣原外交が連盟の垂直原理の修正に消極的であったことは明らかである。なお結局規約の改正は実現されなかった。

また一九二八年に連盟は一般議定書を一般条約案として成立させ、各国に加入を求めた。一般議定書は、加入国間の紛争で外交手続きにより解決できないものは調停手続き・司法解決・仲裁解決によるとしたもので、応訴義務・履行義務を定めていた。平和議定書で流産した国際紛争の平和的解決強化策を復活させたものである。連盟の中心国であったイギリス（第二次マクドナルド内閣）とフランスは三一年五月二一日に同時に加入したが、幣原外相は加入に消極的な姿勢を取り続けたまま満州事変の勃発を迎えることになった。

以上のように、一九二〇年代に連盟内では、紛争当時国である常任理事国の実質的な拒否権を消滅させるとともに、国際裁判における応訴義務・履行義務を定めることで法のもとでの平等を確立し、国際紛争の平和的解決を完成しようとの試みが繰り返されていたのである。これは連盟のもっていた垂直原理を縮小し、水平原理を拡張することを意味した。そして三一年に英仏が一般議定書に加入したのはそうした潮流に大国も応じ始めたことを象徴していた。右のような水平原理の拡張は日中間の垂直原理の弱化につながるものであり、第一次幣原・田中・第二次幣原外交期の日本がこうした動きに一貫して連盟常任理事国中もっとも消極的で、非妥協的であったのは、日本が日中間の垂直原理をできるだけ強固に維持しようとしていたからである。そして日本では、極東は特殊な国際関係をもっており、ヨーロッパと同一のルールがあてはめられるべきではないとの観点からも、水平原理の拡張が拒否されていたのである。

三　ワシントン体制の水平原理と垂直原理

一九二〇年代の大国間および大国の対中関係をめぐる国際的枠組を形成したのは二二年に締結されたワシントン諸条約であった。(4) 二一年末から開催されたワシントン会議は第一次大戦後の国際協調を体現するものではあったが、この会議で締結された諸条約にも、垂直原理と水平原理が内包されていた。

まず日本についてみれば、ワシントン海軍軍縮条約は主要艦船保有量に関して米英との間に歴然と格差を設けられるものであった（米英を各一〇として日本は六の比率）。また同会議で中国問題に関して日本は、二一ヵ条要求の一部の撤回を表明し（実質的にはすでに一五年の時点で要求からはずされていたものだが）、山東省の旧ドイツ権益を中国に返還し、満蒙特殊権益論を少なくとも表面上は否定して中国全土における門戸開放・機会均等主義の受け入れを表明しなければならなかった。英米との軍事力格差の甘受、英米の一定の圧力の下での日本の在華権益の後退という事態は、英米の日本に対する抑圧＝垂直原理の存在を示していた。

一方、中国は、九ヵ国条約においても、治外法権撤廃・関税自主権回復を達成できないまま、基本的に半植民地状態に置かれ続け、もっぱら列強の経済進出の客体として位置づけられた。しかし、その一方で同条約は、連盟規約第一〇条と同様に中国の領土・政治的統一の保全をうたい、中国に対する領土侵略を否定した。またワシントン会議では、治外法権撤廃・関税自主権回復については今後協議することが確認された。当面、大国は一体となって不平等条約体制による中国抑圧を維持するというのがワシントン体制における垂直原理であり、領土・政治的統一については通常の国家として中国の主権を認め、不平等条約については将来撤廃を進め、中国と列国の水平化を進めていくというのがワシントン体制の水平原理であったといえる。一方、大国間では対中抑圧のパートナーとして共同するという大国間の水平原理も存在した。

ワシントン体制がこのように複合的な垂直原理と水平原理によって構成されていたことによって、日本の外交・軍事担当者がみずからをどの原理のなかで位置づけるかでワシントン体制の見方は大きく異なるものとなってきた。すなわちみずからを大国間の水平原理のなかにおくならば、そこで見えるのは大国間の国際協調という文脈でのワシントン体制であり、みずからを大国との垂直原理のなかにおくならば、そこに見えるのは英米の対日抑圧という文脈でのワシントン体制であった。二〇年代に国際協調を唱えた幣原喜重郎は前者を代表し、ヴェルサイユ＝ワシントン体制打破を唱えた陸軍は後者を代表したといえるだろう。

ヴェルサイユ体制とワシントン体制のそれぞれの垂直原理と水平原理が、中国をめぐる国際関係にオーバーラップしたことにより、二〇年代から三〇年代にかけての極東国際関係のダイナミズムはいっそう複雑なものとなったといえる。このダイナミズムにおける最大のベクトルは、ヴェルサイユ体制・ワシントン体制双方の垂直原理において抑圧された立場におかれた中国による、大国との対等関係を求める水平化運動（民族解放運動）エネルギーであった。また両体制が二〇年代においてはソ連を包摂しなかったことは、欧米の大国がソ連と協調し、あるいはそれを抑制することを困難にし、ソ連の中国民族解放運動支援は大国の関与の外で拡大していくことになった。

前述したようにワシントン体制は大国と中国間の水平原理を内包していたから、そのエネルギーを受けとめ、体制の水平性を高めることで、より安定的な体制に移行することは不可能ではなかった。しかし、その移行をもっとも強硬に押し止めようとしたのが日本であった。すなわち前述したように、日本はヴェルサイユ条約体制＝連盟体制内において、国際紛争の平和的解決手段を強化することに反対し続けたが、これは中国の水平化運動エネルギーを柔軟に受けとめうる回路を封鎖し、日中間での垂直原理を固定化することを意味した。またワシントン体制内においては、中国との水平化の大きな前進を意味することになる関税自主権の実施およびそれに至る過程での付加税実施に日本はもっとも消極的な態度をとり、二五年の北京関税会議を難航させた(5)。この北京関税会議における大国間の方針の分裂は、ワシントン体制が大国協調による対中抑圧という基本的構造をもちながらも、その協調は大国の一枚岩的団結というほど強固なものではなく、むしろ中国との水平化をいつ、いかに許容するのかという点での差異を含んでいたことを示していた。そして幣原外交はヴェルサイユ体制・ワシントン体制において大国との水平原理に身を委ねつつも、問題が中国との垂直原理の是正に及ぶものである場合は、大国間協調よりは日本の個別利害を優先する性格が強かっ

た。こうした姿勢は五三〇事件処理過程の対応や、二七年南京事件での軍事的報復への対応にも如実に示されていた。(6)

では、幣原の国民革命への対応ぶりはどのように説明されるであろうか。幣原が国民党による中国統一にそれほど敵対的姿勢をとっていなかったことはつとに指摘されるところであり、それは中国の輸出・投資市場としての価値を重視したためであったと指摘されている。(7)こうした幣原の態度は、ワシントン体制の大国協調による中国抑圧という基本的構造が維持されるならば、中国との垂直原理を一定度維持していくことは可能であり、中国が国民党により統一されてもかまわないと考えていたことを示していたように考えられる。逆にいえば、大国が中国との垂直原理の維持という点で強固な協調態勢をとり、逆に中国の水平化運動エネルギーがその協調を打ち破れない程度に脆弱である限りは、幣原の構想が成立する余地はあった。

しかし前述のごとく、幣原の対応自体がそうであったように、大国の協調はそこまで強固ではなく、中国の水平化運動エネルギーはアメリカやイギリスのいち早い妥協を引き出す程度には強力であった。すなわちイギリスは二六年末のいわゆるクリスマス・メッセージで、中国との全面的な条約改正に前向きな姿勢を表明し、(8)二七年初めには漢口・九江の英租界の回収を承認した。そして二八年七月にアメリカは中国国民政府との間で関税自主権承認を明記した条約を調印し、ヨーロッパ各国がそれに続き、イギリスも一二月に同様の新条約を調印した。英米両国は、ワシントン体制の水平原理に従って中国との水平性を高めることによって、より安定的な体制を再編する道を先行したのである。それに対して第二次幣原外交はロンドン軍縮問題では大国協調に積極的な姿勢を示した一方、中国の関税自主権承認には消極的な姿勢を維持した。日本は英米より一年以上も遅れて、ようやく三〇年五月に、中国の関税自主権を承認する新条約を締結した。(9)また不平等条約の根本的改定に日本が先鞭をつけるべきだと主張した重光葵駐中代理行使の進言は、幣原の採用するところとはならなかった。(10)一方、治外法権撤廃に関しては、一九三〇年に列国の一部租界での廃止が実施され、九月に英米は治外法権撤廃に関する草案を中国側に提出し、協議が開始されたが、満州事変でその交渉は頓挫した(11)。

では一方、ヴェルサイユ体制・ワシントン体制の垂直原理の中に身をおいた日本の軍はどういう動態を示したのだろうか。ヴェルサイユ＝ワシントン体制成立当初においては、幣原同様に日本と大国との水平原理をより重視した加藤友三郎のような海軍軍人もいた。しかし海軍内では海軍軍縮条約への反発が存在しており、さらに二四年の対支政策綱領策定過程ではヴェルサイユ条約・ワシントン諸条約からの離脱志向の高まりが、とりわけ陸軍から示された。そして第一次幣原外交（二四年六月〜二七年四月）のもとで日本は内政不干渉方針と満蒙特殊権益擁護のための出兵は抵触しないとする方針を採用し、その後の日本は二四年の第二次奉直戦争、二五年の郭松齢事件、二七〜二八年の山東出兵（撤兵完了は二九年）、二八年の張作霖爆殺と、中国の政治変動に対する軍事的介入をエスカレートさせていき、政府レベルでも田中内閣（二七年四月〜二九年七月）は満蒙分離論を唱えるに至った。この路線は中国の領土・政治的独立を保障する連盟規約・九ヵ国条約への挑戦であり、究極的には中国に対するいっそう抑圧的な状態（満蒙分離による中国の主権侵害状態）を固定化することで、中国との垂直原理を強化し、その状態についての国際的承認を獲得することで日本の上昇（いっそうの大国化）を実現し、列強との水平化を達成（ヴェルサイユ＝ワシントン体制の対日「抑圧」的性格の打破）する路線であったといえる。そして直接的にはこれが満州事変への道となったのである。

四　満州事変における水平原理と垂直原理

第二次幣原外交（二九年七月〜三一年一二月）における対中政策は、「堅実に行き詰まる(12)」以外の展開をもちえなかった。そこに一九三一年九月一八日の柳条湖事件が発生した。

幣原外相のイニシアティヴにより政府は一九日の閣議で「不拡大」方針を採用したが、その一方で二一日の閣議では、この機に満蒙に関する懸案を一挙に解決する方針をも採用した。そして幣原外相は一〇月九日に、懸案に関する大綱を日中間で締結することなしに、日本軍の撤兵はないとの態度を取り始めた。これは、幣原外相が実質的に国際紛争（懸案）の武力解決路線をとったことを意味した。また満蒙新政権の樹立については、一〇月中旬以降、南満州において分離政権を樹立するとの方針について陸軍と幣原外相も含めた政府間の合意が急速に進展した。

幣原外相の採用するところとなったこのような事変処理方針は、連盟規約第一〇条・第一二条、九ヵ国条約第一条、不戦条約第二条に違反するものであった。幣原外相は満州事変に際して、ヴェルサイユ体制・ワシントン体制を構成する国際法を遵守するよりも、限定的な武力行使に依拠して懸案を解決し、中国への抑圧（垂直原理）を強化し、その事態を世界に承認させる道を選択したのである。幣原の構想には、実質的な戦争と指摘されるような大規模な武力行使はなかったであろうし、事変開始直後の時点では傀儡政権の樹立もなかったであろうし、一一月に入ってからも「満州国」の樹立はなかったであろう。そのような事態が連盟規約・九ヵ国条約・不戦条約との抵触問題を惹起するのは明白だったからである。しかし前述したように幣原外相は、ヴェルサイユ体制（連盟体制）内において、国際紛争の平和的解決手段を強化することに反対し続け、中国の水平化運動エネルギーを柔軟に受けとめうる回路を封鎖してきたのであり、またその国際協調論は大国協調論であった。こうした路線をとってきた幣原とすれば、懸案の実質的な武力解決という道は大国間で政治的に許容されるものと判断されたのではないだろうか。

また満州事変勃発によってイギリスが中国との不平等条約改正交渉を「一時停止」させた点は[13]、満州事変が日本ばかりでなくイギリスと中国との垂直原理を固定化させる結果をもたらした意味で重要である。

国際的な関係の面では、「満州国」の樹立（三二年三月）、日本の「満州国」承認（三二年九月）、日本の連盟脱退通告（三三年三月）という展開は、極東問題を軸とした国際関係の再編を不可避とした。[14]そのさいに、どういう原理を最大の基準としてそれがなされるのかによって、再編後の様相が著しく異なる可能性があったことが重要であろう。侵略を開始した日本とすれば、ただちに中国との水平化を図る路線に転換することはありえなかったのであり、中国支配において日本が突出したという事態、すなわち日本の独占的満州支配を大国に承認させることで、大国協調による中国抑圧体制の再構築を図ることが必要となった。逆に中国側からすれば列国に連盟規約・九ヵ国条約の水平原理を維持させることにより、日本の意図の達成を阻むことが課題となった。

こうした関係から日本・中国共に関係が深かった大国であるアメリカ・イギリスの去就がきわめて大きな意味をもった。ここで留意すべきは英米両国は満州事変開始以前に中国との水平化に着手しており、日本の期待するような大国協調による対中抑圧の再編はみずからの歴史に逆流する意味をもったことである。

アメリカは九ヵ国条約の水平原理に則って三二年一月にはスティムソン声明（不承認主義）を表明したが、これは侵略の成果には承認を与えないというもので、日本との間での大国協調を否定する意味をもっていた。

イギリスの場合はより複雑な展開をたどったといえる。[15]すなわちイギリスの外交イデオロギーである大国協調主義と連盟中心主義が、満州事変という事態に遭遇することで国内諸相に深い葛藤を引き起こしていったからである。一九二〇年代に中国のナショナリズム（水平化運動）によってその帝国主義的権益の放棄（垂直原理の是正）を迫られ、実際にその放棄（是正）をある程度実行せざるをえなかった経験をもつイギリスには、排日運動に直面する日本に同情的な感情が存在していた。一方、日本の軍事行動を明確に中国侵略と捉え、規約に則って制裁を発動すべきだとの声も強く存在していた。

結局、イギリスが三三年までにとった路線はきわめて折衷的なものとなったといえる。満州の事態については事変直後から手続き的には連盟規約にそれなりに則りながら、実際には中国の要求をセーブし、自国や連盟が日本との決定的な対立に至らない路線をとったのである。こうした路線はイギリスのリットン卿を代表とした調査団の報告書に集約的に表現された。三二年一〇月に公表された同報告書は、三一年九月一八日以後の軍事行動の責任は日本にあるとしながらも、日本の行動を国際法違法とは認定せず、また事件の解決策として、満州に対する中国の領土主権を承認しながら、そこに特別な行政組織をつくり、実質的に日本の影響力の拡大を承認する方針を掲げたのである。[16]領土主権の擁護という点で連盟規約・九ヵ国条約の水平原理を維持しつつ、日本に満州支配の優越性を認めるという形でワシントン体制に存在した日本―大国間の垂直原理を修正しようとしたのである。

日本はこうした折衷的路線を拒絶し、連盟からも脱退した。これは日本の国際的な孤立化ではあったが、大国協調の再編の道が完全に閉ざされたわけではなかった。三三年に開始された広田外交は中国とイギリスから「満州国」承認をとりつけることを一つの課題としたが、こうした日本の要求はイギリスの大国協調主義との間で折り合いがつく可能性がまったくなかったわけではなかった。[17]それは、日本の影響力の拡大が満州という地域に限られ、中国本部（関内）で門戸開放・機会均等原則が維持されるならば、リットン報告書の満州特別行政地域化案が示したように、イギリスは実質的に九ヵ国条約の修正を認めるということを意味していたからである。しかし広田外交のもとで華北分離工作が開始されたことは、そうした大国協調の再編を困難なものとしていった。同工作はイギリス権益のより多く存在する関内（中国本部）での日本の影響力の拡大を意味したから、九ヵ国条約の修正では話しがすまなくなってきたのである。また華北分離工作に反発し拡大した中国の抗日運動は、中国政府が満州における領土主権の侵害という状態に目をつぶって日本に屈従するという路線を封鎖していくことになった。「満州国」の承認をめぐっては、こうして大国協調も中国からの屈従の獲得も可能性を低下していった。

五　日中戦争における水平原理と垂直原理

一九三五年から三六年にかけて、連盟の水平原理に対して満州事変以上に大きな動揺をもたらす事件が発生した。それは三五年に開始されたイタリアのエチオピア侵略である。この事態に対してイギリス政府レベルでは、大国協調主義に則りイタリアのエチオピア侵略を容認する路線と、連盟中心主義に則り対伊制裁を辞さない路線とが葛藤を引き起こし、イギリスの政策はきわめて流動的なものとなった。結局、連盟は三五年一〇月、イタリアが規約第一二条に違反したとして、侵略国と認定し、経済制裁を実施したが、翌年七月には制裁が解除された（三八年四月には、イギリスはイタリアのエチオピア征服を承認するに至る）[18]。満州事変以上に厳格に連盟の水平原理が適用されながら、結果的に侵略の成果を容認する大国協調に至るという展開が示されたのである。そして、この問題を経て、三七年六月にイギリス政府は、今後大国が関与した紛争に対して連盟は制裁を発動しないだろうとの方針を一応確認するに至った。日本が中国に対する全面戦争を開始したのはその直後のことであった。

一九三七年七月に開始された日中戦争に際して、中国は連盟規約・九ヵ国条約の水平原理を掲げて連盟による日本の侵略認定と対日制裁・対中支援を要求した。連盟は三七年一〇月の段階で日本が九ヵ国条約・不戦条約に違反していることを声明したが、ヨーロッパ情勢の緊迫から対日制裁は実現しなかった。三五年一二月から三八年二月までイギリス外相を務めたイーデンは、この時期の連盟中心主義を体現したような人物であり、日中戦争に際して明らかに心情的には中国を支援する立場をとり、対日制裁に消極的なチェンバレン首相のもとで、対日制裁の可能性を模索した。連盟の水平原理がまったく顧みられなかったわけではなかったのである。しかし外相がイーデンからハリファックスに交代してからは、対日妥協的傾向が強まり、対中支援にもより冷淡な態度がとられるに至った。ただし三八年九月に連盟理事会が、戦争違法化の原理を根拠として、日本を実質的に侵略国と認定したことは、中国の抗戦の正当性を国際社会が承認したという点では重要な意味があった。

　こうしたなかで日本は三八年秋までに華北・華中・華南の主要都市を占領し、東亜新秩序建設を声明した。日本は東亜新秩序への承認を得る意味からも、また列国の日中戦争への介入の根拠を奪う意味からも九ヵ国条約の廃棄を達成したかったが、合理的にそれを行いうる道は見出されず、列強とりわけイギリスの中国からの撤退を実現することで、実質的に東亜新秩序建設を達成しようとした。[19]

　この過程で天羽英二スイス公使が、従来中国が「其の主権独立、領土及行政的保善（ママ）の尊重を他国に約せられたる如きは独立国家として不見識極まるもの」であるから、中国側（日本の傀儡政権側）から九ヵ国条約の「廃棄」を宣言させるべきであると主張したのは注目される。ここには、九ヵ国条約廃棄の根本的な根拠は中国の半植民地状態からの「解放」であるべきだとの論理が含まれていたのである。[20]興味深いのは同様の主張が、九ヵ国条約の維持を主張するアメリカ側においても同時期に現れていたことである。すなわち三八年一一月七日付『ニューヨーク・ポスト』は「九国条約は時代遅れ」と題する論説を掲げ、「『門戸開放』も元来欧米諸国か武力に依って支那に強制したものであることを内省せねは欧米諸国か極東に於て同条約の神聖を口にすることは出来ない[21]」と述べた。九ヵ国条約の神聖を強調することは、一面で中国の半植民地化を正当化し続けることになるのであり、それがそれほど高い道義性を示すことになるのかという問題が存在したのである。

　こうした状況は九ヵ国条約を廃棄したい側にとっても、維持したい側にとっても、その主張の道義性を確保するためには中国の「解放」という問題、すなわち中国との水平化の促進という問題と一定の折り合いをつける必要が生じていたことを示していたといえる。

ただ九ヵ国条約廃棄問題を中国側から見た場合、蔣介石・国民政府が、日本によって主権・領土が侵害されているという事情変更を論拠に主張するのがもっとも説得力をもったことは疑いない。実際に中国内ではそうした主張も存在した。[22] しかし満州事変以後、九ヵ国条約は中国にとって抑圧的な機能（中国を半植民地状態に置き続けていること）の一方、自己防衛的な機能（日本の侵略を牽制するために列強の介入を要請する重要な根拠となっていること）をもつという、両義性を発揮していたのであり。蔣介石政権にとって九ヵ国条約廃棄は両刃の刃だったといえる。

こうしてみると日本側にせよ、中国側にせよ、さらには米英側にせよ、九ヵ国条約廃棄問題はまさに中国の半植民地状態からの解放という問題と密接に絡み合っていたといえる。そして、この視角から日本の廃棄論を見るならば、それを根本的に押しとどめていたものは、日本の「解放」論の欺瞞性にあったともいえるだろう。日本が三八年一一月二〇日に汪兆銘側に約束した不平等条約の撤廃が形式的に実現したのは、四三年一月九日のことであった。四〇年三月の汪政権成立に際して九ヵ国条約廃棄が宣言されたならば、米英がそれに強く抗議することは明らかであり、廃棄の目的に照らして逆効果ではあったかもしれないが、少なくとも道義性の面では廃棄の論拠を強化したはずである。それができなかったのは、廃棄論が「今後東亜の国際政治に於ては我国が名実共に主働（ママ）的地位を占むることを期する」[23]という前提のうえに展開されていたからにほかならなかった。これが意味したのは断じて中国の解放ではなく、中国の従属化であった。

一九三九年の日英会談以後、日本の対英圧力は強められたが、それに対して七月二六日にアメリカは日米通商航海条約の廃棄を日本側に通告し、イギリスの後退を背後から食い止める態度に出た。三九年九月に第二次世界大戦が開始され、連盟体制は崩壊に向っていった。ヨーロッパでの戦争開始という事態のなかで、イギリスは一二月には華北駐屯のイギリス軍の撤退を開始し、四〇年七月にはビルマルートの三ヵ月間封鎖に応じるという後退を積み重ねた。イギリスが対日宥和的観点から日本の中国制覇容認に傾ききる可能性は、この段階でも存在していたのである。(24)

しかしアメリカ側は対日宥和に傾斜することなく、九ヵ国条約の原則を維持し続けた。日米交渉において四一年四月一六日にハル国務長官が野村吉三郎大使に示した四原則には領土保全・主権尊重・内政不干渉・機会均等という九ヵ国条約の基本原則が盛り込まれていたのである。(25)こうして日米の大国協調の可能性は完全に消滅していった。

そして最終的に中国にとっての九ヵ国条約のアンビバレントな状況は、自己防衛機能が九ヵ国条約から連合国によって代替された暁にこそ解消の機会が到来することになる。四二年一月一日の連合国共同宣言への参加は九ヵ国条約に依拠しなくとも同盟国として英米の支援を得ることを可能にしたのである。そして最終的には一九四三年一月に中国と英米間での不平等条約を廃棄する条約が調印され、中国を半植民地状態におく意味での九ヵ国条約は実質的に消滅し、中国の英米との水平化は達成されたのである。(26)

こうした二〇年代から三〇年代における中国をめぐる日・英・米の国際関係の動態を見たならば、かりにヴェルサイユ＝ワシントン体制の水平原理というもの、あるいは弱小国といえども平等に侵略から擁護されるという戦争違法化体制が成立していなかったとすれば、大国間の政治的妥協がより容易に行われ、大国協調の下で小国が犠牲となる状況が中国をめぐって進行した可能性がより大きかったといえるであろう。そこに連盟規約・九ヵ国条約を内包して成立していた戦争違法化体制が存在していた一つの意義を見出すことができよう。

註

（1）　第一次日英同盟条約のように大国間で特定国の領土保全が約されることはあったが、こうした政治的合意は大国の恣意で容易に破られうるものであり、連盟規約は国際上の普遍的原則として主権擁護を約した点で画期的であった。なお、ヨーロッパ小国が連盟のそうした理念を積極的に支持する状況が生じた点については、百瀬宏「国際政治における大国と小国」（『国際政治25　現代国際政治の基本問題』有斐閣、一九六四年）、同「ヴェルサイユ体制とヨーロッパ『諸小国』」（『岩波講座　世界歴史26　現代3』岩波書店、一九七〇年）参照。

(2) A・J・P・テイラー*『イギリス現代史』によれば、マクドナルド首相はヴェルサイユ条約の対独抑圧的な性格の削除を主張しており（一九五～一九六頁）、第二次マクドナルド労働党内閣の努力で二九年八月にドイツ賠償に関するヤング案が承認され、ドイツに旧敵国と対等の地位を回復させた（二四五～二四六頁）。これは労働党政権によって、ヴェルサイユ体制内でドイツとの水平化が促進されたことを意味した。

(3) イギリスの外交イデオロギーについて、長尾雄一郎*『英国内外政と国際連盟』、吉川宏*『一九三〇年代英国の平和論』、佐々木雄太*『三〇年代イギリス外交戦略』参照。

(4) ワシントン体制に関連する研究は膨大であるが、ワシントン体制の動態を論じた代表的な研究としては、坂本義和*「序言」、佐藤誠三郎*「協調と自立」、有賀貞*「協調による抑圧」、藤井昇三*「『平和』からの解放――中国」、入江昭*『極東新秩序の模索』、同*『日米戦争』、同*『太平洋戦争の起源』、細谷千博*「ワシントン体制の特質と変容」、臼井勝美*「ワシントン体制と協調外交」、久保亨「ヴェルサイユ体制とワシントン体制」（歴史学研究会編『講座　世界史6』一九九五年）などがある。ワシントン体制と日英関係という点では、細谷千博編*『日英関係史　一九一七―一九四九』がある。また、江口圭一には、一九二〇年代から三〇年代の日本の対外路線対立を対米英協調路線とアジア・モンロー主義的路線の力関係から分析した一連の研究があるが、代表的なものとして同*「一九三〇年代論」をあげておく。

(5) 北京関税会議での日本の対応については、臼井勝美*『日本と中国――大正時代』参照。

(6) 臼井勝美*『日本と中国――大正時代』、同*『日中外交史』参照。

(7) こうした代表的な評価としては、臼井勝美*「『幣原外交』覚書」六六～六八頁参照。

(8) J・B・クラウリー「日英協調への模索」（*『ワシントン体制と日米関係』）は、イギリス政府は同メッセージによって「中国政策の新しい敷居を越えた」（一〇五頁）とその画期性を評している。

(9) 中国関税自主権承認問題については、久保亨『戦間期中国自立への模索』（東京大学出版会、一九九九年）参照。

(10) 今井清一*「幣原外交における政策決定」一一〇～一一一頁。

(11) 副島昭一「不平等条約撤廃と対外ナショナリズム」（西村成緒編『現代中国の構造変動3』東京大学出版会、二〇〇〇年）参照。

(12) 重光葵『外交回想録』（毎日新聞社、一九七八年）八二頁。

(13) この点は、前掲クラウリー「日英協調への模索」一四一頁参照。

(14) 満州事変後の国際関係の再編という点について、入江昭*『日米戦争』は、満州事変後のアメリカの「根本政策」は、中国のナショナリズムに一方的に荷担することなく、「国際協調主義」を保ちながら、日本を対米協調の路線に復帰させるというものであり、それは「世界経済の建て直し」を緊急課題とするアメリカが先進工業国間の協力を必要としたためだとする（二二一～二二三頁）。さらに、入江は「宥和主義は大戦後の国際主義外交の一変態」として位置づけ（三四頁）、一九三三年以後における「新ワシントン体制の可能性」につき論じている（入江昭*『太平洋戦争の起源』三〇～五九頁）。また、当該期の日本側の外交的対応の研究としては、酒井哲哉『大正デモクラシー体制の崩壊』（東京大学出版会、一九九二年）、井上寿一『危機のなかの協調外交』（山川出版社、一九九四年）などが実証を深めている。

(15) クリストファー・ソーン*『満州事変とは何だったのか　上・下』は、満州事変へのイギリス政府その他各界の反応を詳細にあとづけているが、対日宥和的態度をとったサイモン外相にしても、連盟の原則を無視した態度をとれたわけではなかった点を筆者は重視したい（同書下二二頁、一七〇頁参照）。なお、ほかに小林啓治*「満州事変とイギリスの東アジア政策」、宮田昌明「満州事変と日英関係」（京都大学『史林』第八二巻第三号、一九九九年五月）参照。

(16) リットン報告書をめぐる動向については、臼井勝美*『満洲国と国際連盟』、小林啓治*「国際連盟における規約の普遍性と紛争解決」を参照。

(17) この点について、もっとも実証的な研究を蓄積したのは木畑洋一である。木畑洋一*「日本ファシズム形成期における国際環境」は、英米が「中国における反帝国主義民族運動への対抗者としての日本への共感」を有することを根拠に、「結局は両国とも日本の満州侵略にすこぶる宥和的な態度で臨んだ」ことを強調している（九六～九七頁）が、同*「日中戦争前夜における国際環境」では、三四年春にネヴィル・チェンバレン蔵相が閣議に提出した日英不可侵協定案への反応について、外務省側が中国ナショナリズムを重視し、中国との「友好」を保つ立場から同案に非常に慎重であったのに対して、協定推進論者側は中国ナショナリズムを軽視するか、「日本をナショナリズムへの対抗力、中国での『秩序』回復者、として高く評価する態度をとった」と、イギリス政府レベルでの外交イデオロギーの対立を指摘した（一六頁）。また、同*「日中戦争前夜におけるイギリスの対日政策」は、吉田茂駐英大使が一九三六年一〇月二六日にイギリス外務省に提出した覚書への反応を分析している。覚書の骨子は長城以南に限って九ヵ国条約体制を再確認することを骨子としていたが、木畑によれば、それは「中国を犠牲にする内容を含んでいただけに、イギリス側、とくに外務省の否定的対応をひき出した」（一八八頁）とされる。なお満州事変期の国際金融面での国際協調の模索については、三谷太一郎「序——国際協調の時代から戦争の時代へ」（『国際政治』第九七号、一九九一年五月）、木村昌人「ロンドン国際経済会議（一九三三年）と日米協調」（同）参照。

(18) 長尾雄一郎*『英国内外政と国際連盟』参照。

(19) 九ヵ国条約廃棄問題については、拙稿「日中戦争期の九ヵ国条約廃棄問題」（『歴史評論』第五六九号、一九九七年九月）参照。

(20) 一九三八年五月二一日、ベルン天羽発広田弘毅外相宛電第六五号（外務省条約局第二課『華盛頓会議一件　支那に関する九ヶ国条約関係』〈一九三七年一〇月～四〇年二月、外務省マイクロS. 111所収〉一五二頁）。

(21) 一九三八年一一月八日着、有田外相宛ニューヨーク若杉総領事電第二八一号（同前）一七四～一七五頁。

(22) 一九四〇年二月一九日、上海三浦総領事発有田外相宛電第三二〇号によれば、「〔一八日中華日報社説は〕支那自身か其の領土主権を維持すへきならは本条約は当然失効せらるへきもの……とて公然九国条約の廃止を強調せる(か)《ママ》各方面の注目する所となり居れり」（前掲外務省条約局第二課『華盛頓会議一件』一九九頁）とされている。

(23) 外務省条約第二課「九国条約と我対支政策との関係」三七年一〇月付（同『支那事変関係国際法律問題　第二巻』一九三八年三月〈外務省マイクロS. 111所収〉九六～九七頁）。

(24) この時期のイギリスの対日政策の「宥和政策」的性格については、塩崎弘明『日米戦争の岐路』（山川出版社、一九八四年）第二章参照。

(25) 角田順「日本の対米開戦」（日本国際政治学会編『太平洋戦争への道7』朝日新聞社、一九八七年新装版）一六一頁。

(26) この過程につき、詳しくは前掲副島論文参照。

終章　戦争違法化原理の持続性

第二次世界大戦開始翌年の一九四〇年には、国際連盟の理事会・総会は開催されなくなっていった（正式な解散は一九四六年四月一八日）。国際連盟理事会・総会の機能停止は、世界の多数国がある国の戦争を侵略であるか審議する体制が失われたという意味で、国際体制としての戦争違法化体制の消滅であったといってよいだろう。日本のアジア太平洋戦争開戦はそうしたなかで実行されていった。この時期に日本において、自国の戦争が戦争違法化との関係から検討されるということはほとんどなくなっていたのも無理からぬことであろう。しかしアジア太平洋戦争と国際法との関係で触れるべきいくつかの問題がある。本章ではそれについて若干言及したうえで、本書を結ぶこととしたい。

一　自衛権解釈の拡大

居留民保護権を根拠として拡大されていった満州事変は、そのなかで田中内閣期に確定された自衛権の広義解釈、すなわち自己保存権的自衛権解釈により事態を正当化するに至る。ここには日本が不戦条約に調印する過程で明確になった自衛権解釈の拡大あるいは先祖返りともいうべき状況が、満州事変を経て確定的になったことを示していた。しかし日中戦争に際しては自己保存権的自衛権は表面的には強調されなかった。そこではむしろ国民党政権に排日政策を放棄させて、対日従属化を達成することが主要な戦争目的として主張された。これは中国の排日・抗日政策が日本の中国における地歩を圧迫しているとの認識に立っている点で、自己保存権的な主張とはいえるが、より政策的性格が強い戦争目的の表明であったといえる。そしてそれが「日満支」による東亜新秩序建設という戦争目的にストレートに展開されていったということができる。この点では満州事変が自衛権解釈の拡大により正当化されたのとは異なる状況が日中戦争では展開されたといえる。

自衛権解釈の拡大という現象は対米英蘭開戦決定過程でいっそう昂進した。たとえば、四一年一一月一五日に大本営政府連絡会議は「米英蘭の根拠を覆滅して自存自衛を確立する」と、積極的な侵攻により「自衛」を確立すると主張したし、(1)一二月一日の御前会議では東条英機首相が、ハル・ノートを受諾したならば、「帝国の国際的地位は満洲事変以前よりも更に低下し、其の存立も亦危殆に陥らさるを得ぬ」との立場から開戦を正当化した。(2)これらはいずれも国家の存立を維持するための戦争を正当化する立場にたつものであり、まさしく近代の自己保存権的自衛権論を展開したものであった。そして一二月八日の宣戦の詔書は「帝国は今や自存自衛の為蹶然起って一切の障碍を破砕する」(3)と宣言したのである。

このような自己保存権的自衛権が戦争違法化体制のなかで存立の余地を失っていたことは何度も述べてきた。しかし、この時点ではすでに連盟は存在せず、日本の戦争目的が国際的に論議される状況は存在しなかった。ただ、日本の真珠湾奇襲攻撃については、それが攻撃に先立ち宣戦布告もしくは条件付き開戦通告を含む最後通牒を手交することを規定した一九〇七年の開戦に関する条約（ハーグ第三条約）に違反するかという問題は、当時、日本の国際法学者によって検討が加えられていた。(4)ここでは、その一つの、立作太郎と鹿島守之助による検討を見ておこう。

これは四一年一二月二六日付の「戦争開始の際の敵対行為に関する研究報告」(5)というものである。報告は八日の対米通告について、「独立行動又は戦闘的行動を行ふべき旨の予告を与へたものでないから、開戦宣言として認むることに付き困難を感ぜざるを得ない」との否定的評価を基調としている。そのうえで、なお日本がハーグ開戦条約違反に抗弁する余地があるかをいくつかの角度から検討しているが、興味深い論点として一つには、米・英・中・蘭側が開戦宣言や最後通牒なしに敵対行為に該当する経済的措置（禁輸など）や軍備を進めたのは右条約違反であり、その後でなされた日本の兵力的敵対行為は条約違反とはならないという論点がある。これはいわゆるＡＢＣＤ包囲網に対する自衛戦争論と開戦条約の関係である。立らはこの点について、開戦の宣言または最後通牒を発することなく、どの程度の経済的措置や軍備が実施できるのかを認定することは実際上不可能であるとし、右のように論じるのは困難だとした。

もう一つの論点は、開戦通告と開戦時刻の関係は予告としての意味を実質的にもたない場合があるから、開戦条約は一種の「虚勢」にすぎないとの論点である。これについて立らは、条約の実際上の無意義を主張できるとしても、それによって「条約を無視して形式上に於ても条約に違反して差支ないとするの論結を生じる筈はないのである」と否定した。

さらには、国運を賭した戦争に際して予告をするという条約元来の趣意が現実の国際関係上では無理があり、同条約は偽善的な条約であると、条約の存在そのものを否定する論点である。これについては、条約にそうした「ケチを付ける」としても、「条約として存する以上は、之に順応せざることは、現実国際法の上より見れば、条約違反の結果を生ぜざるを得ない」と述べた。

以上の否定的な見解を列挙したうえで、立らが抗弁のほとんど唯一の突破口としての可能性を見出したのは自己保存権であった。しかしここでも「自己保存権が現時の国際関係に於て存することを認めたるとき」」、という前提のうえにおいてのみ、ＡＢＣＤ包囲網による対日圧迫は、日本からみれば「国家生存の重大利害」にかかわる「切迫せる危険」に該当し、「他国の権利に勝つべき狭義の自己保存権の活動する場合と認めて海牙第三条約の規定を無視するを得べきものと論じ得べきものと考へられる」と論じられたのである。

以上のように、立らの結論は、開戦条約違反ではないと抗弁するのはほとんど不可能であり、可能性があるとすればすでに衰退している自己保存権を根拠とする以外ないだろうという、消極的なものであった。国際法学界における権威であり、満州事変期に見たように、日本の立場を正当化する論陣を張り続けていた立が、実質的には条約違反を免れないとしていたことは興味深い。(6)

日本が自衛権解釈を拡大させる形でアジア太平洋戦争開戦の正当化を図ったことは疑いえなかったが、この時期、自衛権解釈の拡大を推し進めたのは日本のみではなかった。すなわち第二次世界大戦勃発後の三九年一一月、アメリカ議会は交戦国への軍需品の輸出禁止を解除した第四次中立法を成立させた。これはイギリスの軍事的崩壊を食い止めることがアメリカ自身の防衛にとって不可欠だという意識を示していたが、四〇年の初めにはスティムソン（四〇年七月陸軍長官就任）とノックス（同海軍長官就任）は「アメリカの安全保障と自国の権益との間には領土的限界などどこにもないという観点」に達するのである。(7)これは不戦条約締結過程でアメリカ政府が示した、自衛権のおよぶ範囲は「自国領土」という認識から自衛権解釈を大きく変えるものであった。極東とヨーロッパで同時進行する世界戦争の拡大のなかで、アメリカにおいても自衛権解釈の拡大が昂進する結果となったのである。

そして日米交渉のなかでアメリカのルーズベルト大統領は野村吉三郎駐米大使に、日本が武力もしくは武力的威嚇により隣接諸国を支配しようとするならば、米国は「合法的なる権利及び利益防衛の為め合衆国の安全保障を確保する為め同政府か必要と認むる一切の手段を講する」との態度を表明した。(8)これはアメリカ領土が日本軍に直接攻撃された場合ではなく、より広義の安全保障のための武力行使に及ぶ可能性を明らかにしていた。これは正当防衛権的自衛権解釈というより、やはり自己保存権的自衛権解釈をアメリカもとることになったことを示していたと考えられる。

ただし、その一方でアメリカは注目すべき国際法解釈を表明していく。一つには四一年三月にジャクソン司法長官が「連盟規約は、あらゆる戦争が正しく合法であるという古い観念の修正の第一歩を記し、パリ条約〔不戦条約〕と南米不戦条約〔一九三三年の「不侵略と調停に関する不戦条約」、アメリカは三四年に加入〕は戦争の違法化を完成した」との観点から、中立国が「侵略者」である枢軸国に対する差別措置をとりうると表明したことである。(9) そして、こうした観念は同月の武器貸与法成立から、九月の事実上の対独伊戦開始（アメリカ防衛水域の枢軸国艦船への攻撃を許可）を経て対日開戦へ至る過程を論理的に支えていったのである。(10) 真珠湾攻撃を受けた後のアメリカの対日開戦の最大の論拠は「自衛」であり、「制裁」ではなかったが、侵略国に対する「制裁」としての戦争という性格付けは四三年一一月のカイロ宣言で明確に表明された。同宣言は、英・米・中三国が「日本国の侵略を制止し且之を罰する為今次の戦争を為しつつある」(11) とその意義を宣明していた。

二つにはアメリカの参戦過程において四一年八月一四日にルーズベルト大統領とチャーチル首相が発表した英米共同宣言（大西洋憲章）において、「主権及自治を強奪せられたる者に主権及自治か返還せらるることを希望」し、「世界の一切の国民は……強力の使用を抛棄するに至ることを要す」との見解が表明されたことである。(12) これは三二年に表明された不承認主義の確認であり、また不戦条約の精神の確認であった。

以上を総合的に見るならばアメリカは自己保存権的自衛権解釈と戦争違法化の原理をセットで表明していったということができる。この点が自己保存権的自衛権解釈と大東亜共栄圏樹立というアウタルキー・イデオロギーをセットで表明していった日本と鮮やかな対照をなしていたのである。

二　戦争違法化原理の普遍性

日本はヴェルサイユ＝ワシントン体制のなかに包含される国際法秩序を軍事力により蹂躙して東亜新秩序・大東亜共栄圏建設へと向かった。しかし日本はヴェルサイユ＝ワシントン体制にかわる新たな国際秩序の形成を主張した反面、ヴェルサイユ＝ワシントン体制の国際法秩序にかわる新しい規範を形成してこなかった。

しかし一九四三年に入って、外務省は「大東亜」における新たな国際法秩序形成という問題について取り組み始めた。四三年五月、外務省は国際法学会との協力のもと、同学会内に特別問題委員会を組織し、「大東亜憲章」「戦後時局収拾問題」「大東亜を中心とする世界平和機構に関する研究」についての検討を進めた。[13]さらに八月には戦争目的研究会（のち戦争目的委員会）が設置され「大東亜宣言」の構想について意見交換がなされた。そこでは、「大東亜宣言」は「大西洋憲章」への「思想的反撃」として示されるべきもので、「戦後の世界平和」構想として国家群間での「不脅威不侵略」体制をつくるべきだ、との議論も展開された。[14]ナチスの暴虐的支配からの解放を掲げた大西洋憲章に対抗するためには、日本の戦争理念の客観的な公正さを明らかにすることが必要であると考えられたのである。

こうした認識は一足先に「大東亜宣言案」をまとめた国際法学会特別委員会においても共有されていたと思われる。同委員会は、御前会議で『マライ』『スマトラ』『ジャワ』『ボルネオ』『セレベス』は帝国領土と決定[15]された五月三一日から七月九日の間に研究を重ね、七月二三日に「大東亜宣言案」を決定した。同案は「大東亜諸国」は「相互に其の自主独立及び領土を尊重」し、また「不脅威不侵略の原則を尊重し和平戮力の手段に依り国際関係を処理」することをうたっていた。[16]

ここに見られる「自主独立」「領土尊重」「不脅威不侵略」といった方針が、文字通りに認識されていたわけではないことはいうまでもない。戦争目的委員会がまとめた「大東亜共栄圏の政治体制」(第二次案)では、各国の地位は「法律的平等なるも事実上の地位及実力に差異あることは当然」であり、日本は「指導国」の地位にあるのであり、「共栄圏の構造は日本を軸心とし各国を周囲とするものなること」がうたわれていた。[17] 結局、一一月六日に発表された「大東亜宣言」では「自主独立」こそ盛り込まれたものの「領土尊重」「不脅威不侵略」といった言葉は盛り込まれなかった。[18] 日本の軍事占領という事実の前にそれらの言葉の欺瞞性はあまりに歴然としていたためであろう。

大東亜宣言問題が片づいた四三年一一月、国際法学会特別問題委員会は「大東亜を中心とする世界平和機構に関する研究」に着手した。この研究は「反枢軸側の構想する戦後平和機構を念頭に置きつつ」なされたものであり、「数個の大地域的政治団体間の協力を基礎とするところの分権的世界平和機構」と法律的紛争を処理するための「世界裁判所」を設置することをほぼ共通認識とし、[19] そのうえでいくつか具体的なプランを検討していった。

具体的な一つのプランとしては、「圏際平和機構」として世界の各地域ブロック、すなわち「圏」代表数名ずつで構成する「圏際会議」を設置し、圏際会議に「渉圏紛争を平和的に解決する為居中調停を為す」機能をもたせ、「非政治的渉圏紛争」で通常の外交手続きで解決されず、かつ紛争原因所在圏の「平和的解決機構の決定に対しても不服」な紛争当事国は、その紛争を「圏際平和機構に附託」することを圏際会議に申し出ることができるとの案が示された。そして「圏際平和機構の諸決議は総て多数決に依る」とし、その決定については紛争当事国の所属する圏の主要国が紛争国に「右決定を忠実に実行せしむる為最善を尽くす」とした。[20] すなわち法律問題以外のブロック間の紛争は圏際会議により平和的に処理されるのが原則で、多数決による圏際会議の決定に紛争当事国を従わせようという趣旨である。そして特別問題委員会が四四年三月一七日に戦後構想として決定した「平和機構綱要案」は、「大東亜諸国の紛争」も「国際紛争」も「紛争は必す平和的手段を以て之を解決する」主義を承認し、それは「調停、仲裁裁判又は司法的解決の手続」によるとされた。(21) これは不戦条約第二条と連盟規約第一二条ほとんどそのままの規定であった。

さらに委員会においては「大東亜各国の独立、領土保全又は完全に対し大東亜以外の国に依り行はるることあるへき侵害及脅威は総ての大東亜諸国に対する侵略行為と看做さるへし」とする侵略の規定まで検討したのである。(22)

以上の委員会での審議を見るならば、ブロック内にせよブロック外にせよあらゆる国際紛争は調停、仲裁裁判、司法的解決という平和的処理によるべきであるというのが、来たるべき平和機構における原則とされたのである。これは国際連盟規約や平和議定書や不戦条約において示された紛争処理の原則そのものであった。そして「大東亜」圏内諸国に対する外部の侵害・脅威は「総ての大東亜諸国に対する侵略行為と見做さるへし」という規定は、まさしく連盟規約第一一条の「戦争又は戦争の脅威は、連盟国の何れかに直接の影響あると否とを問はす、総て連盟全体の利害関係事項たることを茲に声明す」という規定を地域的集団安全保障に焼き直したものである。

日本は一九二〇年代に形成された戦争違法化体制を蹂躙して戦争を開始し、拡大してきたのであるが、その戦争目的の理念性を高めるために進められた検討がいきついた先は、まさに日本がふみにじってきた戦争違法化の条理であったのである。アジア太平洋戦争末期にこうした法理が外務省内で承認されたことは、第一次世界大戦後の戦争違法化がもっていた国際紛争の平和的解決という原則の普遍性を日本も承認せざるをえなかったことを象徴していた。それは戦争違法化の原理に対する日本の敗北であったと表現することができるだろう。さらにそれはまた、戦争違法化体制は第二次大戦開始後には、その執行面においては崩壊しつつも、その原理面では一定の持続性を維持したことを示していたのであり、その原理は戦後の国際連合憲章に引き継がれることでその普遍性が確認されたのである。

第一次大戦後の戦争違法化体制（ここでは第一次戦争違法化体制と呼んでおく）が、侵略戦争の抑止という意味で十分な機能を果たせなかったのは明らかである。しかしこのことは、第二次大戦後の戦争違法化体制（ここでは第二次戦争違法化体制と呼んでおく）がどうであったかを考えた場合、第一次戦争違法化体制の存在がまったく無意味であったと結論を下す十分な根拠とはなりえないように思われる。前者を無意味とするならば、それと同じくらい後者も無意味といわざるを得ないであろう。

むしろ、ここでは第一次戦争違法化体制を日独伊ファシズム国家が破壊した結果として成立した第二次戦争違法化体制が、国連の安全保障理事会常任理事国に明確に拒否権を認めるという大国支配と米ソ二大国を両極とした軍事ブロック形成、そして核軍拡を基調として展開されるようになったことから前者の存在意義を問い返したい。すなわち前者は大国の実質的な拒否権を剝奪する方向と、国際紛争の平和的解決システムの拡充による法の下での平等を国際的に拡大する方向と、軍縮を基調として追求されていたのである。こうした牧歌的な国際関係観の産物であったとさえいえるかもしれない第一次戦争違法化体制を破壊してしまった責任の大きな一端を、日本は負っているのである。

そして第二次戦争違法化体制をより実態のともなったものとしていくことは、今日において喫緊の課題として世界の人々に課せられているのである。

註

（1）「対米英蘭蔣戦争終末促進に関する腹案」（『外交主要文書・下』）五六〇頁。

（2）「対米英蘭開戦に関する件」同前五六九頁。

（3）「宣戦の詔書」同前五七三頁。

（4）今日、アジア太平洋戦争全体を見れば、日本の最初の攻撃はイギリス領マレーへの上陸作戦であった。これは日米交渉のような外交交渉もないままに宣戦布告前になされているので、明確な開戦条約違反であった。だからこの戦争が奇襲によって開始されたことは間違いない。なお宣戦布告をめぐる研究としては、大平善悟「太平洋戦争と開戦法理」（日本外交学会『太平洋戦争原因論』新聞月鑑社、一九五三年）、市来俊男「対米最後通告をめぐる日本海軍の対応」（軍事史学会編『第二次世界大戦（二）』錦正社、一九九一年）岡部牧夫「アジア太平洋戦争の開戦手続き」（『季刊 戦争責任研究』第八号、日本の戦争責任資料センター、一九九五年六月）など参照。

(5) 一九四一年一二月二六日、立作太郎・鹿島守之助「戦争開始の際の敵対行為に関する研究報告」（外務省条約局第二課『大東亜戦争関係国際法問題論叢』一九四二年六月）三〜一八頁。

(6) ただ、日本の条約違反について弁護するつもりはないが、この条約のみに限定して議論をすると、四一年一二月八日から同月中旬までに中米各国があいついで対日宣戦し、四二年一月末には南米各国があいついで対日断交した事態を国際法上どう捉えるのかという議論もありうる。実際、横田喜三郎は、この後者の問題について四二年春に、南米諸国が日本や他の枢軸国に対して国交断絶を行ったことは、「かりに国際法上で違法でないとしても、すくなくとも外交上で不穏当であることを免れない」（横田「南米諸国の動向」〈『外交時報』第八九七号、一九四二年四月一五日〉五頁）と断じていた。ここで横田は中米各国の対日宣戦についてはその当否を論じていないのであるが、右の説によれば、それらの宣戦についてもほぼ同様の結論を出さざるをえないであろう。結局こうした議論は、横田自身がのちに述べたように、制裁としての対日参戦という評価をされることでその意義を清算されていったと言えるだろう（後述註(10)参照）。

(7) 森田英之『対日占領政策の形成』（葦書房、一九八二年）五〜八頁。

(8) アメリカ大統領「現在以上の武力進出に対する警告」（『外交主要文書・下』）五四一頁。

(9) 大沼保昭『戦争責任論序説』一三八〜一四〇頁。

(10) このようなアメリカの中立概念の変更について横田喜三郎が四二年に次のような批判を展開していたことは興味がもたれる。「自衛のうちで狭義の自衛（正当防衛）の場合と緊急非難の場合とでは必ずしも同一でないが、いずれの場合にも共通な一つの基本的な要件は急迫な危害があり、それを防止するためにやむをえないといふことである。……この点から見ると、アメリカのイギリス側に対する援助は充分に自衛の要件を具備してゐないと考へられる」。「非交戦国が中立国としての義務に違反するのを合法化すべき理由は発見されない。つまり違法性を阻却する事由がない。かような事由として侵略の防止と自衛が考えられ、実際において直接に間接に援用されているが、いづれも充分な根拠があるとはいへない。従って、たとへ非交戦国と称しても、やはり中立国としての義務に違反し、結局は国際法に違反することになる」（一九四二年二月七日、横田「国交断絶に関する報告及非交戦国に関する報告」〈外務省条約局第二課『大東亜戦争関係国際法問題論叢』一九四二年六月〉一〇二〜一〇三頁）。ただし、横田は戦後には次のように論じている。「連合国の数はすべてで五一であり、世界の圧倒的に多数の国を包含していた。これらの国は、枢軸国の戦争をもって侵略的戦争であるとし、これに制裁を加える意味で戦争に参加したものが非常に多い。ほとんど大部分がそうである。かれらの行為は、侵略的戦争に対する制裁としての性質を有する」（横田喜*三郎『戦争犯罪論』一〇五頁）。

（11）『外交主要文書・下』五九四〜五九五頁。

（12）同前五四〇頁。

（13）委員は山川端夫、長岡春一、松田道一、安藤義良（以上は外務省条約局長経験者、なお安藤は現職）と、堀内謙介、斎藤良衛（以上は外務官僚）、山田良三、神川彦松（以上は国際法学者）、という顔ぶれである（外務省条約局「昭和十八年度執務報告」一九四三年一二月、一六八〜一六九頁、外務省マイクロR. SP167、なおクレス出版より復刻版が出ている）。

（14）同前一三七〜一四三頁、なおおもな委員の顔ぶれは山川端夫（会長）、松田道一、来栖三郎、石射猪太郎。

（15）御前会議決定「大東亜政略指導大綱」（『外交主要文書・下』）五八四頁。

（16）前掲外務省条約局「昭和十八年度執務報告」一六九〜一七〇頁。

（17）同前一五三頁。

（18）「大東亜共同宣言」（『外交年主要文書・下』）五九四頁。

（19）神川が提出した「『大東亜を中心とする世界平和機構』要綱（案）」（前掲外務省条約局「昭和十八年度執務報告」一七三〜一七八頁）。

（20）長岡委員の「世界機構案」同前一八一〜一八二頁。

（21）一九四三年一月一六日付、山川端夫起草「平和機構綱領試案」同前一八七〜一九〇頁。長岡委員起草の「大東亜内に於ける紛争の平和的解決に関する共同宣言案」でも、ほぼ同様の趣旨がうたわれている（同前一八二頁）。

（22）山川端夫起草の「大東亜各国の防衛に関する宣言試案」同前一九二頁。

あとがき

本書のベースになったのは、ここ数年に発表してきた数編の論考であるが、その初出と本書の構成との関係はおおむね次のようになっている。

①「戦争違法化と日本　一九一九～二四」（東京文化短期大学『東京文化短期大学紀要』第一五号、一九九七年六月）↓第一章の前半

②「戦争違法化体制と日本——『国際紛争の平和的処理』原則と『自衛』論の相剋」（赤澤史朗ほか編『年報・日本現代史』第三号、現代史料出版、一九九七年七月）↓第一章・第四章・第五章・終章の各一部

③「日中戦争期の九ヵ国条約廃棄問題」（『歴史評論』第五六九号、一九九七年九月）↓第六章の一部

④「十五年戦争の違法性と侵略認定をめぐって」（長野大学産業社会学部『戦後五〇年　大戦とその記憶』郷土出版社、一九九八年三月）↓終章の一部

⑤「国際連盟における安全保障論議と日本　一九二七～一九三一」（東京文化短期大学『東京文化短期大学紀要』第一六号、一九九九年三月）↓第一章の後半

⑥「日中戦争と国際連盟の安全保障機能　一九三七～一九三八」（関東学院大学経済学部総合学術論叢『自然・人間・社会』第二八号、二〇〇〇年一月）↓第五章

⑦「一九二三〜一九二四年における陸軍の対中政策の一端」（東京文化短期大学『東京文化短期大学紀要』第一七号、二〇〇〇年三月）→第三章の一部

⑧「満州事変と戦争違法化体制」（拙著、日中歴史研究センター提出報告書『《戦争違法化と日本》研究序説』二〇〇〇年三月）→全面的に書き改め第四章

⑨「近代日本の出兵・開戦正当化の論理　一八七四〜一九一八——《居留民保護論》《自己保存権論》の展開」（関東学院大学経済学部総合学術論叢『自然・人間・社会』第三〇号、二〇〇一年一月）→第二章

⑩「ヴェルサイユ＝ワシントン体制についての一視角」（東京文化短期大学『東京文化短期大学紀要』第一八号、二〇〇一年三月）→第六章

本書の出版を計画した時点では、論文集的な形をイメージしていたのだが、既発表論文を読み直し、手を入れ始めてみると、そうはいかなくなってしまった。結果的に既発表論文を、解体、再構成し、それに第三章のほとんどと序章、終章の前半を書き下ろした形となった。また今回読み直してみて、旧稿にはところどころ誤記があったことに気づいたが、それらについては今回訂正した。旧稿をお読みいただいた方にはこの場でお詫び申し上げたい。

私が「戦争違法化と日本」という問題に取り組むきっかけとなったのは、一九九三年秋に荒井信一先生から、「侵略戦争」ではなく、「違法な戦争」という観点についてお話をうかがった（といっても飲み屋での雑談のなかではあるが）ことであった。それまで「侵略戦争」観でいわば凝り固まっていた私にとっては、非常に新鮮な視角であり、これが国際法と日本の十五年戦争の関係を考え始めるきっかけとなったのである。荒井先生にはこの場を借りてお礼申し上げたいと思う。

本書は私にとって一般の書籍としては初めての単著書である。どうにかここまでやってこられたかとの思いがある

が、これまで曲がりなりにも研究者としてやってこられたのは、高校や大学・大学院時代の先生や先輩、研究者仲間のご指導やご助力があったからにほかならない。

私が歴史学を志すきっかけとなったのは、高校の恩師である小沢郁郎先生の実に魅力的な世界史の授業に一年間接したことであった。小沢先生は受験生必携ともいえた『世界史用語集』の執筆者の一人であり、私が大学に進んだ年には、『特攻隊論　つらい真実』を著され、その翌年には大谷直人のペンネームで『青春の砦』(新潮社)を発表された方でもある。先生が亡くなられて二〇年近くになる。この拙著をお読みいただけないのは、口惜しい限りである。

立教大学・大学院においては、一貫して粟屋憲太郎先生に温かなご指導をいただいた。学部の二年生のときに、東京裁判研究に着手されて間もない先生が、アメリカで収集したばかりの第一次資料を駆使して東京裁判開廷過程を論じられていた姿を今でもはっきりと思い浮かべることができる。あれからもう二〇年以上経ったかと思うと、感慨深いものがある。先生からは多くのことを学んだが、先生がある折りに口にされた、「史料に語らせる」、あるいは「六〇点主義」という言葉は、私の指針となってきたように思う。

大学院時代には、山田昭次、岡部牧夫、吉見義明、石島紀之、藤原彰といった先生方のゼミでもお世話になった。山田ゼミでテキストとした明治初期の『日本外交文書』のコピーは、二〇年の時を経て⑨論文執筆に利用された。山田ゼミでの学習がなければ、明治期の文書などを読む気になれなかったかもしれない。吉見先生には、学部時代からいろいろお世話になりっぱなしである。石島ゼミは私が日中関係史に傾倒する大きな契機となった。大学院のゼミにならんで、日本現代史研究会や現代史サマーセミナーも重要な学習の場であり、多くの研究者と知り合う場でもあった。

右のような環境の中で私は日本近現代史と研究スタイルを学んできた。一九八〇年代の私は、三〇年代の政治過程に研究の比重を置いていたが、九〇年代に入り、それが日中関係史的な分野に移行してきた。とりわけ九一年夏に初めて中国を訪れたことは、その移行に拍車をかけることとなった。一方、九〇年代に入ると、「慰安婦」問題に象徴されるように日本の戦争責任が改めて問われる状況が生じてきた。本書で取り上げた「戦争違法化と日本」というテーマは、そうした問題状況に対する、右のような研究分野に身を置いた私なりの取り組みのつもりである。この本が、日本の戦争責任をめぐる認識の深化という点で、いささかなりとも貢献するところがあることを願いたい。

本書に収録した諸論文執筆の過程では、日中歴史研究センターから研究助成（一九九七〜九九年度）をいただくとともに、そこに勤務されておられる尾形洋一氏からはことあるごとに温かい励ましのお言葉をいただき、吉田裕氏、林博史氏、土田哲夫氏、服部龍二氏には資料収集などの面でご助力いただいた。以上の、ご指導をいただいた先生方や研究の面で私を支えてくださった方々に、ここで衷心よりお礼を申し上げたい。

また長年にわたり支援し続けてくれた両親と、精神的に私を支えてきてくれた妻にも、感謝を表したい。

幸いにもこの四月から、都留文科大学に着任することとなった。大学卒業から二〇年目にして、研究・生活ともに大きな節目を迎えた感じがする。新たな環境の中で新たな研究の展開を考えていきたいと思う。

最後に、本書に対して出版助成をいただいた日中歴史研究センターと、出版を快くお引き受けくださった吉川弘文館に心から感謝を申し上げる。

二〇〇二年五月

伊香俊哉

主要参考文献

有賀貞「協調による抑圧」(日本政治学会編『年報政治学　国際緊張緩和の政治過程』岩波書店、一九七〇年)
イアン・ニッシュ「田中時代」「幣原時代」(『日本の外交政策　一八六九〜一九四二』ミネルヴァ書房、一九九四年)
池井優「第一次奉直戦争と日本」「第二次奉直戦争と日本」(栗原健編著『対満蒙政策史の一面』原書房、一九六六年)
稲葉正夫ほか編『太平洋戦争への道　別巻　資料編(新装版)』(朝日新聞社、一九八八年)
井上清「『満州』侵略」(『岩波講座　日本歴史20　近代7』岩波書店、一九七六年)
今井清一「政党政治と幣原外交」(『歴史学研究』第二一九号、一九五八年五月)
今井清一「幣原外交における政策決定」(日本政治学会編『対外政策の決定過程』岩波書店、一九五九年)
入江昭『日本の外交』(中公新書、一九六六年)
入江昭『極東新秩序の模索』(原書房、一九六八年)
入江昭『日米戦争』(中央公論社、一九七八年)
入江昭「総論——戦間期の歴史的意義」(同ほか編『戦間期の日本外交』東京大学出版会、一九八四年)
入江昭『太平洋戦争の起源』(篠原初枝訳、東京大学出版会、一九九一年)
入江啓四郎『ヴェルサイユ体制の崩壊』(上・中・下巻、共栄書房、一九四三年)
臼井勝美「『幣原外交』覚書」(日本歴史学会編『日本歴史』第一二六号、一九五八年一二月)
臼井勝美「田中外交についての覚書」(日本国際政治学会編『国際政治11　日本外交史研究——昭和時代』有斐閣、一九六〇

年)
臼井勝美「日中戦争の政治的展開」(日本国際政治学会編『太平洋戦争への道』第四巻、朝日新聞社、一九六三年)
臼井勝美「大正・昭和期の外交」(日本歴史学会編『日本史の問題点』吉川弘文館、一九六五年)
臼井勝美『日中外交史』(塙書房、一九七一年)
臼井勝美「不平等条約の打破へ」(『日本と中国——大正時代』原書房、一九七二年)
臼井勝美『満州事変』(中公新書、一九七四年)
臼井勝美「近代の日中関係」「ヴェルサイユ＝ワシントン体制と日本」「対中国不干渉政策の形成」(『中国をめぐる近代日本の外交』筑摩書房、一九八三年)
臼井勝美「ワシントン体制と協調外交」(日本歴史学会編『日本史研究の新視点』吉川弘文館、一九八六年)
臼井勝美『満洲国と国際連盟』(吉川弘文館、一九九五年)
臼井勝美「一九二九年中ソ紛争と日本の対応」(『日中外交史研究』吉川弘文館、一九九八年)
海野芳郎「『満洲事変』と『連盟』」(『国際連盟と日本』原書房、一九七二年)
江口圭一「日本帝国主義の満州侵略」「日本帝国主義と中国革命」「郭松齢事件と日本帝国主義」「山東出兵年満州事変と『東洋経済新報』」(『日本帝国主義史論　満州事変前後』青木書店、一九七五年)
江口圭一「一九三〇年代論」(同編『体系・日本現代史』第一巻、日本評論社、一九七八年)
江口圭一『昭和の歴史4　十五年戦争の開幕』(小学館、一九八二年)
江口圭一「満州事変と軍部」(『歴史学研究』第五〇九号、一九八二年一〇月)
江口圭一『十五年戦争小史　新版』(青木書店、一九九一年)
江口圭一「一九一〇〜三〇年代の日本」(『岩波講座　日本通史18　近代3』岩波書店、一九九四年)
大沼保昭『戦争責任論序説』(東京大学出版会、一九七五年)

鹿島守之助『日本外交史12　パリ講和会議』（鹿島平和研究所、一九七一年）
木畑洋一「一九三〇年代におけるイギリスの東アジア認識」（藤原彰ほか編『日本ファシズムと東アジア』青木書店、一九七七年）
木畑洋一「日中戦争前夜における国際環境―イギリスの対日政策、一九三四年―」（東京大学『教養学部紀要』第九号、一九七七年）
木畑洋一「日中戦争前夜におけるイギリスの対日政策」（『東京外国語大学論集』第二九号、一九七九年）
木畑洋一「日本ファシズム形成期における国際環境」（前掲『体系・日本現代史』第一巻）。
クリストファー・ソーン『満州事変とは何だったのか』（上・下、市川洋一訳、草思社、一九九四年）
小林啓治「満州事変とイギリスの東アジア政策」（『日本史研究』第三四四号、一九九一年四月）
小林啓治「国際連盟における規約の普遍性と紛争解決―リットン報告書の審議をめぐって―」（朝尾直弘教授退官記念会編『日本国家の史的特質　近世・近代』思文閣出版、一九九五年）
小林龍夫ほか編『現代史資料7　満州事変』（みすず書房、一九七四年）
坂本義和「序言」（前掲『年報政治学　国際緊張緩和の政治過程』）
佐々木雄太『三〇年代イギリス外交戦略』（名古屋大学出版会、一九八七年）
佐藤誠三郎「協調と自立」（前掲『年報政治学　国際緊張緩和の政治過程』）
佐藤尚武監修『日本外交史14　国際連盟における日本』（鹿島研究所出版会、一九七二年）
佐藤元英『昭和初期対中国政策の研究』（原書房、一九九二年）
佐藤元英「東方会議と初期『田中外交』」「第二次山東出兵と済南事件」「満州地方の治安維持と日本陸軍」（『近代日本の外交と軍事』吉川弘文館、二〇〇〇年）
沢田謙『国際連盟新論』（厳松堂、一九二七年）

篠原初枝「日米の国際法観をめぐる相克——戦間期における戦争・集団的枠組に関する議論の一系譜」（日本国際政治学会編『国際政治102　環太平洋国際関係史のイメージ』有斐閣、一九九三年）
信夫淳平『国際紛争と国際連盟』（日本評論社、一九二五年）
信夫淳平『国際政治の綱紀及連鎖』（日本評論社、一九二五年）
島田俊彦「満州事変の展開」（日本国際政治学会編『太平洋戦争への道』第二巻、朝日新聞社、一九六二年）
島田俊彦『満州事変』（中公新書、一九六七年）
関寛治「満州事変前史」（日本国際政治学会編『太平洋戦争への道』第一巻、朝日新聞社、一九六三年）
田岡良一『国際法上の自衛権〔補訂版〕』（勁草書房、一九八一年）
立作太郎『平時国際公法（前部）』（中央大学、一九一三年）
立作太郎『国際連盟規約論』（国際連盟協会、一九三二年）
立作太郎『時局国際法論』（日本評論社、一九三四年）
田畑茂二郎『国際法Ⅰ』（有斐閣、一九五七年）
A・J・P・テイラー『イギリス現代史』（都築忠七訳、みすず書房、一九六八年）
長尾雄一郎『英国内外政と国際連盟』（信山出版、一九九六年）
馬場明「第一次山東出兵と田中外交」（『日中関係と外政機構の研究』原書房、一九八三年）
馬場伸也『満州事変への道』（中公新書、一九七二年）
坂野潤治「第一次幣原外交の崩壊と日本陸軍」（『近代日本の外交と政治』研文出版、一九八五年）
藤井昇三「一九二〇年安直戦争をめぐる日中関係の一考察」（日本国際政治学会編『国際政治15　日本外交史研究——日中関係の展開』有斐閣、一九六一年）
藤井昇三「『平和』からの解放——中国」（前掲『年報政治学　国際緊張緩和の政治過程』）

藤井昇三「ワシントン体制と中国」（日本国際政治学会編『国際政治46　国際政治と国内政治の連携』有斐閣、一九七二年）
藤井昇三「戦前の中国と日本」（入江啓四郎ほか編『現代中国の国際関係』日本国際問題研究所、一九七五年）
藤井昇三「中国からみた『幣原外交』」（アジア経済学会編『日中関係の相互イメージ』アジア政経学会、一九七五年）
藤井昇三「大沽事件をめぐる日中関係」（平野健一郎編『近代日本とアジア』東京大学出版会、一九八四年）
古屋哲夫「日中戦争にいたる対中国政策の展開とその構造」（同編著『日中戦争史研究』吉川弘文館、一九八四年）
細谷千博「ワシントン体制の特質と変容」（同ほか編『ワシントン体制と日米関係』東京大学出版会、一九七八年）
細谷千博「日本の英米観と戦間期の東アジア」（同編『日英関係史　一九一七〜四九』東京大学出版会、一九八二年）
細谷千博「序説　戦間期の日本外交」（『両大戦間の日本外交』岩波書店、一九八八年）
松井芳郎「日本軍国主義の国際法理論－『満州事変』におけるその形成－」（東京大学社会科学研究所「ファシズムと民主主義」研究会編『ファシズム期の国家と社会4　戦時日本の法体制』東京大学出版会、一九七九年）
松隈清「在外自国民保護のための武力行使と国際法」（『八幡大学論集』第三七・三八・三九合併号、一九六七年一一月）
松田竹男「戦争違法化と日本－第二次大戦期の日本と国際法－」（『国際法外交雑誌』第七九巻第五号、一九八〇年一二月）
松原一雄『満洲事変と不戦条約・国際連盟』（丸善、一九三二年）
兪辛焞『満州事変期の中日外交史研究』（東方書店、一九八六年）
山本章二編『国際条約集　一九九四年版』（有斐閣、一九九四年）
横田喜三郎『戦争犯罪論』（有斐閣、一九四七年）
横田喜三郎『自衛権』（有斐閣、一九五一年）
吉川宏『一九三〇年代英国の平和論』（北海道大学図書刊行会、一九八九年）
吉見義明「満州事変論」（前掲『体系・日本現代史』第一巻）

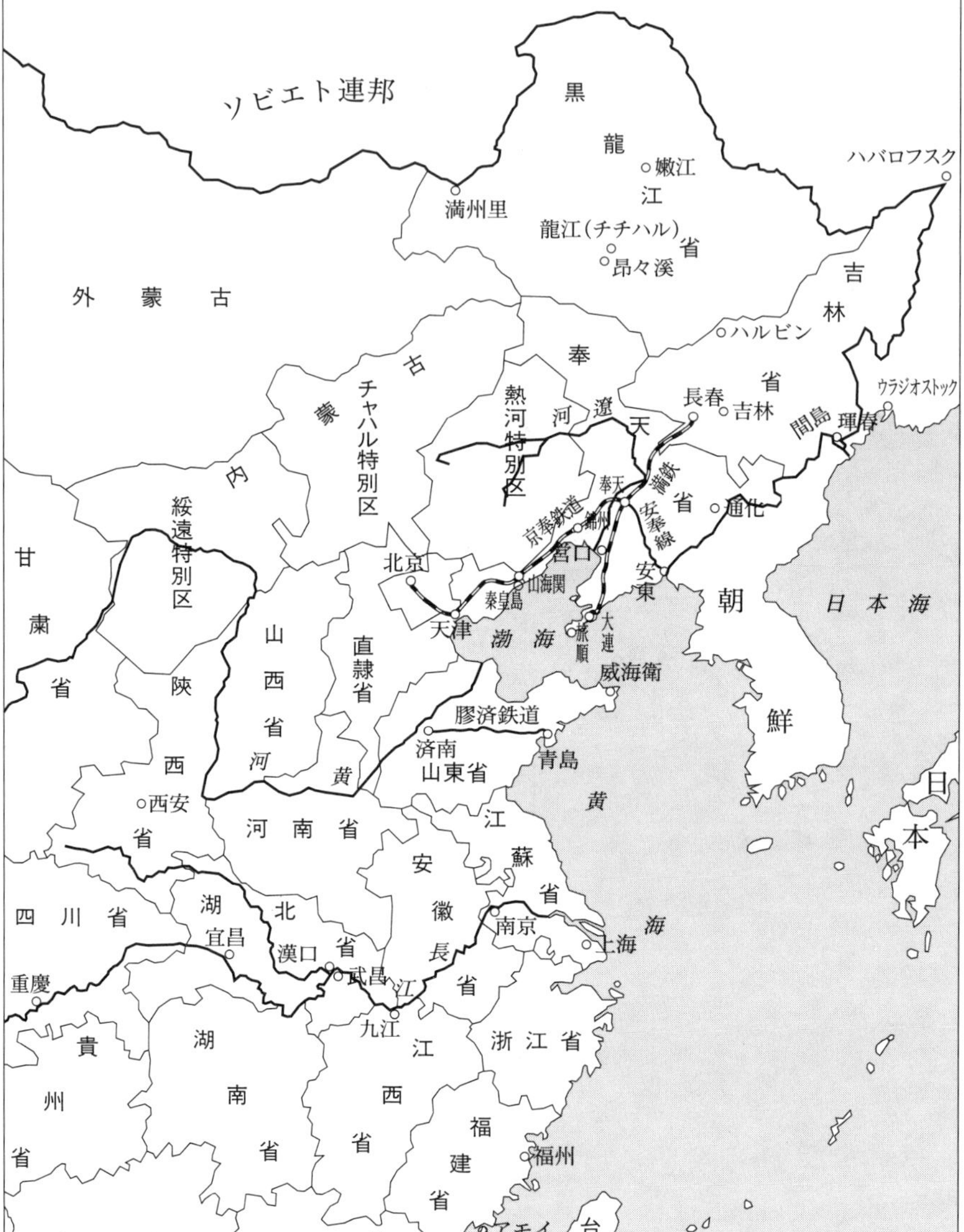

関連地図――1926年時点での省区分（中国社会科学院『簡明中国歴史地図集』〈中国地図出版社，1991年〉69～70頁をもとに作製）

索　　引

著者略歴

一九六〇年　宮城県仙台市に生まれる
一九八二年　立教大学文学部史学科卒業
一九九一年　立教大学大学院文学研究科博士課程後期課程退学
二〇〇二～〇四年　都留文科大学文学部比較文化学科助教授
現在、都留文科大学文学部比較文化学科教授

〔主要著書〕

『七三一部隊と天皇・陸軍中央』（共著、岩波書店、一九九五年）
『満州事変から日中全面戦争へ』（吉川弘文館、二〇〇七年）
『戦争はどう記憶されるのか　日中両国の共鳴と相剋』（柏書房、二〇一四年）
『アジア・太平洋戦争辞典』（共編、吉川弘文館、二〇一五年）

近代日本と戦争違法化体制

第一次世界大戦から日中戦争へ

二〇〇二年（平成十四）七月二十日　第一刷発行
二〇一七年（平成二十九）五月十日　第二刷発行

著　者　伊《い》香《こう》俊《とし》哉《や》

発行者　吉川道郎

発行所　株式会社　吉川弘文館
郵便番号一一三―〇〇三三
東京都文京区本郷七丁目二番八号
電話〇三―三八一三―九一五一〈代〉
振替口座〇〇一〇〇―五―二四四番
http://www.yoshikawa-k.co.jp/

印刷＝株式会社 平文社
製本＝株式会社 ブックアート
装幀＝山崎　登

ISBN978-4-642-03746-4

満州事変から日中全面戦争へ

伊香俊哉著　四六判・三〇〇頁・原色口絵四頁／二五〇〇円

柳条湖事件、満州国建国、華北分離工作、そして盧溝橋事件へ。日本の軍部と政府はどのような意図で事態を拡大させ、全面戦争に至ったのか。戦争違法下体制の国際社会における日本の「自衛」論や戦闘行為に正当性はあったのか、国際法の視角から追究する。兵士の体験記・回想・写真から戦場の一端をリアルに切り取り、戦死者と戦争責任を考える。

（戦争の日本史）

アジア・太平洋戦争辞典

吉田　裕・森　武麿・伊香俊哉・高岡裕之編　四六倍判／二七〇〇〇円

戦争体験の継承や歴史認識をめぐる摩擦が問題となる今日、アジア・太平洋戦争をあらためてとらえ直す本格的辞典。満洲事変から東京裁判、サンフランシスコ平和条約などの戦後史まで、政治・軍事・外交・経済・文化・思想など約二五〇〇項目を、図版を交え平易に解説する。軍事専門用語や兵器、諸外国の事項や人名も多数収めた。付録と索引を付す。　八四二頁・原色口絵一六頁